丛书总主编　陈宜瑜
丛书副总主编　于贵瑞　何洪林

中国生态系统定位观测与研究数据集

湖泊湿地海湾生态系统卷
江苏太湖站
（2007—2015）

朱广伟　闵　屾　主编

中国农业出版社
北　京

图书在版编目（CIP）数据

中国生态系统定位观测与研究数据集. 湖泊湿地海湾生态系统卷. 江苏太湖站：2007～2015 / 陈宜瑜总主编；朱广伟，闵屾主编. —北京：中国农业出版社，2021.12
ISBN 978-7-109-28576-7

Ⅰ.①中… Ⅱ.①陈… ②朱… ③闵… Ⅲ.①生态系—统计数据—中国 ②沼泽化地—生态系统—统计数据—无锡—2007-2015 Ⅳ.①Q147②P942.533.078

中国版本图书馆 CIP 数据核字（2021）第 150167 号

ZHONGGUO SHENGTAI XITONG DINGWEI GUANCE YU YANJIU SHUJUJI

中国农业出版社出版

地址：北京市朝阳区麦子店街 18 号楼
邮编：100125
责任编辑：李昕昱　　文字编辑：徐志平
版式设计：李　文　　责任校对：吴丽婷
印刷：中农印务有限公司
版次：2021 年 12 月第 1 版
印次：2021 年 12 月北京第 1 次印刷
发行：新华书店北京发行所
开本：889mm×1194mm　1/16
印张：14.5
字数：400 千字
定价：68.00 元

丛书指导委员会

丛书编委会

中国生态系统定位观测与研究数据集
湖泊湿地海湾生态系统卷·江苏太湖站

编 委 会

进入 20 世纪 80 年代以来，生态系统对全球变化的反馈与响应、可持续发展成为生态系统生态学研究的热点，通过观测、分析、模拟生态系统的生态学过程，可为实现生态系统可持续发展提供管理与决策依据。长期监测数据的获取与开放共享已成为生态系统研究网络的长期性、基础性工作。

国际上，美国长期生态系统研究网络（US LTER）于 2004 年启动了 Eco Trends 项目，依托美国 LTER 站点积累的观测数据，发表了生态系统（跨站点）长期变化趋势及其对全球变化响应的科学研究报告。英国环境变化网络（UK ECN）于 2016 年在 *Ecological Indicators* 发表专辑，系统报道了英国 ECN 的 20 年长期联网监测数据推动了生态系统稳定性和恢复力研究，并发表和出版了系列的数据集和数据论文。长期生态监测数据的开放共享、出版和挖掘越来越重要。

在国内，国家生态系统观测研究网络（National Ecosystem Research Network of China，简称 CNERN）及中国生态系统研究网络（Chinese Ecosystem Research Network，简称 CERN）的各野外站在长期的科学观测研究中积累了丰富的科学数据，这些数据是生态系统生态学研究领域的重要资产，特别是 CNERN/CERN 长达 20 年的生态系统长期联网监测数据不仅反映了中国各类生态站水分、土壤、大气、生物要素的长期变化趋势，同时也能为生态系统过程和功能动态研究提供数据支撑，为生态学模型的验证和发展、遥感产品地面真实性检验提供数据支撑。通过集成分析这些数据，CNERN/CERN 内外的科研人员发表了很多重要科研成果，支撑了国家生态文明建设的重大需求。

近年来，数据出版已成为国内外数据发布和共享，实现"可发现、可访问、可理解、可重用"（即 FAIR）目标的重要手段和渠道。CNERN/CERN 继 2011 年出版《中国生态系统定位观测与研究数据集》丛书后再次出版新一期数据集丛书，旨在以出版方式提升数据质量、明确数据知识产权，推动融合专业理论或知识的更高层级的数据产品的开发挖掘，促进 CNERN/CERN 开放共享由数据服务向知识服务转变。

该丛书包括农田生态系统、草地与荒漠生态系统、森林生态系统以及湖泊湿地海湾生态系统共 4 卷、51 册以及森林生态系统图集 1 册，各册收集了野外台站的观测样地与观测设施信息，水分、土壤、大气和生物联网观测数据以及特色研究数据。本次数据出版工作必将促进 CNERN/CERN 数据的长期保存、开放共享，充分发挥生态长期监测数据的价值，支撑长期生态学以及生态系统生态学的科学研究工作，为国家生态文明建设提供支撑。

2021 年 7 月

科学数据是科学发现和知识创新的重要依据与基石。大数据时代，科技创新越来越依赖于科学数据综合分析。2018 年 3 月，国家颁布了《科学数据管理办法》，提出要进一步加强和规范科学数据管理，保障科学数据安全，提高开放共享水平，更好地为国家科技创新、经济社会发展提供支撑，标志着我国正式在国家层面加强和规范科学数据管理工作。

随着全球变化、区域可持续发展等生态问题的日趋严重以及物联网、大数据和云计算技术的发展，生态学进入"大科学、大数据时代"，生态数据开放共享已经成为推动生态学科发展创新的重要动力。

国家生态系统观测研究网络（National Ecosystem Research Network of China，简称 CNERN）是一个数据密集型的野外科技平台，各野外台站在长期的科学研究中，积累了丰富的科学数据。2011 年，CNERN 组织出版了"中国生态系统定位观测与研究数据集"丛书。该丛书共 4 卷、51 册，系统收集整理了 2008 年以前的各野外台站元数据、观测样地信息与水分、土壤、大气和生物监测数据以及相关研究成果的数据。该套丛书的出版，拓展了 CNERN 生态数据资源共享模式，为我国生态系统研究、资源环境的保护利用与治理以及农、林、牧、渔业相关生产活动提供了重要的数据支撑。

2009 以来，CNERN 又积累了 10 年的观测与研究数据，同时国家生态科学数据中心于 2019 年正式成立。中心以 CNERN 野外台站为基础，生态系统观测研究数据为核心，拓展部门台站、专项观测网络、科技计划项目、科研团队等数据来源渠道，推进生态科学数据开放共享、产品加工和分析应用。为了开发特色数据资源产品、整合与挖掘生态数据，国家生态科学数据中心立足国家野外生态观测台站长期监测数据，组织开展了新一版的观测与研究数据集的出版工作。

本次出版的数据集主要围绕"生态系统服务功能评估""生态系统过程与变化"等主题进行了指标筛选，规范了数据的质控、处理方法，并参考数据论文的体例进行编写，以详实地展现数据产生过程，拓展数据的应用范围。

该丛书包括农田生态系统、草地与荒漠生态系统、森林生态系统以及湖泊湿地海湾生态系统共4卷（51册）以及图集1本，各册收集了野外台站的观测样地与观测设施信息，水分、土壤、大气和生物联网观测数据以及特色研究数据。该套丛书的再一次出版，必将更好地发挥野外台站长期观测数据的价值，推动我国生态科学数据的开放共享和科研范式的转变，为国家生态文明建设提供支撑。

2021 年 8 月

　　国家生态系统观测研究网络（CNERN）是一个数据密集型的野外科技平台。为了促进长期观测数据的共享，CNERN 组织各野外台站对 2008 年以前的长期联网观测数据与研究数据进行整理，开展数据集的编辑出版工作，于 2011 年出版了"中国生态系统定位观测与研究数据集"丛书。该套丛书拓展了 CNERN 生态数据资源共享的模式，为我国生态系统研究和相关生产活动提供了重要的数据支持。

　　2009—2015 年，CNERN 又积累了近十年的观测与研究数据；同时在大数据时代，以国家生态服务评估、大尺度生态过程和机理研究等重大需求为导向，CNERN 数据共享需要从特色数据资源产品开发、生态数据深度服务等方面进行建设。因此，为了进一步推动国家野外台站对历史资料的挖掘与整理，强化国家野外台站信息共享系统建设，丰富和完善国家野外台站数据库的内容，CNERN 决定组织开展新的观测与研究数据集的出版工作。

　　中国科学院太湖湖泊生态系统研究站（简称"太湖站"），设立于 1988 年，逐月开展太湖生态系统指标的定位观测。为了促进野外台站数据资源规范化保存，更好地为我国湖泊开发利用及其环境保护服务，太湖站在 2011 年数据出版的基础上，将 2007—2015 年的生态观测数据以本书数据集的形式对外发布。

　　本书第 1 章台站介绍、第 2 章主要样地与观测设施以及第 3 章联网长期观测数据由闵屾编写，朱广伟审核。由于数据积累是一个不断完善的过程，野外观测条件变化多，参与观测与样品分析和鉴定的人员多，部分数据不完整或未收录，存在问题在所难免，敬请广大读者批评指正。

　　本书可供大专院校、科研院所和对太湖流域、长江中下游湖泊、湖泊开发利用及其环境保护感兴趣的广大科技工作者等参考使用，如果在数据使用过程中存在疑虑或者尚需共享其他时间步长或者时间序列的数据，请直接联系"太湖站"。

　　在本书汇编完成之际，要特别感谢那些长期（或曾经）坚守在科研一线完成监测任务的观测人员。样品采集人员：杨宏伟、季江、钱荣树、沈睿杰、朱广伟、张运林、龚志军等；水质分析人员：钱荣树、夏丽萍等；浮游植物分析鉴定人员：陈宇炜、陈晓霞等；浮游动物分析鉴定人员：陈非洲、沈睿杰等；底栖动物分析鉴定人员：龚志军、钟春妮等；大型水生植物分析鉴定人员：谷孝鸿、毛志刚、曾庆飞等；细菌分析人员：高光、钟春妮等；水下光照观测人员：张运林等；底泥分析人员：张路等；水文气象观测人员：黄建明等。正是他们的辛勤耕耘和无私奉献，为我们取得了翔实宝贵的第一手资料。此外，还要对"太湖站"历届站长濮培民、蔡启铭、陈伟民、胡维平等以及中国科学院南京地理与湖泊研究所等相关专家学者表示崇高的敬意与衷心感谢，正是他们的呼吁与努力，使监测点位及项目的布局更具科学性与前瞻性。许多数据的积累得到了中国生态系统研究网络（CERN）的长期支持，本书的出版还得到了 CNERN 项目的支持，在此一并表示感谢！

编　者

2021 年 3 月

CONTENTS
目 录

第1章

□□□□□□□□□□□□□□□□□□□□□□□

台 站 介 绍

1.1 概述

为了便于对以太湖为代表的大型浅水湖泊进行长期、系统和稳定的野外定位观测试验及研究，中国科学院南京地理与湖泊研究所在宜兴湖泊综合试验站、东太湖水体农业试验站及天目山景观生态野外实验观测站的基础上，于 1986 年 3 月申请建立"太湖湖泊生态系统研究站"（以下简称"太湖站"）。同年 9 月获中国科学院批准筹建，并于 1988 年太湖站正式成立。1989 年，太湖站被纳入中科院中国生态系统研究网络（CERN）。经过科技部初评，2001 年成为科技部国家首批重点野外科学观测试点站，2006 年通过科技部专家组考核，正式成为国家野外科学观测研究站（CNERN），2007 年成为 CERN 区域中心站，同年被纳入国际湖泊生态观测网络（Global Lake Ecosystem Observatory Network，GLEON），是我国目前唯———个进入 GLEON 的生态观测站。太湖站在 CERN（2006—2010 年度）以及（2011—2015 年度）两次五年综合评估中荣获优秀生态站。

太湖站是一个以湖泊科学基础研究和应用基础研究为主的临湖性综合性湖泊生态系统研究站，通过对太湖长期观测，积累太湖及其流域的资源、环境和生态资料，了解太湖生态环境演变的过程和规律，为湖泊生态环境的调控与整治、生态恢复的技术和工程实施提供数据和理论支撑，为湖泊资源的保护和持续利用提供科技服务。在前期研究和长期定位观测的基础上，已经出版了《太湖综合调查初步报告》《太湖环境质量调查研究》《太湖》《太湖环境生态研究（一）》《太湖流域自然资源地图集》《太湖生态环境图集》《太湖水环境及其污染控制》《太湖水环境演化过程与机理》《中国生态系统定位观测与研究数据集湖泊湿地海湾生态系统卷江苏太湖站（1991—2006）》等系列专著，这些专著在认知太湖生态过程和机制、太湖流域环境治理与生态修复中发挥了引领作用。

太湖站无锡本部位于太湖梅梁湾东岸（31°24′N，120°13′E），东山分部位于苏州东山镇，地处东太湖湖湾的北岸（31°02′N，120°25′E）（图 1-1），属亚热带季风气候区，四季分明，降雨丰沛，年均气温 17℃，年均降水量 1 047 mm，年均太阳辐射总量 4 744 MJ/m²。太湖流域是我国人口最密集、经济最活跃的区域之一，以不足全国国土面积 0.4% 的土地，养育了全国 4.4% 的人口。2010—2015 年太湖流域 GDP 占全国的 10% 左右，人均 GDP 达全国人均 2 倍以上。

太湖站自建成以来一直充分发挥着野外科研平台的作用，吸引相关科研人员成为科研骨干。太湖站目前共有 7 个创新团队，固定人员 60 人，其中研究员 11 人，副研究员 18 名，国家杰出青年基金获得者 2 人，国家优秀青年基金获得者 2 人，中组部万人计划入选者 2 人。另外，太湖站目前有博士后、博士生、硕士生等流动人员 50 余人，学科涵盖了湖泊水文、气象、水动力、环境地球化学、生物化学、水生生物学和生态学、渔业养殖等。近年来，太湖站在人才培养和队伍建设方面取得了长足的进步，基本形成了知识、年龄结构不断优化、学科布局合理、富有朝气的人才队伍。

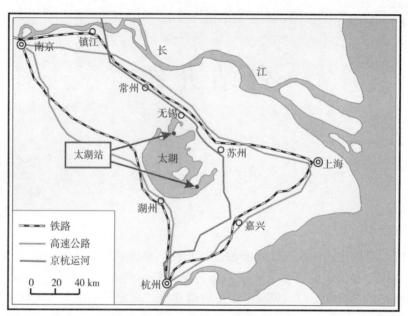

图 1-1　太湖站地理位置

1.2　研究方向

1.2.1　定位与目标

太湖站的定位：围绕大型浅水湖泊的国际前沿、湖泊污染治理与可持续管理国家需求和国家生态文明建设的科技需要，系统开展湖泊生态系统科学观测、湖泊学基础理论科学研究、湖泊生态环境修复与治理技术应用示范、湖泊生态环境保护与治理科技服务工作，形成开放、共享的国际大型浅水湖泊学科理论研究与保护实践示范野外支撑平台，服务国家湖泊生态环境保护与生态文明建设。重点打造如下四个基地：

一是系统开展太湖湖泊生态系统长期定位观测，掌握太湖生态变化规律，构建设施一流的湖泊野外生态环境科学观测、数据积累与科学试验基地。

二是建成物理湖泊学、湖泊环境化学、湖泊生物生态学及湖泊生态修复学科理论研究、前沿技术探索及成果产出基地。

三是开发湖泊生态观测、保护、修复及管理技术并实施示范，打造国内外知名的湖泊生态环境修复创新技术试验与示范基地。

四是服务国家湖泊生态环境保护及区域水资源安全保障重大需求，形成湖泊科学人才培养和湖泊科学国际交流基地。

太湖站的建站目标：瞄准浅水湖泊生态环境研究国际一流野外站的建站目标，以湖沼学为核心，以物理湖泊学、有害藻类生态学、湖泊环境化学和生态修复技术理论为重点研究方向，开展浅水湖泊湖沼学研究，努力为国家、地方的科技需求提供实时高效的一流科研成果，为来自世界各地的科学家提供完备切实的一流科研服务。

1.2.2　区域代表性

1.2.2.1　气候类型代表性

太湖站地处长江中下游平原的长江三角洲地带，在我国生态气候分区上属于中亚热带湿润地区向北亚热带湿润地区的过渡带。

1.2.2.2　社会经济背景代表性

太湖位于经济高速发展的长江三角洲平原的中心，经济发展与水资源短缺之间的矛盾非常突出，是我国长江经济带绿色发展与"长江大保护"战略的核心地区。

1.2.2.3　湖泊代表性

据中国科学院南京地理与湖泊研究所 2006—2009 年开展的第二轮全国湖泊水量水质调查表明，目前我国有 1 km² 以上湖泊 2 693 个，总面积达 81 414.6 km²，其中约 1/3 为淡水湖泊，而淡水湖泊中的绝大部分为浅水湖泊，主要分布在长江中下游地区和东部沿海地区。太湖是我国淡水、浅水湖泊中的典型，其面积 2 338.1 km²，平均水深只有 1.9 m，最大水深不足 3 m。

1.2.2.4　生态类型代表性

我国淡水、浅水湖泊的主要生态类型有两种：以大型水草广泛分布为特征的"草型"湖泊；以开敞水体、浮游植物为主要生产者的"藻型"湖泊。太湖的北部是典型的藻型湖区，蓝藻水华暴发十分严重，而东部湖区又是大面积的草型湖区，面临沼泽化的威胁，是一个多种生态类型并存、能体现长江中下游湖群面临的突出生态问题的大型湖泊。

1.2.2.5　功能多样性

太湖兼有供水、渔业、防洪、农业等多种功能，不同功能、不同城市之间的用水矛盾非常大，周边的水厂取水口有十几处，生态保护与经济发展的矛盾十分突出。特别是饮用水功能，在太湖地区尤为重要。苏州、无锡两个人口在 300 万以上的地级市，均将太湖作为主要水源。上海市的部分水源，来自太湖下游地区的淀山湖等流域湖群，其对太湖的水源依赖程度也较高。2007 年无锡市贡湖水厂的供水，因大量蓝藻水华堆积形成"湖泛"灾害而中断，对我国湖泊水污染控制产生了较大的推动作用。

1.2.3　学科代表性

太湖站以大型浅水湖泊为研究对象，极大地丰富了湖沼学的研究内容和体系，研究成果在国际上取得了极大反响，*Science* 曾两次报道了太湖蓝藻水华事件与富营养化控制进展（2007，1166；2011，1210‐1211），数次引用了来自太湖站的研究成果，即富营养化控制必须先降低入湖氮、磷污染以达到富营养化控制的目的。

在国家连续三个五年规划——水污染控制与治理国家重点科技专项的支持下，太湖的湖泊生态学研究得到了长足的发展。从 2011 年开始，在 ISI Web of Science 上检索关于太湖的 SCI 文章发表量超过了美国五大湖和日本的琵琶湖，太湖成为世界上研究最热的湖泊之一。

太湖站作为大型浅水湖泊生态环境演化与监测野外研究基地，其研究方向与国家对于太湖治理的重大需求是紧密相关的。目前太湖站的主要研究方向及科研队伍包括湖泊生态系统动力学方向、湖泊生物与生态方向、湖泊环境化学与工程方向、湖泊生态模拟与评估方向 4 个重要方向，在湖泊有害蓝藻生态学、湖泊水文水动力学、湖泊光学、湖泊生态修复工程、湖泊营养盐动力学、湖泊生态模拟与预测预警等领域形成了国内领先的学科地位。

1.2.4　主要学科方向

1.2.4.1　湖泊生态系统观测评估理论与方法

按照《湖泊生态调查观测与分析》《湖泊生态系统观测方法》开展太湖湖泊生态系统规范观测，根据技术发展、理论突破及湖泊生态环境管理和治理需求，开发新的湖泊生态观测和评估理论与方法。

1.2.4.2　湖泊物理过程及其生态环境效应

主要开展太湖的湖流、波浪、沉积物悬浮等水动力过程、要素的观察和数值模拟，以及水动力对浅水湖泊的水下光场影响研究；研究风浪、湖流通过沉积物悬浮、水土界面氧化还原环境改变等要素和过程进一步影响内源释放、微生物种群变化及有机物降解、矿化过程与最终产物。

1.2.4.3 湖泊界面化学及其生物地球化学过程

主要开展湖泊沉积的环境记录、水土界面的物质交换、沉积物内源污染机制、内源污染控制与生态疏浚，有机物在水-沉积物系统中的降解、矿化和循环过程及生态环境效应，水气界面方面主要进行大气污染对湖泊环境的影响，浅水湖泊碳排放及其对全球碳循环的贡献，风浪等动力扰动对水体的复氧及其对生态系统的影响等研究工作。

1.2.4.4 浅水湖泊生物生态学

浅水湖泊生物生态学包括大型浅水湖泊浮游植物、浮游动物、底栖生物、大型维束管植物、微生物、鱼类等生物学、生态学理论与技术，浅水湖泊生态系统生态学，生态系统稳态转换理论与调控技术，生物操纵理论与调控技术，生态渔业，有害藻类生态学，产毒蓝藻生态学等。

1.2.4.5 湖泊生态修复与保护技术

从事湖泊及其流域的生态保护、生态修复、水质管理的理论与技术开发，服务国家和地方生态文明建设、湖泊资源开发与保护，开展湖泊理论与技术科普示范工作。

1.3 研究队伍

1.3.1 科研队伍

太湖站研究人员分别以秦伯强、胡维平、谷孝鸿、李宽意、丁士明、尹洪斌、谢丽强等研究员为学科带头人组成了7个团队，各团队均有各自主攻研究方向，定位明确。各团队自主进行各自方向的研究，相互之间经常通过学术交流，互通研究进展。

秦伯强团队由研究员4人、副研究员及助理研究员等近10人组成，其中杰出青年2人、中组部万人计划入选者1名。该团队以物理过程、生物过程相互作用和耦合为核心，研究湖泊生态系统的结构、功能及其时空演替规律，定量研究物理过程、化学过程和生物过程对湖泊生态系统的影响及生态系统对其变化的响应和反馈机制。

胡维平团队由研究员1人、副研究员及助理研究员等5人组成，围绕太湖、巢湖的物理过程观测、数值模拟、水位调控等生态修复技术开展大量研究，先后承担了太湖水专项相关课题、中国科学院先导B类课题、巢湖水专项、太湖水专项苏州项目等任务，开展了大量的湖泊原位观测、原位水草实验、原位模型率定等工作。

谷孝鸿团队主攻鱼类生态学，李宽意团队主攻生态修复理论与技术，丁士明团队主攻湖泊沉积物微界面监测技术与设备，尹洪斌团队主攻控磷技术与产品，谢丽强团队主攻藻毒素及其生态效应。此外，以史小丽、张民为主要成员的课题组针对藻类生态学开展了长期的研究，以潘继征、冯慕华为主要成员的学科小组在控藻技术与装备方面开展了大量的研究。

1.3.2 支撑队伍

监测队伍主要负责太湖常规监测项目的实施，包括气象数据、水文数据、水化学数据、浮游动植物数据等，同时为站上科研任务服务，例如实验场地布置、为样品采集提供船只、对样品进行分析等。

监测队伍共计19人，包括细菌与底栖动物分析员、水化学分析员、底泥分析员、浮游动物分析员、浮游植物分析员、气象观测员、船舶驾驶员、数据管理员8名专职人员，以及11名兼职采样分析人员。

1.4 研究成果

2011年以来，太湖站先后承担了多项国家水体污染控制与治理科技专项和课题，如国家自然科学基金创新群体项目 1 项、重点项目 6 项，以及江苏省科技厅项目、中科院项目等。通过上述项目和课题的实施，太湖站在湖泊光学及其环境效应研究、气象因子对蓝藻水华物候学变化的贡献研究、薄膜扩散梯度（DGT）技术研究、湖泊内源污染控制的生态清淤方法原理及其推广应用、太湖蓝藻水华堆积分解的微生物机制研究、太湖蓝藻暴发期蓝藻毒素浓度变化研究以及蓝藻风度遥感定量识别研究等方面取得了有特色的科学进展。

　　2011 年以来，依托太湖站共出版专著 10 部，其中译注 1 部；发表论文共计 1 000 余篇，其中 SCI 论文 665 篇，在国际顶级刊物 *The ISME Journal*、*Remote Sensing of Environment*、*Science Bulletin*、*Water Research*、*Journal of Hazardous Materials*、*Remote sensing of Environment*、*Chemical Engineering Journal*、*Analytical Chemistry*、*Bioresource Technology* 等上发表学术论文 75 篇；获得授权发明专利 109 项，登记软件著作权 60 项；此外，还获得生态环境部科学技术奖一等奖 1 项、二等奖 1 项，中国科学院科技促进发展二等奖 1 项、江苏省科学技术奖一、二等奖 6 项、浙江省科学技术进步奖二等奖 1 项等。

1.5　支撑条件

1.5.1　实验场地

　　太湖站无锡本部占地面积约 20.6 亩，拥有总面积超过 2 000 m² 的水化学分析测试实验室、生物生态实验室及水动力实验室；16 m×16 m 的标准气象场一个；600 m² 滨岸高等水生植物以及水生态系统演变试验塘一个；水生生物受控实验水池 23 个（其中 3 m×3 m×2.5 m 水池 15 个，4 m×4 m×2 m 水池 8 个）；陆上受控实验场地 800 m²；原位大型水上综合试验场 40 亩。

　　太湖站水上综合试验场见图 1-2。

图 1-2　太湖站水上综合试验场

　　太湖站东山分站拥有水化学及生物实验室面积约 800 m²；太湖站大型湖泊物理模拟平台（图 1-3）一个，包括 5 000 m² 的大型水动力-生态综合模拟试验系统、5 000 m² 的生态模拟实验水池、18 000 m² 的水上试验场。

图 1-3　太湖站大型湖泊物理模拟平台

1.5.2　仪器设备

太湖站拥有湖体自动监测浮标、多普勒流速仪、TOC 仪、营养盐连续流动分析仪、离子色谱仪、光学显微镜、分光光度计、野外浮游植物荧光监测仪、多参数水质仪等物理湖泊学、水化学及生物观测分析仪器及计算设备多套。另外，太湖站拥有 1 辆野外科考车、两艘野外考察快艇，以及"科考 10 号"大型野外考察船 1 艘。仪器设备总价值 1 000 万元以上。目前仪器设备运行状况良好，为太湖站监测和研究提供了有力的支撑。

1.5.3　条件保障

太湖站（含东山站）拥有学生公寓 30 间（床位 60 余个）、专家公寓 15 间、食堂面积 200 m²，能够同时接待 50 人在站开展研究工作。太湖站无锡总部拥有多媒体报告厅一个，能够同时容纳 80 余人开展会议，另有小型会议室 2 间。此外，太湖站拥有图书阅览室、标本科普展览室、户外篮球场等设施，在保障和丰富来站工作人员生活的同时，提高了国家站社会服务能力。

太湖站平面分布见图 1-4。

图 1-4　太湖站平面分布

第2章

主要样地与观测设施

2.1 概述

太湖站于 1991 年开始对太湖进行采样监测,其观测场点也有一个不断完善的过程。1991—1997 年,太湖站开展了典型湖湾和样带观测,在太湖北部从梁溪河口(THL00)至湖心(THL08)布设了 9 个采样点;1998—2004 年,在坚持原点位逐月监测的前提下,将监测点位拓展到了全太湖典型出入河口,增加了大浦口、望虞河、苕溪入湖的小梅口、东太湖太浦河出水口等观测点位,监测点位增加到 14 个,使得对太湖的监测更具代表性;自 2005 年起,太湖站开展对不同生态类型湖区全面观测,将监测点位增加到 32 个,至此监测点已经基本覆盖整个太湖。20 世纪 90 年代,太湖站的监测项目主要为浮游动物、浮游植物以及部分湖泊水化学、水物理指标,2004 年开始增加底栖生物,2005 年开始增加初级生产力、细菌、湖泊底质、大型水生植物等。本次整理出版的数据主要是自建站起就设立的观测点数据,即梅梁湾和湖中心水域的共 8 个站点的数据。

太湖站常规监测站点分布以及太湖大型水生植物调查(半年度监测)观测分布见图 2-1。

太湖站观测点序号、代码、名称及经纬度见表 2-1。

表 2-1 太湖站观测点序号、代码、名称及经纬度

观测点序号	观测点代码	观测点名称	东经(E)	北纬(N)
0	THL00	太湖站 0 号观测站	120°13′20″	31°32′23″
1	THL01	太湖站 1 号观测站	120°11′26″	31°30′47″
3	THL03	太湖站 3 号观测站	120°11′40″	31°28′35″
4	THL04	太湖站 4 号观测站	120°11′20″	31°26′45″
5	THL05	太湖站 5 号观测站	120°11′14″	31°24′40″
6	THL06	太湖站 6 号观测站	120°7′52″	31°30′14″
7	THL07	太湖站 7 号观测站	120°10′49″	31°20′18″
8	THL08	太湖站 8 号观测站	120°10′14″	31°14′53″
9	THL09	太湖站 9 号观测站	120°15′11″	31°30′47″
10	THL10	太湖站 10 号观测站	119°56′42″	31°18′52″
11	THL11	太湖站 11 号观测站	120°7′7″	30°57′49″
12	THL12	太湖站 12 号观测站	120°27′14″	31°1′18″
13	THL13	太湖站 13 号观测站	120°17′44″	31°23′11″
14	THL14	太湖站 14 号观测站	120°22′37″	31°26′6″
15	THL15	太湖站 15 号观测站	120°14′10″	31°31′23″
16	THL16	太湖站 16 号观测站	120°1′41″	31°27′
17	THL17	太湖站 17 号观测站	120°1′55″	31°23′51″

（续）

观测点序号	观测点代码	观测点名称	东经（E）	北纬（N）
18	THL18	太湖站 18 号观测站	120°3′22″	31°18′29″
19	THL19	太湖站 19 号观测站	120°1′24″	31°11′26″
20	THL20	太湖站 20 号观测站	119°58′2″	31°6′28″
21	THL21	太湖站 21 号观测站	120°8′38″	31°6′59″
22	THL22	太湖站 22 号观测站	120°11′23″	30°59′28″
23	THL23	太湖站 23 号观测站	120°13′58″	31°0′45″
24	THL24	太湖站 24 号观测站	120°22′45″	30°58′51″
25	THL25	太湖站 25 号观测站	120°30′48″	31°5′24″
26	THL26	太湖站 26 号观测站	120°20′8″	31°5′57″
27	THL27	太湖站 27 号观测站	120°24′21″	31°10′37″
28	THL28	太湖站 28 号观测站	120°27′1″	31°12′10″
29	THL29	太湖站 29 号观测站	120°20′1″	31°10′16″
30	THL30	太湖站 30 号观测站	120°19′53″	31°14′41″
31	THL31	太湖站 31 号观测站	120°14′30″	31°21′12″
32	THL32	太湖站 32 号观测站	120°8′45″	31°24′24″

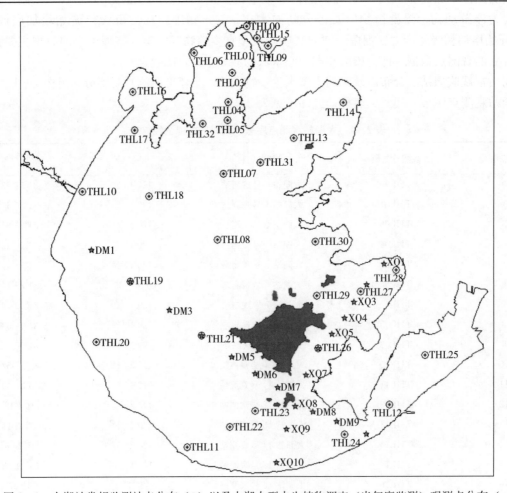

图 2-1　太湖站常规监测站点分布（◉）以及太湖大型水生植物调查（半年度监测）观测点分布（★）

太湖站观测点位置及监测目的见表 2 - 2。

表 2 - 2　太湖站观测点位置及监测目的

湖区	站点	目　　　的
梅梁湾	1	监测太湖梅梁湾北端的水况
	3	监测梅梁湾中北部
	4	监测梅梁湾中南部
	5、32	监测梅梁湾与湖心区交换
五里湖	9	监测东五里湖
	15	监测西五里湖
竺山湖	16	监测漕桥河、殷村港、太滆运河等西北片区武进港对太湖的影响
	17	监测竺山湖与湖心区的交换
贡湖	13	监测贡湖湾中部的水况
	14	监测贡湖湾与望虞河交汇区的水况
	31	监测进入贡湖水质
湖心区	7	构成太湖南北断面
	8	构成太湖南北断面
	18、19	监测湖西与湖心的过渡带
东太湖	12	监测东太湖草型湖区
	24	监测东太湖湾口
	25	监测草型湖区及渔业活动影响
	26	监测东西山水道生态系统变化，以及风浪等作用
	27	监测太湖草型湖区
	28	监测草型湖区、出流区
	29	监测太湖东南部敞水区、藻型草型过渡区
	30	监测水草生态系统演变
河口区	0	监测从无锡市流入太湖的水况
	6	监测直湖港口
	10	监测大浦河对太湖的影响
	11	监测长兜港对太湖的影响
	20	监测夹浦河对太湖的影响
西太湖	21	监测西太湖
	22	监测西太湖
	23	监测西太湖
监测断面布置		断面 A：站点 5 和 32 构成梅梁湾口断面
		断面 B：站点 13、14 和 32 构成贡湖断面
		断面 C：站点 11、22 和 23 构成断面
		断面 D：站点 1、3、4、5、7、8 和 21 构成南北断面

　　太湖站 0、1、3、4、5、6、7、8、10、13、14、16、17、32 号观测站月度监测（每月月中采样），其余观测站季度监测（2 月、5 月、8 月、11 月的月中采样）。湖泊浮游植物初级生产力在 THL04 和 THL08 号观测站进行监测，湖泊浮游植物、浮游动物、底牺动物、细菌总数、叶绿素、

湖泊水物理要素、湖泊水化学要素、湖泊底质调查、水下光照等项目在所有观测站均监测。其中，底栖动物、细菌总数为季度监测项目，湖泊底质为年度监测项目（5月采样），其他项目为月度监测项目。

采样层原为水下 50 cm 的水层，2006 年起改为上、中、下 3 层混合样，溶解氧仍为水下 50 cm，用初级生产力测定的"黑白瓶"挂在水下 20 cm 深度，浮游动物的采样量为 7.5 L。2005 年进行了湖泊大型水生植物的初步调查。为摸清植被分布情况，2006 年起另设 3 个观测断面（贡湖断面 THL31 - THL13 - THL14、大浦-庙港断面 DM1 - DM10、胥口-七都断面 XQ1 - XQ10），半年度监测一次。太湖大型水生植物调查观测点经纬度见表 2 - 3。

表 2 - 3　太湖大型水生植物调查观测点经纬度

东经（E）	北纬（N）	点号	观测站代码	观测断面
120°17′44″	31°23′11″	THL13	THL13	
120°22′37″	31°26′6″	THL14	THL14	贡湖断面
120°14′30″	31°21′12″	THL31	THL31	
119°57′33″	31°14′9″	DM1		
120°1′24″	31°11′26″	DM2	THL19	
120°5′22″	31°9′7″	DM3		
120°8′38″	31°6′59″	DM4	THL21	
120°11′37″	31°5′14″	DM5		
120°13′55″	31°3′53″	DM6		大浦-庙港断面
120°16′11″	31°2′43″	DM7		
120°19′38″	31°0′45″	DM8		
120°21′58″	30°59′54″	DM9		
120°24′53″	30°58′54″	DM10		
120°26′40″	31°12′53″	XQ1		
120°24′58″	31°11′11″	XQ2		
120°23′42″	31°9′43″	XQ3		
120°22′44″	31°8′26″	XQ4		
120°21′28″	31°7′7″	XQ5		
120°20′8″	31°5′57″	XQ6	THL26	胥口-七都断面
120°18′58″	31°3′45″	XQ7		
120°17′55″	31°1′10″	XQ8		
120°17′2″	30°59′16″	XQ9		
120°16′3″	30°56′33″	XQ10		

2.2　观测场点介绍

根据 CERN 水体分中心指标体系的要求，开展环境因子、生物因子及生态系统演变的长期观测，为揭示湖泊环境演化及人类活动与自然因素变化对湖泊生态环境影响提供长时间序列基础资料，在太湖建立了长期与永久观测站点。

2.2.1　太湖站 0 号观测站 （THL00）

1993 年在太湖北端梁溪河口建立的太湖站 0 号观测点，为太湖站长期观测点，编码 THL00，监测梁溪河对太湖湖泊生态环境变化的影响。

2.2.1.1　观测项目

（1）物理要素

水温、水深、水色、透明度、悬浮物、电导率、水下辐射、消光系数。

（2）化学要素

pH、溶解氧、碱度、钾、钠、钙、镁、氯化物、硫酸盐、总磷、磷酸盐、总氮、硝酸盐氮、亚硝酸盐氮、铵氮、硅酸盐、化学需氧量、总有机碳。

（3）底质

pH、氧化还原电位、含水率、粒度、总磷、总氮、有机质。

（4）生物要素

浮游植物的种类组成、密度、按门统计的生物量；浮游动物的种类组成、密度、生物量（按原生动物、轮虫、枝角类、桡足类统计）；底栖生物的种类组成、密度、生物量（按水生昆虫、软体动物、水栖寡毛类等统计）；细菌总数；叶绿素 a。

2.2.1.2　观测频次

底栖动物与细菌总数每季监测 1 次，湖泊底质调查每年 1 次，其他要素每月监测 1 次。

2.2.2　太湖站 1 号观测站 （THL01）

1993 年在太湖北端三山岛边建立太湖站 1 号长期观测点，监测太湖梅梁湾北端的湖泊生态环境变化。

观测项目与观测频率同"太湖站 0 号观测站"。

2.2.3　太湖站 3 号观测站 （THL03）

1993 年在太湖北端的梅梁湾建立该长期观测点，监测太湖梅梁湾中北部的湖泊生态环境变化。

观测项目与观测频率同"太湖站 0 号观测站"。

2.2.4　太湖站 4 号观测站 （THL04）

1993 年在太湖北端的梅梁湾建立该永久基准站，监测梅梁湾中南部的湖泊生态环境变化。

观测项目在"太湖站 0 号观测点"的基础上增加浮游植物初级生产力，观测频率同"太湖站 0 号观测站"。

2.2.5　太湖站 5 号观测站 （THL05）

1993 年在太湖北端的梅梁湾口建立该长期观测点，与"太湖站 32 号观测点"THL32 构成断面，监测梅梁湾与湖心区交换状态下的湖泊生态环境变化。

观测项目与观测频率同"太湖站 0 号观测站"。

2.2.6　太湖站 6 号观测站 （THL06）

1993 年在位于直湖港口的太湖北端建立该长期观测点，监测直湖港对太湖湖泊生态环境变化的影响。

观测项目与观测频率同"太湖站 0 号观测站"。

2.2.7　太湖站 7 号观测站（THL07）

1993 年在太湖中北部建立该长期观测点，构成太湖南北断面，监测太湖中北部的湖泊生态环境变化。

观测项目与观测频率同"太湖站 0 号观测站"。

2.2.8　太湖站 8 号观测站（THL08）

1993 年在太湖中心建立该永久基准站，构成太湖南北断面，监测太湖中心的湖泊生态环境变化。

观测项目与观测频率同"太湖站 4 号观测站"。

2.2.9　太湖站 9 号观测站（THL09）

1993 年在太湖北端的东五里湖建立该长期观测点，监测东五里湖的湖泊生态环境变化。

观测项目与观测频率同"太湖站 0 号观测站"。

2.2.10　太湖站 10 号观测站（THL10）

1998 年在位于大浦河口的太湖西部建立该长期观测点，监测大浦河对太湖湖泊生态环境变化的影响。

观测项目与观测频率同"太湖站 0 号观测站"。

2.2.11　太湖站 11 号观测站（THL11）

1998 年在位于长兜港口的太湖南部建立该长期观测点，监测长兜港对太湖湖泊生态环境变化的影响。

观测项目与观测频率同"太湖站 0 号观测站"。

2.2.12　太湖站 12 号观测站（THL12）

1998 年在东太湖草型湖区建立该长期观测点，监测东太湖草型湖区的湖泊生态环境变化。

观测项目与观测频率同"太湖站 0 号观测站"。

2.2.13　太湖站 13 号观测站（THL13）

1998 年在太湖东北部的贡湖湾中部建立该长期观测点，该观测点为太湖中人类活动对水草生长影响较小的湖区，与 THL14、THL31 构成贡湖断面，监测贡湖湾中部的湖泊生态环境变化。

观测项目与观测频率同"太湖站 0 号观测站"。

2.2.14　太湖站 14 号观测站（THL14）

2005 年在太湖东北部的贡湖湾北端建立该长期观测点，该点为太湖中人类活动对水草生长影响较小的湖区，与 THL13、THL31 构成贡湖断面，监测贡湖湾与望虞河交汇区北端的湖泊生态环境变化。

观测项目与观测频率同"太湖站 0 号观测站"。

2.2.15　太湖站 15 号观测站（THL15）

2005 年在太湖北端的西五里湖建立该长期观测点，监测太湖北端西五里湖的湖泊生态环境变化。

观测项目与观测频率同"太湖站 0 号观测站"。

2.2.16　太湖站 16 号观测站（THL16）

2005 年在太湖北端的竺山湖湾北部建立该长期观测点，该点处于太湖藻型重污染湖区，在该处设点便于监测漕桥河、殷村港、太滆河等西北片区对太湖湖泊生态环境变化的影响。

观测项目与观测频率同"太湖站 0 号观测站"。

2.2.17　太湖站 17 号观测站（THL17）

2005 年在太湖北端竺山湖建立该长期观测点，监测竺山湖与湖心区交换状态下的湖泊生态环境变化。

观测项目与观测频率同"太湖站 0 号观测站"。

2.2.18　太湖站 18 号观测站（THL18）

2005 年在太湖湖西与湖心的过渡带建立该长期观测点，监测太湖湖西与湖心过渡带的湖泊生态环境变化。

观测项目与观测频率同"太湖站 0 号观测站"。

2.2.19　太湖站 19 号观测站（THL19）

2005 年在太湖中西部建立该长期观测点，监测太湖湖西与湖中过渡区的湖泊生态环境变化。

观测项目与观测频率同"太湖站 0 号观测站"。

2.2.20　太湖站 20 号观测站（THL20）

2005 年在太湖西南部建立该长期观测点，监测夹浦河对太湖湖泊生态环境变化的影响。

观测项目与观测频率同"太湖站 0 号观测站"。

2.2.21　太湖站 21 号观测站（THL21）

2005 年在太湖中南部建立该长期观测点，该点是构成太湖南北断面的观测点，监测太湖中南部的湖泊生态环境变化。

观测项目与观测频率同"太湖站 0 号观测站"。

2.2.22　太湖站 22 号观测站（THL22）

2005 年在太湖南部建立该长期观测点，与 THL11、THL23 构成断面，监测水草向西北扩张以及太湖南部的湖泊生态环境变化。

观测项目与观测频率同"太湖站 0 号观测站"。

2.2.23　太湖站 23 号观测站（THL23）

2005 年在太湖南部建立该长期观测点，与 THL11、THL22 构成断面，监测水草向西北扩张以及太湖南部的湖泊生态环境变化。

观测项目与观测频率同"太湖站 0 号观测站"。

2.2.24　太湖站 24 号观测站（THL24）

2005 年在东太湖湾口建立该长期观测点，监测东太湖湾口的湖泊生态环境变化。

观测项目与观测频率同"太湖站 0 号观测站"。

2.2.25　太湖站 25 号观测站（THL25）

2005 年在东太湖建立该长期观测点，该湖区属于草型湖区，是渔业活动的影响区。在该处设点便于监测东太湖的湖泊生态环境变化。

观测项目与观测频率同"太湖站 0 号观测站"。

2.2.26　太湖站 26 号观测站（THL26）

2005 年在东太湖东山与西山水道间建立该长期观测点，该湖区风浪等作用相对较弱，在该处设点便于监测东太湖东山与西山水道间的湖泊生态环境变化。

观测项目与观测频率同"太湖站 0 号观测站"。

2.2.27　太湖站 27 号观测站（THL27）

2005 年在太湖草型湖区建立该长期观测点，监测太湖草型湖区的湖泊生态环境变化。

观测项目与观测频率同"太湖站 0 号观测站"。

2.2.28　太湖站 28 号观测站（THL28）

2005 年在太湖草型湖区与出流区建立该长期观测点，监测太湖草型湖区与出流区的湖泊生态环境变化。

观测项目与观测频率同"太湖站 0 号观测站"。

2.2.29　太湖站 29 号观测站（THL29）

2005 年在太湖东南部敞水区（即藻型草型过渡区）建立该长期观测点，监测藻型草型过渡区的湖泊生态环境变化。

观测项目与观测频率同"太湖站 0 号观测站"。

2.2.30　太湖站 30 号观测站（THL30）

2005 年在太湖光福湾建立该长期观测点，监测太湖光福湾的湖泊生态环境变化及其水草生态系统演变。

观测项目与观测频率同"太湖站 0 号观测站"。

2.2.31　太湖站 31 号观测站（THL31）

2005 年在太湖贡湖湾口建立该长期观测点，监测进入贡湖湾的水质以及贡湖湾湖泊生态环境变化。

观测项目与观测频率同"太湖站 0 号观测站"。

2.2.32　太湖站 32 号观测站（THL32）

2005 年在太湖梅梁湾口建立该长期观测点，与 THL05 构成断面，监测梅梁湾与湖心区交换条件下的湖泊生态环境变化。

观测项目与观测频率同"太湖站 0 号观测站"。

2.2.33　太湖站气象观测场（THLQX01）

太湖站气象观测场海拔 20 m（吴淞高程），经纬度为 120°12′55″E，31°25′16″N。太湖站气象观测场内安装了自动气象站和人工气象要素观测仪器。气象观测场示意见图 2-2。

自动气象观测场监测项目：气温、相对湿度、露点温度、水气压、大气压、海平面气压、风速、风向、降水、地表温度、土壤（5 cm、10 cm、15 cm、20 cm、40 cm、60 cm、100 cm）温度、总辐射、反射辐射、紫外辐射、净辐射、光合有效辐射等。观测频率为 1 次/h。

人工气象观测场监测项目：气温、相对湿度、湿球温度、大气压、风速、风向、降水、蒸发、地表温度、云、太阳面状况、日照时数、天气等。观测频率：蒸发量、最高气温、最高地温、最低气温、最低地温 1 次/d（具体观测时间 20：00），降水 2 次/d（8：00、20：00），其他项目 3 次/d（8：00、14：00、20：00）。

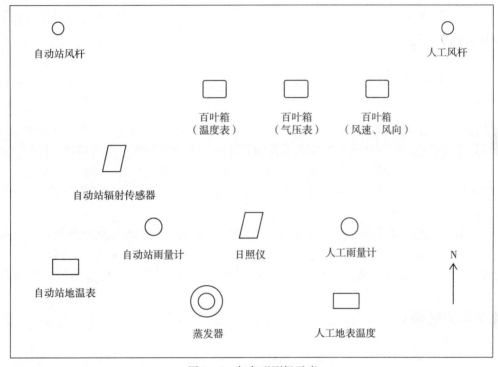

图 2-2　气象观测场示意

第3章

联网长期观测数据

3.1 生物观测数据

3.1.1 浮游植物数据集

3.1.1.1 概述

浮游植物是一个生态学概念，是指在水中以浮游方式生活的微小植物，通常浮游植物就是指浮游藻类，虽然其个体微小，但在生态系统中起着重要作用。浮游植物与水生高等植物共同组成湖泊的初级生产者，在缺少水生高等植物的湖泊中，藻类常成为唯一的初级生产者。浮游植物的光合作用还是大多数封闭水体氧气的主要来源，由于富营养化导致的浮游植物过量生长已经成为湖泊等水体的主要环境问题之一。

浮游植物数据集为太湖站 8 个长期常规监测站点 2007—2015 年的月尺度数据，包括蓝藻、绿藻、甲藻、硅藻、裸藻、隐藻、金藻、浮游植物总量（ind./L）及浮游植物生物量（mg/m³）、浮游生物优势种。其中，浮游植物总量为各类藻类个体数的总和，浮游植物生物量为各类藻类生物量的总和。

3.1.1.2 数据采集和处理方法

（1）数据采集

本数据集中 8 个常规监测站点分别为 THL00、THL01、THL03、THL04、THL05、THL06、THL07 和 THL08，采样频率为 1 次/月。

（2）数据测定

浮游植物采集使用 2.5 L 有机玻璃采水器采集上、中、下 3 层混合湖水 1 L，加 10 mL 鲁哥试液固定，放入室内静置 24～48 h 后，用细小虹吸管小心吸去上清液，最后浓缩至 30 mL。浮游植物采用 0.1 mL 计数框计数，在 200～400 倍显微镜下观察计数。一般计数 50～100 个视野，使得细胞数在 300 以上。由于浮游植物的细胞密度接近于水的密度（1 mg/mL），故生物量的测定采用体积转化法。细胞的平均体积根据物种的几何形状计算。

3.1.1.3 数据质量控制和评估

（1）数据获取过程的质量控制

观测阶段，由长期工作在太湖站的专业人员进行观测和仪器维护工作，浮游植物计数时采取 2 次抽样计数取平均值的方式，如果两次抽样计数间误差较大，则进行第 3 次抽样计数；浮游植物鉴定主要参考《中国淡水藻类》（胡鸿均等，2006）。

（2）数据质量评估

数据整理和入库的质量控制方面，主要分为两个步骤：一是进行各种源数据的集成、整理、转换、格式统一；二是通过一系列质量控制方法，去除随机及系统误差，并与历史数据信息进行比较，评价数据的完整性、准确性、可比性和连续性。

3.1.1.4　数据

浮游植物名录见表3-1。

表 3-1　浮游植物名录

项目	拉丁名	项目	拉丁名
铜绿微囊藻	*Microcystis aeruginosa*	针形纤维藻	*Ankistrodesmus acicularis*
放射微囊藻	*Microcystis botrys*	镰形纤维藻	*Ankistrodesmus falcatus*
惠氏微囊藻	*Microcystis wesenbergii*	湖生卵囊藻	*Oocystis lacustris*
挪氏微囊藻	*Microcystis novacekii*	单角盘星藻	*Pediastrum simplex.*
绿色微囊藻	*Microcystis viridis*	二角盘星藻	*Pediastrum duplex*
水华微囊藻	*Microcystis flosaquae*	四角盘星藻	*Pediastrum tetras*
水华束丝藻	*Aphanizomenon flosaquae*	游丝藻属	*Planctonema* sp.
浮丝藻属	*Planktothrix* sp.	月牙藻属	*Selenastrum* sp.
假鱼腥藻	*Pseudoanabaena* sp.	被甲栅藻	*Scendesmus arcuatus*
水华鱼腥藻	*Anabaena flosaquae*	二形栅藻	*Scendesmus dimorphus*
尖头藻属	*Raphidiopsis* sp.	尖形栅藻	*Scenedesmus acutiformis.*
细小平裂藻	*Merismopedia minima*	双对栅藻	*Scenedesmus bijuba*
变异直链藻	*Melosira varians*	齿牙栅藻	*Scendesmus denticulatus*
颗粒直链藻极狭变种	*Aulacoseira granulata* var. *angustissima*	四尾栅藻	*Scenedesmus quadricauda*
颗粒直链藻	*Aulacoseira granulata*	扁盘栅藻	*Scenedesmus platydiscus*
梅尼小环藻	*Cyclotella meneghiniana*	弯曲栅藻	*Scenedesmus arcuatus*
针杆藻属	*Synedra* sp.	长尾扁裸藻	*Phacus longicauda*
舟形藻属	*Navicula* sp.	梭形裸藻	*Euglena acus*
谷皮菱形藻	*Nitzchia palea*	尾棘囊裸藻	*Trachelomonas armata*
桥弯藻属	*Cymbella* sp.	陀螺藻属	*Strombomonas* sp.
弓形藻属	*Schroederia* sp.	尖尾蓝隐藻	*Chroomonas acuta*
美丽胶网藻	*Dictyosphaerium pulchellum*	具尾蓝隐藻	*Chroomonas caudata*
小空星藻	*Coelastrum microporum*	啮蚀隐藻	*Cryptomonas erosa*
顶锥十字藻	*Crucigenia apiculata*	卵形隐藻	*Cryptomonas ovata*
微小四角藻	*Tetraedron minimum*	角甲藻属	*Ceratium* sp.
三角四角藻	*Tetraedron trigonum*	裸甲藻属	*Gymnodinium* sp.
短刺四星藻	*Tetrastum staurogeniaeforme*	拟多甲藻	*Peridiniopsis* sp.
华丽四星藻	*Tetrastrum elegans*	鱼鳞藻属	*Mallomonas* sp.
纤维藻属	*Ankistrodesmus*	锥囊藻属	*Dinobryon* sp.

THL00 观测站浮游植物相关数据见表 3-2。

表 3-2　THL00 观测站浮游植物

时间 （年-月）	蓝藻数量/ (ind./L)	绿藻数量/ (ind./L)	甲藻数量/ (ind./L)	硅藻数量/ (ind./L)	裸藻数量/ (ind./L)	隐藻数量/ (ind./L)	金藻数量/ (ind./L)	浮游植物 数量/(ind./L)	浮游植物 生物量/(mg/m³)	浮游植物 优势种
2007-01	1 407 000	273 900	900	181 500	24 900	180 000	45 000	2 113 200	1 127.66	微囊藻
2007-02	337 500	208 950	0	936 000	11 250	225 000	0	1 718 700	1 497.15	小环藻
2007-03	1 642 500	598 500	0	405 000	69 000	4 050 000	0	6 765 000	4 228.95	微囊藻
2007-04	765 000	1 867 500	0	167 700	88 500	382 500	0	3 271 200	2 198.93	微囊藻
2007-05	243 000	478 800	0	58 800	3 000	417 000	0	1 200 600	1 663.91	栅藻
2007-06	1 057 500	367 500	0	439 500	23 250	495 000	0	2 382 750	2 469.05	微囊藻
2007-07	3 234 000	519 000	0	444 000	0	475 000	0	4 672 000	1 588.42	微囊藻
2007-08	76 725 000	796 500	0	257 400	21 000	225 000	0	78 024 900	6 869.33	微囊藻
2007-09	3 900	49 200	0	17 200	1 800	33 000	1 200	106 300	179.15	卵形隐藻
2007-10	3 900	16 200	0	17 200	1 800	33 000	1 200	73 300	167.60	卵形隐藻
2007-11	276 000	228 000	0	108 000	12 000	135 000	6 000	765 000	685.93	蓝纤维藻
2007-12	3 900	4 200	0	17 200	1 800	33 000	1 200	61 300	163.40	卵形隐藻
2008-01	1 305 000	844 500	0	292 500	90 000	1 507 500	45 000	4 084 500	6 096.30	嗜蚀隐藻
2008-02	4 500	56 400	0	419 700	3 000	225 000	0	708 600	1 034.29	嗜蚀隐藻
2008-03	516 800	3 400	0	30 600	0	23 800	0	574 600	142.29	微囊藻
2008-04	4 369 000	10 200	0	95 200	10 200	34 000	0	4 518 600	467.91	微囊藻
2008-05	25 563 300 000	0	0	0	0	0	0	25 563 300 000	511 266.00	微囊藻
2008-06	59 925 000	255 000	0	1 275 000	0	612 000	0	62 067 000	4 964.34	微囊藻
2008-07	109 650 000	1 377 000	0	357 000	51 000	408 000	0	111 843 000	5 837.46	微囊藻
2008-08	64 810 800	0	0	0	0	0	0	64 810 800	1 314.58	微囊藻
2008-09	47 160 720	9 180	3 060	30 600	0	9 180	0	47 215 800	1 204.56	微囊藻
2008-10	2 089 393 130	142 010	0	2 698 190	0	142 010	0	2 092 375 340	48 348.72	微囊藻
2008-11	384 675 000	0	0	2 139 000	0	2 070 000	0	388 884 000	17 621.22	微囊藻
2008-12	77 556 000	552 000	0	14 145 000	0	1 311 000	0	93 564 000	24 191.40	微囊藻
2009-01	36 846 000	0	276 000	8 763 000	69 000	345 000	0	46 299 000	18 607.92	颗粒直链硅藻
2009-02	12 006 000	69 000	0	12 834 000	0	0	276 000	25 185 000	24 124.47	针杆藻

（续）

时间 （年-月）	蓝藻数量/ (ind./L)	绿藻数量/ (ind./L)	甲藻数量/ (ind./L)	硅藻数量/ (ind./L)	裸藻数量/ (ind./L)	隐藻数量/ (ind./L)	金藻数量/ (ind./L)	浮游植物 数量/(ind./L)	浮游植物 生物量/(mg/m³)	浮游植物 优势种
2009-03	6 279 000	138 000	0	47 748 000	69 000	207 000	0	54 441 000	53 290.77	星杆藻
2009-04	10 419 000	69 000	0	2 484 000	0	345 000	0	13 317 000	6 505.87	针杆藻
2009-05	25 944 000	0	0	414 000	0	0	0	26 358 000	1 139.88	颗粒直链硅藻
2009-06	34 086 000	276 000	0	1 104 000	0	828 000	0	36 294 000	5 017.68	卵形隐藻
2009-07	353 904 000	69 000	0	276 000	0	759 000	0	355 008 000	10 704.44	微囊藻
2009-08	35 072 000	192 000	32 000	96 000	0	736 000	0	36 128 000	2 512.32	卵形隐藻
2009-09	112 000 000	0	0	64 000	0	96 000	0	112 160 000	3 011.84	惠氏微囊藻
2009-10	12 832 000	544 000	0	352 000	0	288 000	0	14 016 000	992.64	铜绿微囊藻
2009-11	13 748 000	192 000	0	64 000	300	32 000	0	14 036 300	397.40	水华微囊藻
2009-12	4 064 000	544 000	0	448 000	0	736 000	0	5 792 000	1 005.76	卵形隐藻
2010-01	8 490 000	180 000	0	3 630 000	0	120 000	0	12 420 000	5 967.00	颗粒直链硅藻
2010-02	1 890 000	0	0	930 000	0	0	0	2 820 000	1 369.80	针杆藻
2010-03	8 610 000	0	0	2 700 000	0	210 000	0	11 520 000	5 062.20	针杆藻
2010-04	1 920 000	240 000	0	3 090 000	0	930 000	0	6 180 000	7 333.80	颗粒直链硅藻
2010-05	4 110 000	990 000	0	120 000	0	90 000	0	5 310 000	1 155.00	盘星藻
2010-06	11 940 000	510 000	0	1 260 000	0	360 000	0	14 070 000	3 003.36	隐藻
2010-07	7 270 000	300 000	0	10 000	10 000	190 000	0	7 780 000	1 032.00	隐藻
2010-08	715 000 000	80 000	0	200 000	0	320 000	0	715 600 000	15 574.40	微囊藻
2010-09	138 680 000	1 210 000	0	160 000	0	190 000	0	140 240 000	3 823.28	微囊藻
2010-10	1 000 000	230 000	0	40 000	0	430 000	0	1 700 000	1 174.80	隐藻
2010-11	41 780 000	580 000	0	140 000	0	20 000	0	42 520 000	1 608.40	微囊藻
2010-12	10 000 000	8 000	0	11 000	0	19 000	0	10 038 000	1 968.30	微囊藻
2011-01	160 500 000	30 000	30 000	330 000	0	750 000	0	161 640 000	3 792.60	微囊藻
2011-02	6 420 000	360 000	0	840 000	0	540 000	900 000	9 060 000	2 459.40	隐藻、锥囊藻
2011-03	4 650 000	120 000	0	17 370 000	0	120 000	60 000	22 320 000	18 004.50	星杆藻
2011-04	10 980 000	120 000	0	330 000	0	60 000	0	11 490 000	554.10	星杆藻

（续）

时间（年-月）	蓝藻数量/（ind./L）	绿藻数量/（ind./L）	甲藻数量/（ind./L）	硅藻数量/（ind./L）	裸藻数量/（ind./L）	隐藻数量/（ind./L）	金藻数量/（ind./L）	浮游植物数量/（ind./L）	浮游植物生物量/（mg/m³）	浮游植物优势种
2011-05	2 880 000	540 000	0	0	0	30 000	0	3 450 000	60.60	微囊藻
2011-06	8 430 000	240 000	0	30 000	0	810 000	0	9 510 000	493.14	微囊藻
2011-07	54 600 000	1 320 000	0	90 000	0	660 000	0	56 670 000	1 494.00	微囊藻
2011-08	4 215 630 000	120 000	30 000	180 000	0	0	0	4 215 960 000	85 008.00	微囊藻
2011-09	1 244 700 000	2 250 000	0	750 000	0	210 000	0	1 247 910 000	26 042.40	微囊藻
2011-10	25 500 000	120 000	0	840 000	0	510 000	0	26 970 000	1 389.00	微囊藻、隐藻
2011-11	18 750 000	120 000	0	1 230 000	0	1 860 000	0	21 960 000	1 623.00	隐藻
2011-12	39 750 000	240 000	0	120 000	0	5 280 000	0	45 390 000	1 380.00	微囊藻
2012-01	38 330 000	0	0	1 270 000	0	1 300 000	0	40 900 000	3 093.40	微囊藻、蓝隐藻、小环藻
2012-02	7 160 000	460 000	0	510 000	0	390 000	2 030 000	10 550 000	10 812.80	锥囊藻、星杆藻
2012-03	20 170 000	1 630 000	0	6 730 000	0	430 000	1 740 000	30 700 000	16 348.60	蓝隐藻
2012-04	120 000	160 000	0	0	0	800 000	0	1 080 000	235.80	微囊藻
2012-05	37 490 000	1 810 000	0	230 000	50 000	830 000	0	40 410 000	4 202.30	微囊藻、小环藻
2012-06	921 920 000	860 000	0	180 000	0	220 000	0	923 180 000	19 316.60	微囊藻
2012-07	398 990 000	260 000	0	260 000	0	100 000	0	399 610 000	9 079.90	微囊藻
2012-08	1 724 890 000	540 000	50 000	100 000	30 000	340 000	0	1 725 950 000	36 850.10	微囊藻
2012-09	352 300 000	1 170 000	0	2 200 000	0	200 000	0	355 870 000	10 587.00	微囊藻、小环藻
2012-10	271 700 000	510 000	0	1 060 000	0	830 000	0	274 100 000	8 740.80	微囊藻
2012-11	72 490 000	340 000	0	960 000	0	490 000	0	74 280 000	3 900.20	微囊藻、小环藻
2012-12	80 580 000	250 000	0	900 000	0	2 360 000	0	84 090 000	5 730.00	微囊藻、蓝隐藻
2013-01	4 960 000	160 000	0	2 030 000	50 000	1 870 000	470 000	9 540 000	7 107.80	蓝隐藻
2013-02	1 790 000	1 400 000	50 000	8 030 000	0	1 110 000	3 980 000	16 360 000	19 444.80	星杆藻、蓝隐藻、颗粒直链硅藻
2013-03	38 280 000	740 000	0	1 980 000	0	1 350 000	700 000	43 050 000	7 221.80	蓝隐藻、颗粒直链硅藻
2013-04	37 050 000	570 000	0	80 000	0	720 000	0	38 420 000	1 222.00	微囊藻、蓝隐藻
2013-05	112 270 000	2 640 000	0	450 000	0	7 040 000	0	122 400 000	7 317.82	微囊藻、隐藻、蓝隐藻
2013-06	9 590 000	4 860 000	0	1 170 000	0	5 540 000	0	21 160 000	7 222.90	蓝隐藻、隐藻、小环藻

（续）

时间 （年-月）	蓝藻数量/ (ind./L)	绿藻数量/ (ind./L)	甲藻数量/ (ind./L)	硅藻数量/ (ind./L)	裸藻数量/ (ind./L)	隐藻数量/ (ind./L)	金藻数量/ (ind./L)	浮游植物 数量/(ind./L)	浮游植物 生物量/(mg/m³)	浮游植物 优势种
2013-07	974 790 000	3 450 000	50 000	100 000		150 000	0	978 540 000	21 371.30	微囊藻、鱼腥藻
2013-08	459 410 000	2 990 000	100 000	2 050 000	50 000	310 000	0	464 910 000	15 883.54	微囊藻、小环藻、颤藻、鱼腥藻
2013-09	287 540 000	2 060 000	50 000	1 450 000		550 000	0	291 650 000	9 579.70	微囊藻、小环藻、蓝隐藻
2013-10	702 420 000	130 000	230 000	510 000	50 000	150 000	0	703 490 000	17 094.20	微囊藻、小环藻
2013-11	6 480 000	410 000	50 000	230 000		3 560 000	0	10 730 000	7 368.88	蓝隐藻、隐藻
2013-12	14 480 000	0	0	470 000		1 530 000	0	16 480 000	1 767.20	微囊藻、蓝隐藻、小环藻
2014-01	4 910 000	160 000	0	2 060 000	0	2 910 000	650 000	10 690 000	5 539.44	蓝隐藻、小环藻
2014-02	630 000	1 200 000	0	1 640 000	100 000	1 010 000	1 450 000	6 030 000	7 359.80	蓝隐藻、星杆藻
2014-03	5 010 000	1 740 000	30 000	2 490 000		310 000	5 900 000	15 480 000	24 523.48	针杆藻、锥囊藻
2014-04	29 920 000	2 260 000	0	200 000		1 580 000	0	33 960 000	2 407.90	蓝隐藻、微囊藻
2014-05	52 590 000	1 710 000	0	160 000		1 030 000	0	55 490 000	3 200.70	微囊藻、蓝隐藻
2014-06	302 280 000	1 980 000	0	180 000		780 000	0	305 220 000	8 753.10	微囊藻
2014-07	199 670 000	2 640 000	50 000	130 000		150 000	0	202 640 000	9 005.40	微囊藻、颤藻
2014-08	104 610 000	2 130 000	30 000	1 970 000		250 000	0	108 990 000	9 830.60	颤藻、小环藻、束丝藻
2014-09	199 570 000	1 960 000	50 000	2 390 000	30 000	420 000	0	204 420 000	11 404.64	束丝藻、颤藻、小环藻
2014-10	145 770 000	2 730 000	0	1 560 000		930 000	0	150 990 000	9 337.54	微囊藻、小环藻、隐藻
2014-11	501 950 000	360 000	0	320 000		200 000	0	502 830 000	11 047.30	微囊藻
2014-12	27 190 000	80 000	0	1 660 000	30 000	830 000	0	29 790 000	3 858.20	微囊藻、小环藻、蓝隐藻
2015-01	4 960 000	140 000	0	340 000		250 000	180 000	5 870 000	1 341.00	小环藻、蓝隐藻
2015-02	5 870 000	610 000	0	1 010 000	30 000	360 000	620 000	8 500 000	4 582.00	小环藻、蓝隐藻
2015-03	1 040 000	250 000	0	1 100 000	50 000	1 040 000	780 000	4 260 000	6 021.80	蓝隐藻、隐藻
2015-04	3 380 000	860 000	0	830 000		2 440 000	0	7 510 000	5 757.40	微囊藻、细丝藻
2015-05	219 960 000	6 130 000	0	110 000		180 000	0	226 380 000	6 055.60	鱼腥藻、颤藻、束丝藻
2015-06	75 130 000	1 320 000	30 000	300 000	50 000	250 000	0	77 080 000	6 080.60	颤藻、小环藻、束丝藻
2015-07	190 470 000	10 970 000	150 000	3 480 000	50 000	630 000	0	205 750 000	21 641.68	微囊藻
2015-08	445 690 000	1 190 000	50 000	560 000		130 000	0	447 620 000	11 071.78	

（续）

时间 （年-月）	蓝藻数量/ (ind./L)	绿藻数量/ (ind./L)	甲藻数量/ (ind./L)	硅藻数量/ (ind./L)	裸藻数量/ (ind./L)	隐藻数量/ (ind./L)	金藻数量/ (ind./L)	浮游植物 数量/(ind./L)	浮游植物 生物量/(mg/m³)	浮游植物 优势种
2015 - 09	131 740 000	1 630 000	0	1 060 000	0	880 000	0	135 310 000	5 907.26	小环藻、蓝隐藻
2015 - 10	700 090 000	850 000	0	100 000	20 000	50 000	0	701 110 000	15 395.20	微囊藻、蓝隐藻
2015 - 11	22 040 000	530 000	0	700 000	20 000	140 000	0	23 430 000	1 886.22	小环藻
2015 - 12	161 980 000	540 000	0	930 000	0	1 240 000	0	164 690 000	7 596.00	微囊藻、小环藻、隐藻

THL01 观测站浮游植物相关数据见表 3-3。

表 3-3　THL01 观测站浮游植物相关数据

时间 （年-月）	蓝藻数量/ (ind./L)	绿藻数量/ (ind./L)	甲藻数量/ (ind./L)	硅藻数量/ (ind./L)	裸藻数量/ (ind./L)	隐藻数量/ (ind./L)	金藻数量/ (ind./L)	浮游植物 数量/(ind./L)	浮游植物 生物量/(mg/m³)	浮游植物 优势种
2007 - 01	1 980 000	399 450	0	207 000	1 800	157 500	0	2 745 750	666.99	微囊藻
2007 - 02	94 500	209 850	0	795 000	5 700	52 500	0	1 157 550	1 278.11	微囊藻
2007 - 03	945 000	494 850	0	120 300	35 400	1 170 000	0	2 765 550	3 536.45	微囊藻
2007 - 04	787 500	2 004 750	0	760 500	2 250	1 125 000	0	4 680 000	2 771.33	浮游蓝丝藻
2007 - 05	380 370 000	328 500	0	112 800	0	28 800	0	380 840 100	7 827.33	微囊藻
2007 - 06	175 980 000	386 500	0	176 000	2 700	51 000	1 200	176 597 400	4 379.24	微囊藻
2007 - 07	1 185 000	27 530 000	0	264 000	4 500	184 000	6 000	29 173 500	7 160.91	微囊藻
2007 - 08	175 980 000	421 300	0	176 000	2 700	51 000	1 200	176 632 200	4 391.42	微囊藻
2007 - 09	102 000	86 600	0	46 500	600	234 000	0	469 700	820.24	啮蚀隐藻
2007 - 10	76 902 000	113 600	0	46 500	600	234 000	0	77 296 700	2 365.69	微囊藻
2007 - 11	96 000	802 800	0	34 200	0	3 900	0	936 900	594.82	微囊藻
2007 - 12	102 000	68 600	0	46 500	600	234 000	0	451 700	813.94	卵形隐藻
2008 - 01	697 500	402 000	0	192 000	12 000	517 500	0	1 821 000	1 724.78	啮蚀隐藻
2008 - 02	192 000	740 700	0	24 350 000	2 100	652 500	0	25 937 300	21 018.62	啮蚀隐藻
2008 - 03	5 175 000	0	0	138 000	345 000	69 000	0	5 727 000	3 967.50	微囊藻
2008 - 04	3 213 000	6 800	0	68 000	0	54 400	0	3 342 200	330.34	微囊藻
2008 - 05	288 120 000	0	0	0	0	0	0	288 120 000	5 762.40	微囊藻

(续)

时间（年-月）	蓝藻数量/(ind./L)	绿藻数量/(ind./L)	甲藻数量/(ind./L)	硅藻数量/(ind./L)	裸藻数量/(ind./L)	隐藻数量/(ind./L)	金藻数量/(ind./L)	浮游植物数量/(ind./L)	浮游植物生物量/(mg/m³)	浮游植物优势种
2008-06	209 763 000	51 000	0	102 000	0	51 000	0	209 967 000	4 489.02	微囊藻
2008-07	84 201 000	1 734 000	0	102 000	0	153 000	0	86 190 000	2 860.90	微囊藻
2008-08	51 404 940	379 440	6 120	177 480	0	9 180	0	51 977 160	1 900.46	微囊藻
2008-09	141 066 000	0	0	3 060	0	0	0	141 069 060	2 827.44	微囊藻
2008-10	47 129 800	0	0	42 600	0	0	0	47 172 400	1 027.80	微囊藻
2008-11	476 445 000	0	0	2 898 000	0	1 104 000	0	480 447 000	16 622.10	微囊藻
2008-12	120 819 000	0	0	1 035 000	0	1 725 000	0	123 579 000	10 536.30	微囊藻
2009-01	54 234 000	414 000	0	3 036 000	138 000	1 725 000	0	59 547 000	12 618.72	卵形隐藻
2009-02	18 009 000	897 000	69 000	5 658 000	0	69 000	414 000	25 116 000	13 042.38	针杆藻
2009-03	1 725 000	276 000	0	30 843 000	69 000	345 000	0	33 258 000	35 040.27	星形藻
2009-04	10 833 000	2 070 000	0	6 072 000	0	6 900 000	0	25 875 000	39 265.14	卵形隐藻
2009-05	71 967 000	414 000	0	0	0	138 000	0	72 519 000	2 074.14	微囊藻
2009-06	74 037 000	345 000	0	621 000	0	1 587 000	0	76 590 000	8 330.37	卵形隐藻
2009-07	418 578 000	0	0	69 000	0	69 000	0	418 716 000	9 433.33	微囊藻
2009-08	37 312 000	192 000	0	32 000	32 000	416 000	0	37 984 000	1 864.64	惠氏微囊藻
2009-09	49 824 000	192 000	0	0	0	32 000	0	50 048 000	1 444.48	惠氏微囊藻
2009-10	20 960 000	96 000	0	224 000	0	288 000	0	21 568 000	763.20	惠氏微囊藻
2009-11	8 338 000	128 000	0	0	0	192 000	0	8 658 000	320.16	水华微囊藻
2009-12	17 664 000	320 000	0	0	0	832 000	0	18 816 000	1 030.08	水华微囊藻
2010-01	3 060 000	0	0	1 860 000	0	60 000	0	4 980 000	2 964.60	颗粒直链硅藻
2010-02	3 480 000	1 200 000	0	990 000	0	0	0	5 670 000	1 749.60	针杆藻
2010-03	4 740 000	120 000	0	2 040 000	0	510 000	0	7 410 000	4 837.80	隐藻
2010-04	2 190 000	120 000	0	1 110 000	0	120 000	0	3 540 000	2 021.40	颗粒直链硅藻
2010-05	2 970 000	120 000	0	210 000	30 000	60 000	0	3 390 000	639.60	裸藻
2010-06	76 200 000	690 000	0	90 000	30 000	990 000	0	78 000 000	6 520.20	隐藻
2010-07	102 630 000	50 000	0	0	0	0	0	102 680 000	2 062.60	微囊藻

（续）

时间 （年-月）	蓝藻数量/ （ind./L）	绿藻数量/ （ind./L）	甲藻数量/ （ind./L）	硅藻数量/ （ind./L）	裸藻数量/ （ind./L）	隐藻数量/ （ind./L）	金藻数量/ （ind./L）	浮游植物 数量/（ind./L）	浮游植物 生物量/（mg/m³）	浮游植物 优势种
2010-08	344 000 000	10 000	0	60 000	0	180 000	0	344 250 000	7 431.00	微囊藻
2010-09	258 190 000	40 000	0	190 000	0	60 000	0	258 480 000	5 762.40	微囊藻
2010-10	1 000 000	40 000	10 000	50 000	0	350 000	0	1 450 000	957.00	隐藻
2010-11	68 070 000	60 000	0	200 000	0	90 000	0	68 420 000	2 157.40	微囊藻
2010-12	5 350 000	0	0	1 000	0	9 000	0	5 360 000	2 968.30	微囊藻
2011-01	81 000 000	30 000	0	1 020 000	0	450 000	0	82 500 000	2 387.40	微囊藻、直链硅藻
2011-02	2 940 000	480 000	0	1 260 000	0	270 000	1 590 000	6 540 000	4 003.80	星杆藻
2011-03	4 500 000	0	0	15 360 000	90 000	0	120 000	20 070 000	15 963.00	星杆藻
2011-04	1 590 000	120 000	0	480 000	0	390 000	0	2 580 000	802.80	星杆藻
2011-05	1 110 000	360 000	0	30 000	0	330 000	0	1 830 000	142.20	隐藻
2011-06	8 220 000	300 000	0	60 000	0	990 000	0	9 270 000	675.36	隐藻
2011-07	24 120 000	300 000	0	0	0	690 000	0	25 110 000	542.76	微囊藻
2011-08	437 850 000	0	30 000	0	0	30 000	0	437 910 000	9 445.50	微囊藻
2011-09	2 676 000 000	660 000	0	240 000	0	60 000	0	2 676 960 000	53 913.00	微囊藻
2011-10	73 800 000	150 000	0	150 000	0	300 000	0	74 400 000	1 836.00	微囊藻
2011-11	4 350 000	0	0	330 000	0	1 260 000	0	5 940 000	616.20	隐藻
2011-12	44 100 000	0	0	210 000	0	4 800 000	0	49 110 000	1 464.00	微囊藻
2012-01	30 050 000	0	0	880 000	0	990 000	0	31 920 000	3 308.00	微囊藻、小环藻
2012-02	6 780 000	740 000	0	400 000	0	170 000	2 000 000	10 090 000	9 757.40	锥囊藻
2012-03	27 480 000	1 320 000	0	6 880 000	0	590 000	2 390 000	38 660 000	20 608.90	束丝藻、星杆藻
2012-04	30 000	0	0	0	0	710 000	0	740 000	189.20	蓝隐藻
2012-05	81 060 000	570 000	0	50 000	0	1 010 000	0	82 690 000	3 812.20	微囊藻
2012-06	443 920 000	360 000	0	50 000	0	130 000	0	444 460 000	9 197.40	微囊藻
2012-07	199 440 000	310 000	0	0	0	0	0	199 750 000	4 290.80	微囊藻
2012-08	314 620 000	2 020 000	0	130 000	0	490 000	0	317 260 000	7 904.28	微囊藻
2012-09	513 290 000	780 000	0	2 490 000	0	390 000	0	516 950 000	13 963.40	微囊藻、小环藻

（续）

时间（年-月）	蓝藻数量/(ind./L)	绿藻数量/(ind./L)	甲藻数量/(ind./L)	硅藻数量/(ind./L)	裸藻数量/(ind./L)	隐藻数量/(ind./L)	金藻数量/(ind./L)	浮游植物数量/(ind./L)	浮游植物生物量/(mg/m³)	浮游植物优势种
2012-10	62 480 000	1 030 000	50 000	1 630 000	0	470 000	0	65 660 000	4 949.60	微囊藻、小环藻
2012-11	83 200 000	100 000	0	290 000	0	360 000	0	83 950 000	3 041.80	微囊藻
2012-12	326 430 000	50 000	0	50 000	30 000	1 270 000	0	327 830 000	7 589.60	微囊藻、蓝隐藻
2013-01	11 310 000	130 000	0	1 480 000	50 000	2 050 000	470 000	15 490 000	6 063.60	蓝隐藻、微囊藻
2013-02	3 840 000	1 890 000	80 000	7 740 000	50 000	1 610 000	3 610 000	18 820 000	18 080.22	星杆藻、蓝隐藻、颗粒直链硅藻
2013-03	6 190 000	50 000	0	910 000	0	3 580 000	50 000	10 780 000	2 351.80	蓝隐藻
2013-04	49 650 000	310 000	0	690 000	50 000	390 000	0	51 090 000	3 517.00	微囊藻
2013-05	139 620 000	460 000	0	250 000	0	7 440 000	0	147 770 000	5 143.40	微囊藻、蓝隐藻
2013-06	321 750 000	1 430 000	50 000	280 000	0	1 630 000	0	325 140 000	9 565.40	微囊藻、蓝隐藻
2013-07	445 480 000	8 060 000	50 000	0	0	100 000	0	453 690 000	11 165.10	微囊藻、鱼腥藻、丝藻
2013-08	375 290 000	1 730 000	50 000	1 530 000	0	210 000	0	378 810 000	11 326.60	微囊藻、小环藻
2013-09	500 420 000	360 000	50 000	510 000	0	330 000	0	501 670 000	11 841.80	微囊藻、小环藻
2013-10	788 110 000	130 000	0	230 000	0	50 000	0	788 520 000	16 420.36	微囊藻
2013-11	16 360 000	150 000	0	180 000	0	6 230 000	0	22 920 000	4 681.96	蓝隐藻、隐藻
2013-12	51 480 000	0	0	6 030 000	0	1 790 000	0	59 300 000	7 238.00	微囊藻、小环藻、蓝隐藻
2014-01	7 590 000	130 000	0	2 060 000	50 000	2 960 000	260 000	13 050 000	4 322.80	蓝隐藻、小环藻
2014-02	100 000	1 530 000	30 000	1 210 000	150 000	990 000	2 260 000	6 270 000	8 441.00	蓝隐藻、纤维藻
2014-03	9 320 000	3 340 000	0	2 890 000	50 000	230 000	5 690 000	21 520 000	24 843.08	针杆藻、纤维藻
2014-04	3 040 000	530 000	0	200 000	20 000	320 000	0	4 110 000	733.40	蓝隐藻、微囊藻
2014-05	126 070 000	620 000	0	210 000	0	540 000	0	127 440 000	3 976.90	微囊藻
2014-06	41 700 000	3 770 000	0	100 000	0	1 250 000	0	46 820 000	5 338.50	微囊藻、隐藻
2014-07	1 597 850 000	2 020 000	50 000	50 000	0	130 000	0	1 600 100 000	33 041.00	微囊藻
2014-08	673 820 000	1 350 000	30 000	670 000	0	100 000	0	675 970 000	17 095.02	微囊藻、颤藻
2014-09	119 360 000	2 700 000	30 000	2 810 000	50 000	250 000	0	125 200 000	10 774.58	束丝藻、小环藻
2014-10	381 420 000	1 980 000	0	620 000	0	410 000	0	384 430 000	10 115.00	微囊藻、小环藻

（续）

时间（年-月）	蓝藻数量/(ind./L)	绿藻数量/(ind./L)	甲藻数量/(ind./L)	硅藻数量/(ind./L)	裸藻数量/(ind./L)	隐藻数量/(ind./L)	金藻数量/(ind./L)	浮游植物数量/(ind./L)	浮游植物生物量/(mg/m³)	浮游植物优势种
2014-11	35 410 000	50 000	0	210 000	0	150 000	0	35 820 000	1 722.00	微囊藻
2014-12	38 710 000	210 000	0	2 130 000	30 000	1 350 000	0	42 430 000	4 820.00	微囊藻、小环藻、蓝隐藻
2015-01	2 450 000	30 000	0	210 000	30 000	210 000	140 000	3 070 000	1 212.60	微囊藻、蓝隐藻
2015-02	0	830 000	0	600 000	150 000	570 000	670 000	2 820 000	5 302.80	小环藻、蓝隐藻
2015-03	2 810 000	330 000	0	1 500 000	100 000	830 000	1 200 000	6 770 000	8 733.90	蓝隐藻、星杆藻
2015-04	0	4 250 000	0	840 000	30 000	410 000	0	5 530 000	3 328.30	蓝隐藻、细丝藻
2015-05	2 271 630 000	3 315 000	0	0	0	0	0	2 274 945 000	47 262.35	微囊藻、鱼腥藻
2015-06	235 340 000	1 540 000	30 000	340 000	0	150 000	0	237 400 000	8 587.58	微囊藻、鱼腥藻、颤藻
2015-07	159 970 000	6 250 000	0	1 860 000	0	0	0	168 080 000	6 648.00	微囊藻、小环藻
2015-08	478 500 000	1 720 000	50 000	560 000	0	200 000	0	481 030 000	12 719.22	微囊藻
2015-09	44 930 000	420 000	0	650 000	0	360 000	0	46 360 000	2 583.58	小环藻
2015-10	1 845 430 000	270 000	0	50 000	20 000	0	0	1 845 770 000	37 664.00	微囊藻
2015-11	33 050 000	430 000	0	390 000	0	90 000	0	33 960 000	1 898.20	小环藻
2015-12	117 830 000	710 000	0	1 460 000	0	1 090 000	0	121 090 000	7 706.60	微囊藻、小环藻、隐藻

THL03 观测泊浮游植物相关数据见表 3-4。

表 3-4　THL03 观测站浮游植物相关数据

时间（年-月）	蓝藻数量/(ind./L)	绿藻数量/(ind./L)	甲藻数量/(ind./L)	硅藻数量/(ind./L)	裸藻数量/(ind./L)	隐藻数量/(ind./L)	金藻数量/(ind./L)	浮游植物数量/(ind./L)	浮游植物生物量/(mg/m³)	浮游植物优势种
2007-01	3 870 000	119 250	0	81 900	0	63 000	0	4 134 150	263.48	微囊藻
2007-02	1 182 000	133 500	0	390 000	1 800	48 000	4 500	1 759 800	517.56	微囊藻
2007-03	976 200	222 000	0	106 500	900	652 500	0	1 958 100	2 328.71	微囊藻
2007-04	4 068 000	5 798 250	0	150 750	1 200	157 500	0	10 175 700	1 743.29	浮游蓝丝藻
2007-05	123 975 000	1 218 300	0	82 800	0	111 000	0	125 387 100	3 068.67	微囊藻
2007-06	235 604 000	228 900	0	138 000	0	72 000	0	236 042 900	5 255.02	微囊藻
2007-07	7 686 000	10 070 000	0	87 000	0	63 000	0	17 906 000	2 675.44	微囊藻

（续）

时间 （年-月）	蓝藻数量/ (ind./L)	绿藻数量/ (ind./L)	甲藻数量/ (ind./L)	硅藻数量/ (ind./L)	裸藻数量/ (ind./L)	隐藻数量/ (ind./L)	金藻数量/ (ind./L)	浮游植物 数量/(ind./L)	浮游植物 生物量/(mg/m³)	浮游植物 优势种
2007-08	235 604 000	251 700	0	138 000	0	72 000	0	236 065 700	5 263.00	微囊藻
2007-09	1 007 400	320 100	1 200	13 500	0	62 400	600	1 405 200	365.17	微囊藻
2007-10	33 647 400	326 100	0	13 500	0	62 400	600	34 050 000	960.07	微囊藻
2007-11	624 000	154 800	0	15 600	0	3 900	0	798 300	115.64	微囊藻
2007-12	1 007 400	308 100	0	13 500	0	62 400	600	1 392 000	300.97	微囊藻
2008-01	237 000	441 000	1 200	225 000	24 000	450 000	0	1 379 400	1 794.18	啮蚀隐藻
2008-02	144 000	200 250	0	38 317 000	2 700	292 500	0	38 956 450	31 109.84	啮蚀隐藻
2008-03	4 623 000	483 000	0	138 000	138 000	759 000	0	6 141 000	4 718.91	微囊藻
2008-04	3 267 400	47 600	0	64 600	0	47 600	0	3 427 200	329.73	微囊藻
2008-05	214 767 000	1 323 000	0	294 000	147 000	147 000	0	216 678 000	6 762.00	微囊藻
2008-06	74 919 000	0	0	0	0	102 000	0	75 021 000	1 906.38	微囊藻
2008-07	175 134 000	51 000	0	51 000	51 000	51 000	0	175 338 000	4 340.10	微囊藻
2008-08	97 412 040	52 020	0	15 300	0	0	0	97 479 360	2 009.53	微囊藻
2008-09	38 513 160	48 960	0	6 120	0	3 060	0	38 571 300	871.79	微囊藻
2008-10	24 324 600	42 600	0	56 800	0	71 000	0	24 495 000	835.81	微囊藻
2008-11	465 612 000	0	0	621 000	0	1 035 000	0	467 268 000	13 967.53	微囊藻
2008-12	220 386 000	69 000	0	1 932 000	0	1 242 000	0	223 629 000	12 088.80	微囊藻
2009-01	64 653 000	0	0	9 177 000	138 000	483 000	0	74 451 000	17 698.50	颗粒直链硅藻
2009-02	26 220 000	207 000	0	6 969 000	0	1 035 000	0	34 431 000	15 875.52	颗粒直链硅藻
2009-03	5 313 000	69 000	0	47 817 000	0	0	0	53 199 000	52 912.65	星杆藻
2009-04	21 390 000	0	0	1 725 000	0	2 001 000	0	25 116 000	10 764.00	卵形隐藻
2009-05	110 883 000	0	0	0	0	0	0	110 883 000	2 452.81	微囊藻
2009-06	74 589 000	0	0	966 000	0	1 656 000	0	77 211 000	8 968.62	卵形隐藻
2009-07	336 552 000	0	0	69 000	0	69 000	0	336 690 000	7 305.95	微囊藻
2009-08	32 640 000	544 000	0	96 000	0	384 000	0	33 664 000	1 515.84	水华微囊藻
2009-09	40 736 000	192 000	0	32 000	0	0	0	40 960 000	1 260.96	固氮鱼腥藻

（续）

时间 (年-月)	蓝藻数量/ (ind./L)	绿藻数量/ (ind./L)	甲藻数量/ (ind./L)	硅藻数量/ (ind./L)	裸藻数量/ (ind./L)	隐藻数量/ (ind./L)	金藻数量/ (ind./L)	浮游植物 数量/(ind./L)	浮游植物 生物量/(mg/m³)	浮游植物 优势种
2009-10	26 848 000	224 000	0	192 000	0	64 000	0	27 328 000	760.96	惠氏微囊藻
2009-11	7 870 000	0	0	0	0	0	0	7 870 000	166.09	水华微囊藻
2009-12	4 928 000	1 120 000	0	0	0	128 000	0	6 176 000	671.36	二角星盘藻
2010-01	4 380 000	0	0	4 590 000	0	120 000	0	9 090 000	7 197.60	颗粒直链硅藻
2010-02	4 590 000	540 000	30 000	2 340 000	0	30 000	0	7 530 000	4 765.80	针杆藻
2010-03	3 030 000	480 000	0	2 610 000	0	90 000	0	6 210 000	4 419.60	针杆藻
2010-04	1 050 000	660 000	0	120 000	0	900 000	0	2 730 000	1 902.00	隐藻
2010-05	5 430 000	300 000	0	0	0	0	0	5 730 000	186.60	鱼腥藻
2010-06	31 380 000	810 000	0	30 000	0	930 000	0	33 150 000	4 416.00	隐藻
2010-07	5 050 000	50 000	0	0	0	90 000	0	5 190 000	354.00	隐藻
2010-08	650 070 000	0	30 000	40 000	0	190 000	0	650 300 000	13 595.20	微囊藻
2010-09	233 880 000	120 000	30 000	240 000	0	160 000	0	234 430 000	6 116.60	微囊藻
2010-10	168 440 000	50 000	0	450 000	0	140 000	0	169 080 000	4 656.64	微囊藻
2010-11	150 240 000	110 000	0	0	0	80 000	0	150 430 000	3 361.60	微囊藻
2010-12	4 880 000	1 000	0	3 000	0	6 000	0	4 890 000	3 968.30	微囊藻
2011-01	47 550 000	0	0	660 000	0	330 000	180 000	48 720 000	1 728.00	微囊藻、直链硅藻
2011-02	3 000 000	0	0	780 000	0	450 000	2 370 000	6 600 000	4 716.00	硅藻
2011-03	60 000 000	0	0	25 800 000	120 000	360 000	60 000	86 400 000	29 901.00	星杆藻
2011-04	2 040 000	60 000	0	150 000	0	360 000	0	2 550 000	337.80	隐藻
2011-05	2 520 000	180 000	0	0	0	810 000	0	3 510 000	209.16	蓝隐藻
2011-06	15 450 000	0	0	0	0	690 000	0	16 140 000	582.48	微囊藻、隐藻
2011-07	353 250 000	1 650 000	30 000	60 000	0	90 000	0	355 080 000	7 780.50	微囊藻
2011-08	1 171 140 000	0	0	0	0	60 000	0	1 171 200 000	23 614.20	微囊藻
2011-09	130 800 000	150 000	0	420 000	0	870 000	0	132 240 000	2 988.00	微囊藻
2011-10	50 400 000	240 000	0	300 000	0	330 000	0	51 270 000	1 314.00	微囊藻
2011-11	95 400 000	0	0	810 000	0	1 890 000	0	98 100 000	2 448.00	微囊藻

（续）

时间 （年-月）	蓝藻数量/ (ind./L)	绿藻数量/ (ind./L)	甲藻数量/ (ind./L)	硅藻数量/ (ind./L)	裸藻数量/ (ind./L)	隐藻数量/ (ind./L)	金藻数量/ (ind./L)	浮游植物 数量/(ind./L)	浮游植物 生物量/(mg/m³)	浮游植物 优势种
2011-12	579 600 000	0	0	0	0	240 000	0	579 840 000	11 652.00	微囊藻
2012-01	21 710 000	30 000	0	2 850 000	0	1 530 000	100 000	26 220 000	6 793.00	颗粒直链硅藻、小环藻
2012-02	5 760 000	620 000	0	340 000	0	150 000	2 360 000	9 230 000	11 074.80	锥囊藻
2012-03	27 680 000	3 810 000	30 000	5 670 000	0	330 000	1 710 000	39 230 000	17 414.40	束丝藻、星杆藻、锥囊藻
2012-04	30 000	170 000	0	0	0	970 000	0	1 170 000	405.20	蓝隐藻
2012-05	26 910 000	100 000	0	0	0	960 000	0	27 970 000	864.20	微囊藻、蓝隐藻
2012-06	991 120 000	510 000	0	0	0	150 000	0	991 780 000	20 344.40	微囊藻
2012-07	171 440 000	150 000	0	150 000	0	80 000	0	171 820 000	4 007.60	微囊藻
2012-08	411 810 000	1 850 000	50 000	150 000	0	330 000	0	414 190 000	9 905.70	微囊藻
2012-09	4 395 840 000	100 000	50 000	410 000	0	130 000	0	4 396 530 000	89 327.20	微囊藻
2012-10	42 770 000	0	0	50 000	0	490 000	0	43 310 000	1 762.40	微囊藻
2012-11	486 830 000	30 000	0	0	0	100 000	0	486 960 000	9 869.60	微囊藻
2012-12	69 460 000	0	0	0	0	1 630 000	0	71 090 000	1 942.20	微囊藻、蓝隐藻
2013-01	15 210 000	200 000	0	1 300 000	0	0	0	16 710 000	2 189.60	蓝隐藻、微囊藻
2013-02	4 260 000	3 240 000	50 000	11 250 000	0	340 000	2 810 000	21 950 000	19 531.70	星杆藻、颗粒直链硅藻
2013-03	12 920 000	1 790 000	0	640 000	0	3 800 000	0	19 150 000	2 672.40	蓝隐藻
2013-04	8 240 000	70 000	0	50 000	0	120 000	0	8 480 000	362.20	微囊藻
2013-05	111 930 000	1 010 000	0	150 000	0	3 090 000	0	116 180 000	3 061.60	微囊藻、蓝隐藻
2013-06	232 150 000	210 000	50 000	380 000	0	600 000	0	233 390 000	5 981.40	微囊藻、蓝隐藻
2013-07	669 630 000	3 840 000	50 000	100 000	0	180 000	0	673 800 000	14 980.10	微囊藻、小环藻、颗粒直链硅藻
2013-08	95 540 000	2 370 000	50 000	1 270 000	0	100 000	0	99 330 000	4 864.86	微囊藻
2013-09	125 920 000	1 460 000	50 000	930 000	0	260 000	0	128 620 000	5 054.60	微囊藻、小环藻
2013-10	2 233 890 000	200 000	0	1 740 000	0	0	0	2 235 830 000	48 414.08	微囊藻、针杆藻
2013-11	1 264 930 000	50 000	0	360 000	0	1 660 000	0	1 267 000 000	27 211.98	微囊藻、蓝隐藻
2013-12	401 880 000	0	0	210 000	0	750 000	0	402 840 000	8 276.40	微囊藻、蓝隐藻

（续）

时间/（年-月）	蓝藻数量/（ind./L）	绿藻数量/（ind./L）	甲藻数量/（ind./L）	硅藻数量/（ind./L）	裸藻数量/（ind./L）	隐藻数量/（ind./L）	金藻数量/（ind./L）	浮游植物数量/（ind./L）	浮游植物生物量/（mg/m³）	浮游植物优势种
2014-01	12 710 000	200 000	0	3 790 000	50 000	4 310 000	100 000	21 160 000	5 442.60	蓝隐藻、小环藻、微囊藻
2014-02	5 670 000	3 460 000	50 000	4 960 000	130 000	960 000	8 810 000	24 040 000	18 663.78	星杆藻、小环藻、纤维藻
2014-03	10 700 000	3 110 000	30 000	4 940 000	50 000	100 000	6 580 000	25 510 000	36 681.48	针杆藻、纤维藻、锥囊藻
2014-04	2 180 000	4 070 000	0	670 000	30 000	1 010 000	0	7 960 000	3 607.00	纤维藻、蓝隐藻
2014-05	288 880 000	930 000	0	130 000	0	340 000	0	290 280 000	6 160.00	微囊藻
2014-06	42 580 000	6 160 000	0	150 000	0	510 000	0	49 400 000	3 530.10	微囊藻、蓝隐藻、弓形藻
2014-07	1 650 370 000	1 240 000	30 000	30 000	0	100 000	0	1 651 770 000	33 879.80	微囊藻
2014-08	51 850 000	1 240 000	30 000	540 000	0	200 000	0	53 860 000	3 498.50	微囊藻、小环藻
2014-09	149 290 000	400 000	0	280 000	0	250 000	0	150 220 000	4 291.80	微囊藻
2014-10	89 440 000	430 000	0	260 000	0	360 000	0	90 490 000	3 229.60	微囊藻、小环藻、蓝隐藻
2014-11	234 930 000	390 000	0	310 000	0	100 000	0	235 730 000	5 463.40	微囊藻
2014-12	120 590 000	310 000	0	990 000	0	1 450 000	0	123 340 000	3 932.20	微囊藻、小环藻、蓝隐藻
2015-01	24 910 000	70 000	0	360 000	20 000	200 000	0	25 560 000	1 269.40	微囊藻、小环藻
2015-02	9 560 000	1 200 000	0	2 030 000	30 000	250 000	930 000	14 000 000	7 310.50	小环藻
2015-03	7 910 000	4 630 000	0	8 800 000	50 000	830 000	1 090 000	23 310 000	18 491.30	小环藻、颗粒直链硅藻、星杆藻
2015-04	2 960 000	5 830 000	0	890 000	30 000	200 000	0	9 910 000	2 823.80	细丝藻、小环藻、四尾栅列藻、细丝藻
2015-05	94 840 000	7 000 000	0	240 000	0	360 000	0	102 440 000	4 238.10	微囊藻、小环藻
2015-06	467 000 000	490 000	30 000	550 000	0	260 000	0	468 330 000	10 527.10	微囊藻、小环藻
2015-07	202 070 000	2 770 000	0	540 000	0	150 000	0	205 530 000	6 840.60	微囊藻、小环藻
2015-08	47 730 000	960 000	50 000	440 000	0	200 000	0	49 380 000	2 529.00	小环藻
2015-09	443 090 000	80 000	0	0	0	30 000	0	443 200 000	9 002.30	微囊藻
2015-10	1 321 580 000	100 000	0	210 000	0	60 000	0	1 321 950 000	26 978.40	微囊藻
2015-11	279 400 000	150 000	0	290 000	0	30 000	0	279 870 000	6 138.80	微囊藻
2015-12	76 380 000	470 000	0	1 040 000	0	1 140 000	0	79 030 000	5 488.30	微囊藻、小环藻、隐藻

THL04 观测站浮游植物相关数据见表 3-5。

表 3-5 THL04 观测站浮游植物相关数据

时间（年-月）	蓝藻数量/(ind./L)	绿藻数量/(ind./L)	甲藻数量/(ind./L)	硅藻数量/(ind./L)	裸藻数量/(ind./L)	隐藻数量/(ind./L)	金藻数量/(ind./L)	浮游植物数量/(ind./L)	浮游植物生物量/(mg/m³)	浮游植物优势种
2007-01	202 500	177 900	0	124 500	0	57 000	0	561 900	273.14	微囊藻
2007-02	1 533 000	73 050	0	316 800	6 300	38 250	1 800	1 969 200	430.08	微囊藻
2007-03	13 527 300	381 900	0	53 700	900	337 500	0	14 301 300	659.78	微囊藻
2007-04	10 767 000	2 219 400	0	322 500	300	255 000	0	13 564 200	1 126.17	微囊藻
2007-05	6 075 000	515 101	0	52 500	0	3 600	0	6 646 201	277.35	微囊藻
2007-06	99 658 000	153 000	0	81 000	0	27 000	0	99 919 000	2 349.02	微囊藻
2007-07	5 700 000	5 738 300	0	45 000	0	34 500	0	11 517 800	1 170.01	微囊藻
2007-08	99 658 000	154 800	0	81 000	0	27 000	0	99 920 800	2 349.65	微囊藻
2007-09	504 000	93 900	0	9 000	0	62 400	0	669 300	251.34	微囊藻
2007-10	41 224 000	95 100	0	9 000	0	62 400	0	41 390 500	1 066.16	微囊藻
2007-11	252 000	54 000	0	18 000	0	1 500	0	325 500	93.70	微囊藻
2007-12	504 000	93 900	0	9 000	0	62 400	0	669 300	251.34	微囊藻
2008-01	529 500	63 750	900	30 000	900	14 250	0	640 200	124.24	微囊藻
2008-02	382 500	904 950	0	28 019 500	112 500	967 500	112 500	30 499 450	26 426.40	啮蚀隐藻
2008-03	4 761 000	138 000	0	138 000	69 000	1 794 000	0	6 900 000	8 111.64	微囊藻
2008-04	12 423 600	0	0	17 000	0	17 000	0	12 457 600	327.76	微囊藻
2008-05	125 979 000	0	0	147 000	0	147 000	0	126 273 000	3 222.24	微囊藻
2008-06	62 679 000	51 000	0	51 000	0	51 000	0	62 832 000	1 507.56	微囊藻
2008-07	69 921 000	204 000	0	153 000	0	153 000	0	70 431 000	2 283.17	微囊藻
2008-08	67 932 000	70 380	3 060	3 060	0	21 420	0	68 029 920	1 729.17	微囊藻
2008-09	49 480 200	82 620	0	9 180	0	9 180	0	49 581 180	1 099.52	微囊藻
2008-10	20 788 800	0	0	42 600	0	0	0	20 831 400	535.06	微囊藻
2008-11	107 163 000	0	0	441 000	0	147 000	0	107 751 000	2 911.19	微囊藻
2008-12	227 010 000	207 000	0	4 485 000	0	2 622 000	0	234 324 000	21 746.87	微囊藻
2009-01	44 574 000	0	0	7 314 000	0	345 000	0	52 233 000	12 963.72	颗粒直链硅藻

（续）

时间 (年-月)	蓝藻数量/ (ind./L)	绿藻数量/ (ind./L)	甲藻数量/ (ind./L)	硅藻数量/ (ind./L)	裸藻数量/ (ind./L)	隐藻数量/ (ind./L)	金藻数量/ (ind./L)	浮游植物 数量/ (ind./L)	浮游植物 生物量/ (mg/m³)	浮游植物 优势种
2009-02	15 180 000	759 000	0	7 245 000	0	1 035 000	690 000	24 909 000	18 504.14	针杆藻
2009-03	2 484 000	0	0	31 050 000	0	345 000	0	33 879 000	36 071.13	星杆藻
2009-04	24 288 000	69 000	0	1 725 000	0	138 000	0	26 220 000	4 401.37	针杆藻
2009-05	8 763 000	0	0	0	0	0	0	8 763 000	175.26	微囊藻
2009-06	26 634 000	0	0	138 000	0	1 104 000	0	27 876 000	5 155.68	卵形隐藻
2009-07	36 846 000	0	207 000	1 173 000	0	0	0	38 226 000	12 347.96	飞燕角甲藻
2009-08	26 304 000	160 000	0	32 000	0	352 000	0	26 848 000	1 052.48	水华微囊藻
2009-09	60 128 000	128 000	0	0	0	0	0	60 256 000	1 529.12	固氮鱼腥藻
2009-10	325 600 000	0	0	448 000	0	0	0	326 048 000	6 940.80	铜绿微囊藻
2009-11	17 219 000	0	0	32 000	0	32 000	0	17 283 000	424.01	水华微囊藻
2009-12	6 400 000	0	0	0	0	480 000	0	6 880 000	484.48	卵形隐藻
2010-01	2 580 000	0	0	3 510 000	0	60 000	0	6 150 000	5 436.60	颗粒直链硅藻
2010-02	5 340 000	360 000	0	4 470 000	0	30 000	0	10 200 000	8 404.80	针杆藻
2010-03	10 020 000	840 000	0	4 350 000	0	210 000	0	15 420 000	8 864.40	针杆藻
2010-04	4 590 000	120 000	0	210 000	0	330 000	0	5 250 000	1 444.80	隐藻
2010-05	5 730 000	240 000	0	0	0	0	0	5 970 000	162.60	微囊藻
2010-06	23 190 000	420 000	0	60 000	0	1 500 000	0	25 170 000	6 594.60	隐藻
2010-07	75 580 000	20 000	0	0	0	20 000	0	75 620 000	1 556.60	微囊藻
2010-08	38 740 000	80 000	0	30 000	0	160 000	0	39 010 000	1 208.84	微囊藻
2010-09	134 030 000	210 000	20 000	100 000	0	120 000	0	134 480 000	3 477.84	微囊藻
2010-10	214 000 000	0	0	130 000	0	130 000	0	214 260 000	4 969.80	微囊藻
2010-11	71 480 000	190 000	0	0	0	290 000	0	71 960 000	2 534.60	微囊藻
2010-12	7 875 000	0	0	2 000	0	2 000	0	7 879 000	4 968.30	微囊藻
2011-01	84 900 000	0	0	300 000	0	300 000	30 000	85 530 000	2 218.80	微囊藻
2011-02	2 130 000	0	0	1 530 000	0	150 000	2 310 000	6 120 000	4 701.60	锥囊藻
2011-03	18 300 000	0	0	40 620 000	60 000	60 000	0	59 040 000	41 268.00	星杆藻

（续）

时间（年-月）	蓝藻数量/（ind./L）	绿藻数量/（ind./L）	甲藻数量/（ind./L）	硅藻数量/（ind./L）	裸藻数量/（ind./L）	隐藻数量/（ind./L）	金藻数量/（ind./L）	浮游植物数量/（ind./L）	浮游植物生物量/（mg/m³）	浮游植物优势种
2011-04	9 540 000	240 000	0	300 000	0	330 000	0	10 410 000	473.55	微囊藻、星杆藻
2011-05	7 710 000	90 000	0	0	0	870 000	0	8 670 000	295.20	微囊藻、蓝隐藻
2011-06	8 190 000	0	0	30 000	0	1 380 000	0	9 600 000	929.10	隐藻
2011-07	222 600 000	600 000	30 000	60 000	0	180 000	0	223 470 000	5 184.00	微囊藻
2011-08	322 920 000	0	0	0	0	180 000	0	323 100 000	6 582.60	微囊藻
2011-09	1 188 000 000	0	0	600 000	0	300 000	0	1 188 900 000	24 240.00	微囊藻
2011-10	73 200 000	0	0	600 000	0	0	0	73 800 000	1 608.00	微囊藻
2011-11	97 140 000	0	0	360 000	0	810 000	0	98 310 000	2 149.20	微囊藻
2011-12	603 300 000	0	0	0	0	0	0	603 300 000	12 099.00	微囊藻
2012-01	9 150 000	130 000	0	2 020 000	0	1 380 000	0	12 680 000	4 860.10	微囊藻、颗粒直链硅藻、蓝隐藻
2012-02	23 760 000	1 940 000	0	1 350 000	0	180 000	2 000 000	29 230 000	12 857.80	束丝藻、锥囊藻
2012-03	35 250 000	4 830 000	50 000	17 570 000	0	420 000	1 970 000	60 090 000	34 229.20	束丝藻、星杆藻、颗粒直链硅藻
2012-04	0	0	0	140 000	0	860 000	0	1 000 000	413.00	蓝隐藻
2012-05	19 020 000	70 000	0	0	0	630 000	0	19 720 000	808.40	微囊藻、蓝隐藻
2012-06	1 134 150 000	830 000	0	50 000	30 000	540 000	0	1 135 600 000	24 496.00	微囊藻
2012-07	150 380 000	260 000	0	0	0	50 000	0	150 690 000	3 369.70	微囊藻
2012-08	36 110 000	1 200 000	0	200 000	0	600 000	0	38 110 000	2 764.60	微囊藻
2012-09	495 270 000	470 000	0	50 000	0	380 000	0	496 170 000	11 004.90	微囊藻
2012-10	82 220 000	60 000	0	50 000	0	300 000	0	82 630 000	2 337.40	微囊藻、蓝隐藻
2012-11	733 170 000	0	0	110 000	0	0	0	733 280 000	14 828.40	微囊藻
2012-12	157 040 000	0	0	0	0	1 320 000	0	158 360 000	3 662.80	微囊藻、蓝隐藻
2013-01	16 010 000	410 000	50 000	1 010 000	0	310 000	1 220 000	19 010 000	7 513.20	微囊藻
2013-02	930 000	1 820 000	100 000	8 020 000	0	750 000	2 830 000	14 450 000	17 553.30	星杆藻、颗粒直链硅藻、蓝隐藻

（续）

时间（年-月）	蓝藻数量/（ind./L）	绿藻数量/（ind./L）	甲藻数量/（ind./L）	硅藻数量/（ind./L）	裸藻数量/（ind./L）	隐藻数量/（ind./L）	金藻数量/（ind./L）	浮游植物数量/（ind./L）	浮游植物生物量/（mg/m³）	浮游植物优势种
2013-03	16 400 000	760 000	0	640 000	50 000	4 260 000	0	22 110 000	2 354.50	蓝隐藻
2013-04	60 040 000	140 000	0	30 000	0	30 000	0	60 240 000	1 372.80	微囊藻
2013-05	221 990 000	830 000	0	230 000	0	2 390 000	0	225 440 000	5 219.20	微囊藻、蓝隐藻
2013-06	404 970 000	420 000	0	130 000	0	310 000	0	405 830 000	8 699.92	微囊藻
2013-07	933 820 000	2 820 000	50 000	100 000	0	130 000	0	936 920 000	20 701.40	微囊藻、鱼腥藻
2013-08	61 730 000	2 080 000	0	2 540 000	0	130 000	0	66 480 000	6 785.06	微囊藻、小环藻、颗粒直链硅藻
2013-09	960 560 000	1 350 000	80 000	1 330 000	0	180 000	0	963 500 000	23 389.00	微囊藻、针杆藻
2013-10	794 530 000	410 000	0	3 020 000	0	0	0	797 960 000	22 420.60	微囊藻、针杆藻
2013-11	84 190 000	50 000	0	360 000	0	650 000	0	85 250 000	2 706.56	微囊藻、蓝隐藻
2013-12	356 380 000	0	0	110 000	0	520 000	0	357 010 000	7 287.00	微囊藻、蓝隐藻
2014-01	7 230 000	520 000	0	2 630 000	260 000	5 200 000	100 000	15 940 000	6 546.40	蓝隐藻、小环藻、微囊藻
2014-02	19 650 000	3 030 000	0	4 030 000	130 000	860 000	6 110 000	33 810 000	18 113.60	星杆藻、小环藻
2014-03	28 400 000	2 950 000	0	3 140 000	80 000	130 000	3 430 000	38 130 000	19 398.48	针杆藻、纤维藻
2014-04	2 710 000	2 830 000	0	180 000	0	430 000	0	6 150 000	1 118.20	纤维藻、蓝隐藻
2014-05	74 410 000	270 000	0	30 000	0	370 000	0	75 080 000	1 734.60	微囊藻
2014-06	57 460 000	2 470 000	0	50 000	0	570 000	0	60 550 000	3 282.70	微囊藻、蓝隐藻
2014-07	1 208 630 000	2 580 000	100 000	30 000	0	60 000	0	1 211 400 000	25 721.50	微囊藻
2014-08	253 550 000	1 330 000	30 000	300 000	0	150 000	0	255 360 000	6 740.86	微囊藻
2014-09	701 890 000	350 000	0	180 000	0	150 000	0	702 570 000	15 010.80	微囊藻
2014-10	299 520 000	930 000	0	100 000	0	50 000	0	300 600 000	7 147.40	微囊藻
2014-11	51 110 000	380 000	0	50 000	0	150 000	0	51 690 000	1 803.20	微囊藻
2014-12	39 910 000	420 000	0	310 000	0	460 000	0	41 100 000	1 755.00	微囊藻
2015-01	5 150 000	120 000	0	210 000	0	110 000	0	5 590 000	427.60	小环藻
2015-02	2 390 000	2 250 000	0	1 610 000	0	250 000	930 000	7 430 000	6 642.80	小环藻、颗粒直链硅藻
2015-03	6 280 000	3 330 000	0	11 550 000	50 000	240 000	880 000	22 330 000	20 758.10	硅藻、星杆藻

（续）

时间 （年-月）	蓝藻数量/ (ind./L)	绿藻数量/ (ind./L)	甲藻数量/ (ind./L)	硅藻数量/ (ind./L)	裸藻数量/ (ind./L)	隐藻数量/ (ind./L)	金藻数量/ (ind./L)	浮游植物 数量/(ind./L)	浮游植物 生物量/(mg/m³)	浮游植物 优势种
2015-04	15 080 000	7 490 000	0	650 000	0	1 690 000	0	24 910 000	3 164.70	细丝藻、小环藻、蓝隐藻
2015-05	92 770 000	7 880 000	0	660 000	0	410 000	0	101 720 000	5 063.00	微囊藻、细丝藻
2015-06	318 190 000	1 950 000	0	240 000	0	80 000	0	320 460 000	7 275.10	微囊藻
2015-07	488 970 000	2 730 000	0	730 000	0	210 000	0	492 640 000	12 596.78	微囊藻、颤藻、小环藻
2015-08	823 370 000	520 000	30 000	80 000	0	80 000	0	824 080 000	17 268.20	微囊藻
2015-09	206 600 000	50 000	0	50 000	0	40 000	0	206 740 000	4 318.50	微囊藻
2015-10	591 190 000	700 000	0	0	0	300 000	0	592 190 000	12 779.80	微囊藻
2015-11	198 280 000	700 000	0	390 000	0	60 000	0	199 430 000	5 165.20	微囊藻
2015-12	61 360 000	810 000	0	1 660 000	0	840 000	0	64 670 000	5 307.20	微囊藻、小环藻

THL05 观测站浮游植物相关数据见表 3 - 6。

表 3 - 6　THL05 观测站浮游植物相关数据

时间 （年-月）	蓝藻数量/ (ind./L)	绿藻数量/ (ind./L)	甲藻数量/ (ind./L)	硅藻数量/ (ind./L)	裸藻数量/ (ind./L)	隐藻数量/ (ind./L)	金藻数量/ (ind./L)	浮游植物 数量/(ind./L)	浮游植 生物量/(mg/m³)	浮游植物 优势种
2007-01	35 700	104 850	0	124 500	0	10 200	0	275 250	239.44	栅藻
2007-02	3 584 250	79 950	0	103 500	0	16 050	2 250	3 786 000	258.51	微囊藻
2007-03	10 958 700	291 450	0	30 750	0	22 500	0	11 303 400	325.40	微囊藻
2007-04	4 344 300	316 350	0	29 250	0	1 200	0	4 691 100	162.75	微囊藻
2007-05	42 772 500	143 700	0	20 550	0	24 900	0	42 961 650	916.58	微囊藻
2007-06	130 920 000	147 000	0	72 000	0	4 500	0	131 143 500	2 815.47	微囊藻
2007-07	120 000	7 272 900	0	33 000	0	3 600	0	7 429 500	1 177.81	微囊藻
2007-08	4 620 000	455 000	0	195 000	0	1 200	0	5 271 200	512.59	微囊藻
2007-09	360 000	51 600	1 800	5 100	0	19 500	0	438 000	176.53	微囊藻
2007-10	480 000	51 600	0	5 100	0	19 500	0	556 200	88.93	微囊藻
2007-11	120 000	74 400	0	66 900	0	114 000	0	375 300	457.49	微囊藻
2007-12	360 000	51 600	0	5 100	0	19 500	0	436 200	86.53	微囊藻

（续）

时间 (年-月)	蓝藻数量/ (ind./L)	绿藻数量/ (ind./L)	甲藻数量/ (ind./L)	硅藻数量/ (ind./L)	裸藻数量/ (ind./L)	隐藻数量/ (ind./L)	金藻数量/ (ind./L)	浮游植物 数量/(ind./L)	浮游植物 生物量/(mg/m³)	浮游植物 优势种
2008-01	2 475 000	73 950	0	32 850	0	15 750	0	2 597 550	109.97	微囊藻
2008-02	2 037 000	111 900	0	19 932 000	45 000	345 000	90 000	22 560 900	17 743.47	啮蚀隐藻
2008-03	2 691 000	0	0	0	0	1 518 000	0	4 209 000	6 125.82	微囊藻
2008-04	9 384 000	0	0	10 200	0	17 000	0	9 411 200	265.27	微囊藻
2008-05	195 216 000	0	0	0	147 000	0	0	195 363 000	5 638.92	微囊藻
2008-06	91 290 000	51 000	0	153 000	0	51 000	0	91 545 000	2 159.34	微囊藻
2008-07	59 364 000	51 000	0	306 000	0	2 703 000	0	62 424 000	12 965.42	微囊藻
2008-08	345 084 300	0	142 010	0	0	284 020	0	345 510 330	14 911.05	微囊藻
2008-09	148 611 960	61 200	0	12 240	0	6 120	0	148 691 520	3 143.55	微囊藻
2008-10	9 498 240	77 520	0	138 720	0	44 880	0	9 759 360	626.52	微囊藻
2008-11	98 931 000	0	0	0	0	2 793 000	0	101 724 000	14 350.14	微囊藻
2008-12	298 287 000	138 000	0	759 000	0	414 000	0	299 598 000	8 330.37	微囊藻
2009-01	57 960 000	0	0	483 000	0	345 000	0	58 788 000	3 263.70	卵形隐藻
2009-02	10 764 000	69 000	0	3 036 000	0	276 000	69 000	14 214 000	6 450.95	针杆藻
2009-03	2 484 000	0	0	3 312 000	0	0	0	5 796 000	4 051.68	星杆藻
2009-04	25 806 000	414 000	0	1 587 000	0	69 000	0	27 876 000	3 638.23	颗粒直链硅藻
2009-05	3 312 000	0	0	0	0	0	0	3 312 000	66.24	微囊藻
2009-06	58 947 000	0	0	138 000	0	828 000	0	59 913 000	4 697.94	卵形隐藻
2009-07	86 802 000	0	0	690 000	0	276 000	0	87 768 000	3 888.29	微囊藻
2009-08	17 280 000	128 000	0	64 000	0	128 000	0	17 600 000	518.40	水华微囊藻
2009-09	40 416 000	0	0	0	0	0	0	40 416 000	893.76	铜绿微囊藻
2009-10	277 824 000	0	0	160 000	0	32 000	0	278 016 000	6 868.48	铜绿微囊藻
2009-11	18 648 000	0	0	0	0	32 000	0	18 680 000	438.36	水华微囊藻
2009-12	3 392 000	0	0	0	0	64 000	0	3 456 000	131.84	水华微囊藻
2010-01	2 550 000	0	0	4 080 000	0	30 000	0	6 660 000	6 411.00	颗粒直链硅藻
2010-02	5 940 000	330 000	30 000	4 680 000	0	0	0	10 980 000	8 088.30	针杆藻

（续）

时间 （年-月）	蓝藻数量/ （ind./L）	绿藻数量/ （ind./L）	甲藻数量/ （ind./L）	硅藻数量/ （ind./L）	裸藻数量/ （ind./L）	隐藻数量/ （ind./L）	金藻数量/ （ind./L）	浮游植物 数量/（ind./L）	浮游植物 生物量/（mg/m³）	浮游植物 优势种
2010-03	2 910 000	240 000	0	930 000	0	150 000	0	4 230 000	1 879.20	针杆藻
2010-04	2 160 000	120 000	0	0	0	390 000	0	2 670 000	673.20	隐藻
2010-05	2 640 000	480 000	0	150 000	0	60 000	0	3 330 000	549.00	隐藻
2010-06	6 690 000	360 000	0	30 000	0	870 000	0	7 950 000	3 457.20	隐藻
2010-07	59 630 000	20 000	0	10 000	0	10 000	0	59 670 000	1 205.40	微囊藻
2010-08	32 100 000	20 000	0	40 000	0	260 000	0	32 420 000	1 339.00	微囊藻
2010-09	63 500 000	470 000	10 000	180 000	0	100 000	0	64 260 000	2 104.80	微囊藻
2010-10	26 260 000	30 000	0	70 000	0	430 000	0	26 790 000	1 784.84	隐藻
2010-11	30 050 000	230 000	0	30 000	0	80 000	0	30 390 000	1 005.00	微囊藻
2010-12	4 460 000	0	0	1 000	1 000	5 000	0	4 467 000	5 968.30	微囊藻
2011-01	71 100 000	0	0	360 000	0	120 000	0	71 580 000	1 724.40	微囊藻
2011-02	5 130 000	210 000	0	810 000	0	210 000	1 830 000	8 190 000	4 039.80	锥囊藻
2011-03	7 800 000	930 000	0	3 150 000	60 000	1 620 000	0	13 560 000	4 488.00	星杆藻
2011-04	2 490 000	360 000	0	240 000	0	480 000	0	3 570 000	361.20	星杆藻
2011-05	600 000	0	0	30 000	0	1 920 000	0	2 550 000	318.00	蓝隐藻
2011-06	1 800 000	0	0	0	0	1 140 000	0	2 940 000	682.80	隐藻
2011-07	57 300 000	0	60 000	30 000	0	270 000	0	57 660 000	2 430.00	微囊藻
2011-08	240 810 000	120 000	0	360 000	0	120 000	0	241 410 000	5 029.50	微囊藻
2011-09	620 100 000	60 000	0	1 380 000	0	570 000	0	622 110 000	13 161.00	微囊藻
2011-10	65 400 000	0	0	150 000	0	90 000	0	65 640 000	1 452.00	微囊藻
2011-11	225 510 000	30 000	0	120 000	0	270 000	0	225 930 000	4 743.30	微囊藻
2011-12	47 700 000	0	0	0	0	1 170 000	0	48 870 000	1 071.00	微囊藻
2012-01	3 430 000	510 000	0	5 700 000	0	1 590 000	620 000	11 850 000	13 658.50	颗粒直链硅藻、蓝隐藻
2012-02	9 930 000	1 730 000	0	1 320 000	0	330 000	1 430 000	14 740 000	10 031.90	锥囊藻、颗粒直链硅藻
2012-03	31 720 000	1 420 000	0	7 020 000	0	420 000	2 310 000	42 890 000	20 267.00	束丝藻、星杆藻、锥囊藻
2012-04	0	0	0	0	0	890 000	0	890 000	206.00	蓝隐藻

（续）

时间 （年-月）	蓝藻数量/ (ind./L)	绿藻数量/ (ind./L)	甲藻数量/ (ind./L)	硅藻数量/ (ind./L)	裸藻数量/ (ind./L)	隐藻数量/ (ind./L)	金藻数量/ (ind./L)	浮游植物 数量/(ind./L)	浮游植物 生物量/(mg/m³)	浮游植物 优势种
2012-05	11 380 000	0	0	0	0	370 000	0	11 750 000	459.60	微囊藻
2012-06	71 440 000	1 660 000	0	50 000	0	50 000	0	73 200 000	2 044.80	微囊藻
2012-07	224 820 000	520 000	0	260 000	0	100 000	0	225 700 000	5 200.40	微囊藻
2012-08	426 810 000	2 850 000	50 000	200 000	0	670 000	0	430 580 000	11 460.70	微囊藻
2012-09	554 030 000	100 000	0	50 000	0	130 000	0	554 310 000	11 704.60	微囊藻
2012-10	87 820 000	350 000	0	0	0	180 000	0	88 350 000	2 426.10	微囊藻
2012-11	9 910 000	130 000	0	30 000	0	100 000	0	10 170 000	374.60	微囊藻
2012-12	88 300 000	100 000	0	1 770 000	0	1 660 000	0	91 830 000	5 369.40	微囊藻、蓝隐藻、颗粒直链硅藻
2013-01	23 160 000	230 000	0	2 370 000	50 000	1 580 000	0	27 390 000	5 422.40	微囊藻、颗粒直链硅藻、蓝隐藻
2013-02	880 000	4 230 000	0	8 970 000	0	550 000	2 720 000	17 350 000	16 846.10	星杆藻、颗粒直链硅藻、小环藻
2013-03	30 570 000	360 000	0	230 000	0	3 950 000	0	35 110 000	1 468.80	蓝隐藻
2013-04	27 880 000	140 000	0	430 000	20 000	30 000	0	28 500 000	1 124.60	微囊藻、小环藻
2013-05	378 320 000		0	70 000	0	870 000	0	379 260 000	7 708.00	微囊藻、蓝隐藻
2013-06	249 620 000		0	600 000	0	620 000	0	250 840 000	5 786.40	微囊藻、曲壳藻、蓝隐藻
2013-07	2 752 840 000	2 020 000	50 000	1 990 000	0	210 000	0	2 757 110 000	56 361.90	微囊藻
2013-08	132 780 000	1 090 000	0	1 990 000	0	130 000	0	135 990 000	7 343.66	微囊藻、小环藻、颗粒直链硅藻
2013-09	524 680 000	650 000	50 000	410 000	0	180 000	0	525 970 000	11 880.20	微囊藻、小环藻
2013-10	291 590 000	200 000	0	410 000	0	50 000	0	292 250 000	6 849.18	微囊藻、针杆藻
2013-11	137 880 000	310 000	0	130 000	0	2 130 000	0	140 450 000	4 071.16	微囊藻、蓝隐藻
2013-12	77 480 000	840 000	0	180 000	0	960 000	0	79 460 000	2 938.00	微囊藻、蓝隐藻
2014-01	5 790 000	1 280 000	0	4 670 000	100 000	6 340 000	1 170 000	19 350 000	12 544.60	蓝隐藻、小环藻
2014-02	36 080 000	3 910 000	0	3 700 000	100 000	670 000	4 130 000	48 590 000	16 425.90	星杆藻、小环藻、针杆藻
2014-03	7 910 000	3 670 000	0	2 980 000	230 000	80 000	990 000	15 860 000	12 396.18	针杆藻、纤维藻
2014-04	0	970 000	0	200 000	0	100 000	0	1 270 000	639.00	纤维藻
2014-05	62 430 000	910 000	0	30 000	0	390 000	0	63 760 000	1 610.00	微囊藻
2014-06	31 510 000	1 120 000	0	50 000	0	680 000	0	33 360 000	2 134.20	微囊藻、蓝隐藻

（续）

时间（年-月）	蓝藻数量/(ind./L)	绿藻数量/(ind./L)	甲藻数量/(ind./L)	硅藻数量/(ind./L)	裸藻数量/(ind./L)	隐藻数量/(ind./L)	金藻数量/(ind./L)	浮游植物数量/(ind./L)	浮游植物生物量/(mg/m³)	浮游植物优势种
2014-07	375 800 000	3 660 000	50 000	100 000	0	150 000	0	379 760 000	9 459.50	微囊藻
2014-08	171 070 000	970 000	50 000	600 000	0	200 000	0	172 890 000	5 811.20	微囊藻、小环藻
2014-09	1 652 160 000	300 000	0	130 000	0	100 000	0	1 652 690 000	33 686.20	微囊藻
2014-10	1 099 110 000	50 000	0	100 000	0	140 000	0	1 099 400 000	22 522.80	微囊藻
2014-11	338 730 000	340 000	0	100 000	0	410 000	0	339 580 000	7 980.60	微囊藻
2014-12	148 280 000	930 000	0	360 000	0	250 000	0	149 820 000	3 848.00	微囊藻
2015-01	16 730 000	700 000	0	600 000	0	140 000	30 000	18 200 000	1 510.40	微囊藻、小环藻
2015-02	5 050 000	1 390 000	0	1 030 000	0	420 000	620 000	8 510 000	4 978.80	小环藻
2015-03	5 820 000	4 100 000	0	11 880 000	50 000	570 000	620 000	23 040 000	19 728.70	小环藻、颗粒直链硅藻、星杆藻
2015-04	1 870 000	4 330 000	0	240 000	0	0	0	6 440 000	1 338.70	细丝藻、小环藻
2015-05	2 091 180 000	2 910 000	0	0	0	180 000	0	2 094 270 000	42 423.60	微囊藻
2015-06	549 120 000	390 000	0	60 000	0	200 000	0	549 770 000	11 502.80	微囊藻、鱼腥藻
2015-07	948 010 000	1 260 000	0	250 000	0	130 000	0	949 650 000	20 383.70	微囊藻
2015-08	511 740 000	480 000	30 000	260 000	0	60 000	0	512 570 000	11 142.60	微囊藻
2015-09	87 480 000	70 000	0	180 000	0	30 000	0	87 760 000	2 120.00	微囊藻、小环藻
2015-10	1 438 470 000	210 000	0	240 000	0	100 000	0	1 439 020 000	29 472.70	微囊藻
2015-11	235 460 000	600 000	0	310 000	0	150 000	0	236 520 000	5 704.00	微囊藻、小环藻
2015-12	51 740 000	810 000	0	1 640 000	0	620 000	0	54 810 000	5 007.00	微囊藻、小环藻

THL06 观测站浮游植物相关数据见表 3-7。

表 3-7　THL06 观测站浮游植物相关数据

时间（年-月）	蓝藻数量/(ind./L)	绿藻数量/(ind./L)	甲藻数量/(ind./L)	硅藻数量/(ind./L)	裸藻数量/(ind./L)	隐藻数量/(ind./L)	金藻数量/(ind./L)	浮游植物数量/(ind./L)	浮游植物生物量/(mg/m³)	浮游植物优势种
2007-01	495 000	426 000	0	138 900	4 650	67 500	0	1 132 050	473.00	微囊藻
2007-02	427 500	164 400	1 800	244 200	6 300	175 500	0	1 019 700	712.65	浮游蓝丝藻
2007-03	2 362 500	149 400	0	124 500	7 500	720 000	0	3 363 900	2 642.46	浮游蓝丝藻

（续）

时间 （年-月）	蓝藻数量/ (ind./L)	绿藻数量/ (ind./L)	甲藻数量/ (ind./L)	硅藻数量/ (ind./L)	裸藻数量/ (ind./L)	隐藻数量/ (ind./L)	金藻数量/ (ind./L)	浮游植物 数量/(ind./L)	浮游植物 生物量/(mg/m³)	浮游植物 优势种
2007-04	3 645 000	677 250	600	85 950	3 300	720 000	0	5 132 100	2 076.83	微囊藻
2007-05	738 453 000	321 600	1 800	355 600	12 000	112 000	0	739 256 000	17 737.58	微囊藻
2007-06	10 050 000	389 000	0	116 100	900	243 000	1 800	10 800 800	1 345.06	微囊藻
2007-07	24 000	447 000	0	246 000	600	51 000	600	769 200	590.14	小环藻
2007-08	17 370 000	251 700	0	228 750	16 500	315 000	0	18 181 950	1 869.11	微囊藻
2007-09	24 000	40 500	0	11 400	1 200	56 400	1 500	135 000	236.91	啮蚀隐藻
2007-10	2 484 000	39 300	0	11 400	1 200	56 400	1 500	2 593 800	285.69	微囊藻
2007-11	36 000	208 500	0	14 700	2 400	246 000	1 200	508 800	479.79	啮蚀隐藻
2007-12	24 000	39 300	0	11 400	1 200	56 400	1 500	133 800	236.49	卵形隐藻
2008-01	499 500	486 900	0	76 500	600	337 500	0	1 401 000	1 164.20	啮蚀隐藻
2008-02	315 000	264 000	0	1 372 500	112 500	79 500	22 500	2 166 000	2 755.31	啮蚀隐藻
2008-03	4 761 000	276 000	0	552 000	276 000	1 656 000	0	7 521 000	10 168.53	微囊藻
2008-04	3 060 000		0	88 400	6 800	40 800	0	3 196 000	395.26	微囊藻
2008-05	151 998 000	0	0	294 000	0	441 000	0	152 733 000	5 033.28	微囊藻
2008-06	67 269 000	204 000	0	1 020 000	0	0	0	68 493 000	2 602.02	微囊藻
2008-07	214 761 000	255 000	0	2 040 000	0	510 000	0	217 566 000	8 676.32	微囊藻
2008-08	8 494 560	1 986 960	0	1 175 040	93 840	8 160	0	11 758 560	3 509.40	微囊藻
2008-09	6 077 160	406 980	0	324 360	27 540	6 120	0	6 842 160	1 097.72	微囊藻
2008-10	2 378 640	318 240	4 080	183 600	81 600	24 480	0	2 994 720	1 406.82	微囊藻
2008-11	128 037 000	294 000	0	1 617 000	882 000	1 617 000	0	132 447 000	19 908.21	微囊藻
2008-12	9 591 000	552 000	0	2 691 000	276 000	1 932 000	0	15 042 000	13 927.65	微囊藻
2009-01	92 184 000	0	0	1 035 000	276 000	759 000	0	93 978 000	6 382.50	卵形隐藻
2009-02	3 657 000	0	0	690 000	0	207 000	0	4 554 000	2 005.14	卵形隐藻
2009-03	1 242 000	69 000	0	14 835 000	0	345 000	0	16 491 000	18 630.69	星杆藻
2009-04	47 886 000	552 000	0	759 000	345 000	1 311 000	0	50 853 000	11 401.97	卵形隐藻
2009-05	24 426 000	0	0	0	0	759 000	0	25 185 000	3 524.52	卵形隐藻

（续）

时间（年-月）	蓝藻数量/(ind./L)	绿藻数量/(ind./L)	甲藻数量/(ind./L)	硅藻数量/(ind./L)	裸藻数量/(ind./L)	隐藻数量/(ind./L)	金藻数量/(ind./L)	浮游植物数量/(ind./L)	浮游植物生物量/(mg/m³)	浮游植物优势种
2009-06	47 265 000	2 208 000	1 794 000	2 346 000	1 311 000	13 317 000	0	68 241 000	84 643.40	卵形隐藻
2009-07	3 519 000	1 311 000	414 000	1 311 000	345 000	1 656 000	0	8 556 000	15 119.28	卵形隐藻
2009-08	92 000 000	160 000	0	128 000	0	384 000	0	92 672 000	2 594.24	水华微囊藻
2009-09	107 008 000	0	0	64 000	0	32 000	0	107 104 000	2 569.28	水华微囊藻
2009-10	44 320 000	64 000	0	160 000	0	160 000	0	44 704 000	1 292.80	铜绿微囊藻
2009-11	2 240 000	932 200	0	33 200	300	32 300	0	3 238 000	356.93	单角盘星藻
2009-12	1 024 000	0	0	96 000	0	0	0	1 120 000	107.20	脆杆藻
2010-01	1 260 000	0	0	390 000	0	60 000	0	1 710 000	895.20	颗粒直链硅藻
2010-02	3 870 000	60 000	0	1 420 000	0	60 000	0	5 410 000	2 739.40	针杆藻
2010-03	1 740 000	30 000	0	1 050 000	0	270 000	0	3 090 000	2 272.80	针杆藻
2010-04	990 000	120 000	0	0	0	180 000	0	1 290 000	277.80	隐藻
2010-05	3 330 000	300 000	0	30 000	0	0	0	3 660 000	150.00	空星藻
2010-06	30 870 000	30 000	0	540 000	90 000	1 350 000	0	32 880 000	7 343.16	隐藻
2010-07	2 250 000	1 760 000	0	230 000	10 000	120 000	0	4 370 000	1 227.60	隐藻
2010-08	12 010 000	10 000	0	20 000	0	110 000	0	12 150 000	596.00	隐藻
2010-09	233 010 000	80 000	10 000	40 000	0	120 000	0	233 260 000	5 052.20	微囊藻
2010-10	49 700 000	50 000	0	50 000	0	140 000	0	49 940 000	1 657.80	微囊藻
2010-11	2 499 740 000	180 000	0	30 000	0	20 000	0	2 499 970 000	50 313.96	微囊藻
2010-12	8 370 000	7 000	0	14 000	0	9 000	0	8 400 000	6 968.30	微囊藻
2011-01	64 050 000	0	0	1 050 000	0	420 000	0	65 520 000	2 245.20	微囊藻、直链硅藻
2011-02	9 720 000	1 080 000	0	960 000	90 000	690 000	0	12 540 000	2 414.40	针杆藻
2011-03	6 120 000	510 000	30 000	5 400 000	0	1 290 000	0	13 350 000	6 122.10	星形藻
2011-04	300 000	240 000	0	360 000	0	2 700 000	0	3 360 000	1 398.00	隐藻
2011-05	630 000	240 000	0	60 000	0	210 000	0	1 140 000	135.60	隐藻
2011-06	123 900 000	240 000	30 000	60 000	0	390 000	0	124 620 000	3 318.00	微囊藻
2011-07	8 820 000	240 000	0	90 000	0	390 000	0	9 540 000	302.40	微囊藻

（续）

时间（年-月）	蓝藻数量/(ind./L)	绿藻数量/(ind./L)	甲藻数量/(ind./L)	硅藻数量/(ind./L)	裸藻数量/(ind./L)	隐藻数量/(ind./L)	金藻数量/(ind./L)	浮游植物数量/(ind./L)	浮游植物生物量/(mg/m³)	浮游植物优势种
2011-08	2 008 950 000	0	0	0	0	0	0	2 008 950 000	40 228.50	微囊藻
2011-09	576 000 000	0	0	300 000	0	150 000	0	576 450 000	11 730.00	微囊藻
2011-10	74 100 000	0	0	150 000	0	30 000	0	74 280 000	1 590.00	微囊藻
2011-11	23 100 000	120 000	0	90 000	0	450 000	0	23 760 000	606.00	微囊藻
2011-12	17 400 000	0	0	0	0	2 850 000	0	20 250 000	756.00	微囊藻
2012-01	7 540 000	430 000	0	2 830 000	0	1 950 000	2 310 000	15 060 000	16 039.60	颗粒直链硅藻、蓝隐藻
2012-02	34 080 000	5 300 000	0	920 000	0	260 000	940 000	41 500 000	9 236.10	束丝藻
2012-03	16 480 000	3 520 000	0	9 010 000	50 000	1 220 000	1 690 000	31 970 000	20 872.80	束丝藻、星杆藻、小环藻
2012-04	0	530 000	0	0	0	480 000	0	1 010 000	806.00	蓝隐藻
2012-05	6 550 000	50 000	0	0	0	1 090 000	0	7 690 000	1 888.00	微囊藻、蓝隐藻
2012-06	851 250 000	450 000	0	0	0	210 000	0	851 910 000	17 721.00	微囊藻
2012-07	134 110 000	30 000	0	70 000	0	50 000	0	134 260 000	3 419.10	微囊藻、鱼腥藻
2012-08	323 800 000	6 910 000	0	490 000	0	1 040 000	0	332 240 000	12 752.78	隐藻
2012-09	25 970 000	1 040 000	0	330 000	0	260 000	0	27 600 000	2 602.50	微囊藻
2012-10	225 600 000	200 000	0	210 000	0	150 000	0	226 160 000	5 375.80	微囊藻、蓝隐藻
2012-11	7 750 000	170 000	0	50 000	20 000	430 000	0	8 420 000	946.00	微囊藻、蓝隐藻
2012-12	5 690 000	150 000	0	5 270 000	0	1 140 000	0	12 250 000	8 822.20	颗粒直链硅藻
2013-01	2 390 000	330 000	0	2 000 000	130 000	960 000	1 010 000	6 820 000	9 285.20	蓝隐藻
2013-02	1 610 000	1 720 000	0	2 720 000	0	980 000	4 890 000	11 920 000	8 582.00	蓝隐藻
2013-03	22 200 000	2 030 000	30 000	520 000	50 000	5 720 000	0	30 550 000	4 892.40	小环藻
2013-04	25 580 000	4 510 000	0	4 910 000	0	210 000	0	35 210 000	8 379.98	微囊藻、蓝隐藻
2013-05	12 320 000	2 070 000	0	240 000	50 000	990 000	0	15 670 000	1 654.40	微囊藻、蓝隐藻
2013-06	38 250 000	100 000	0	50 000	0	390 000	0	38 790 000	1 298.00	微囊藻、蓝隐藻
2013-07	2 118 170 000	2 940 000	50 000	0	0	150 000	0	2 121 310 000	43 635.90	微囊藻
2013-08	195 490 000	930 000	50 000	1 840 000	0	100 000	0	198 410 000	7 417.96	颗粒直链硅藻
2013-09	620 040 000	1 060 000	50 000	830 000	0	460 000	0	622 440 000	14 971.70	微囊藻、小环藻、蓝隐藻

（续）

时间（年-月）	蓝藻数量/(ind./L)	绿藻数量/(ind./L)	甲藻数量/(ind./L)	硅藻数量/(ind./L)	裸藻数量/(ind./L)	隐藻数量/(ind./L)	金藻数量/(ind./L)	浮游植物数量/(ind./L)	浮游植物生物量/(mg/m³)	浮游植物优势种
2013-10	71 790 000	710 000	30 000	390 000	50 000	180 000	0	73 150 000	3 228.18	微囊藻
2013-11	204 610 000	50 000	0	150 000	0	1 710 000	0	206 520 000	4 995.96	微囊藻、蓝隐藻
2013-12	10 840 000	80 000	0	9 690 000	30 000	390 000	0	21 030 000	8 871.80	小环藻
2014-01	5 530 000	940 000	0	4 400 000	150 000	3 590 000	1 610 000	16 220 000	11 521.20	蓝隐藻、小环藻
2014-02	0	1 760 000	0	2 740 000	260 000	550 000	5 070 000	10 380 000	13 648.60	星杆藻、小环藻
2014-03	13 720 000	4 790 000	0	5 720 000	230 000	130 000	3 300 000	27 890 000	23 399.92	针杆藻、星杆藻、纤维藻
2014-04	4 500 000	4 050 000	0	1 990 000	30 000	3 800 000	0	14 370 000	8 760.60	蓝隐藻、隐藻、小环藻
2014-05	95 420 000	830 000	0	80 000	0	110 000	0	96 440 000	2 301.40	微囊藻
2014-06	312 360 000	520 000	0	0	0	150 000	0	313 030 000	6 756.20	微囊藻
2014-07	9 570 000	2 820 000	50 000	100 000	0	100 000	0	12 590 000	1 378.90	微囊藻
2014-08	399 090 000	680 000	50 000	310 000	0	150 000	0	400 280 000	10 023.64	微囊藻
2014-09	490 400 000	660 000	0	200 000	0	50 000	0	491 360 000	11 388.64	微囊藻
2014-10	327 810 000	350 000	0	100 000	0	410 000	0	328 670 000	7 961.00	微囊藻、隐藻
2014-11	172 950 000	110 000	0	500 000	0	570 000	0	174 130 000	5 186.80	微囊藻、蓝隐藻
2014-12	110 680 000	1 220 000	0	520 000	0	1 240 000	0	113 660 000	3 575.20	微囊藻、蓝隐藻
2015-01	7 650 000	2 060 000	0	18 560 000	50 000	60 000	0	28 380 000	16 747.10	微囊藻、小环藻
2015-02	6 080 000	1 500 000	0	2 080 000	0	200 000	930 000	10 790 000	7 010.68	小环藻
2015-03	6 300 000	1 510 000	0	5 770 000	50 000	150 000	2 080 000	15 860 000	16 671.36	小环藻、颗粒直链硅藻、星杆藻
2015-04	8 160 000	4 050 000	0	900 000	0	4 620 000	0	17 730 000	3 430.80	蓝隐藻、小环藻
2015-05	54 860 000	1 630 000	0	80 000	0	150 000	0	56 720 000	1 663.70	微囊藻
2015-06	4 140 000	720 000	0	300 000	100 000	80 000	0	5 340 000	2 132.80	小环藻
2015-07	895 540 000	1 430 000	50 000	1 190 000	50 000	150 000	0	898 410 000	22 476.40	微囊藻、小环藻
2015-08	449 020 000	510 000	30 000	360 000	30 000	30 000	0	449 980 000	10 837.90	微囊藻、小环藻
2015-09	1 082 810 000	30 000	0	30 000	0	50 000	0	1 082 920 000	22 051.20	微囊藻
2015-10	12 050 000	500 000	30 000	390 000	0	2 860 000	0	15 830 000	7 958.56	隐藻、蓝隐藻
2015-11	538 510 000	480 000	0	390 000	0	80 000	0	539 460 000	11 679.00	微囊藻

（续）

时间 （年-月）	蓝藻数量/ (ind./L)	绿藻数量/ (ind./L)	甲藻数量/ (ind./L)	硅藻数量/ (ind./L)	裸藻数量/ (ind./L)	隐藻数量/ (ind./L)	金藻数量/ (ind./L)	浮游植物 数量/(ind./L)	浮游植物 生物量/(mg/m³)	浮游植物 优势种
2015-12	55 270 000	830 000	0	3 530 000	0	1 560 000	0	61 190 000	7 066.80	微囊藻、小环藻、蓝隐藻

THL07 观测站浮游植物相关数据见表 3-8。

表 3-8 THL07 观测站浮游植物相关数据

时间 （年-月）	蓝藻数量/ (ind./L)	绿藻数量/ (ind./L)	甲藻数量/ (ind./L)	硅藻数量/ (ind./L)	裸藻数量/ (ind./L)	隐藻数量/ (ind./L)	金藻数量/ (ind./L)	浮游植物 数量/(ind./L)	浮游植物 生物量/(mg/m³)	浮游植物 优势种
2007-01	900 000	25 950	0	58 500	0	0	0	984 450	81.19	微囊藻
2007-02	1 138 200	34 200	0	16 500	0	0	0	1 188 900	36.56	微囊藻
2007-03	8 572 500	102 450	0	7 650	0	0	0	8 682 600	197.36	微囊藻
2007-04	11 295 000	683 700	0	19 950	0	0	0	11 998 650	353.25	微囊藻
2007-05	10 173 000	15 300	0	46 500	0	0	0	10 234 800	245.67	微囊藻
2007-06	11 972 000	39 000	0	8 100	0	2 400	0	12 021 500	750.98	微囊藻
2007-07	480 000	211 200	0	93 000	0	0	0	784 200	222.15	微囊藻
2007-08	990 000	211 200	0	93 000	0	0	0	1 294 200	232.35	微囊藻
2007-09	1 397 200	52 800	0	4 200	0	1 200	0	1 455 400	41.28	微囊藻
2007-10	1 627 200	69 000	0	4 200	0	1 200	0	1 701 600	51.55	微囊藻
2007-11	582 000	142 800	0	7 500	0	0	0	732 300	74.24	微囊藻
2007-12	1 397 200	51 000	0	4 200	0	1 200	0	1 453 600	40.65	微囊藻
2008-01	6 323 700	100 200	0	22 500	0	1 200	0	6 447 600	168.53	微囊藻
2008-02	157 500	78 000	0	78 750	0	43 500	0	357 750	196.50	啮蚀隐藻
2008-03	4 830 000	0	0	207 000	0	138 000	0	5 175 000	855.60	微囊藻
2008-04	4 943 600	0	0	3 400	0	6 800	0	4 953 800	139.66	微囊藻
2008-05	3 046 400	0	0	0	0	0	0	3 046 400	60.93	微囊藻
2008-06	8 415 000	0	0	102 000	0	306 000	0	8 823 000	1 471.86	微囊藻
2008-07	24 174 000	1 530 000	51 000	102 000	0	2 193 000	0	28 101 000	9 951.12	微囊藻
2008-08	10 251 000	131 580	0	15 300	0	42 840	0	10 440 720	414.89	微囊藻

（续）

时间 （年-月）	蓝藻数量/ (ind./L)	绿藻数量/ (ind./L)	甲藻数量/ (ind./L)	硅藻数量/ (ind./L)	裸藻数量/ (ind./L)	隐藻数量/ (ind./L)	金藻数量/ (ind./L)	浮游植物 数量/(ind./L)	浮游植物 生物量/(mg/m³)	浮游植物 优势种
2008-09	5 492 700	104 040	3 060	45 900	6 120	15 300	0	5 670 180	482.87	微囊藻
2008-10	24 014 880	128 520	0	33 660	0	3 060	0	24 180 120	680.52	微囊藻
2008-11	54 760 000	0	0	370 000	0	1 850 000	0	56 980 000	8 569.20	微囊藻
2008-12	40 296 000	0	0	0	69 000	0	0	40 365 000	1 495.92	微囊藻
2009-01	4 347 000	0	0	0	0	138 000	0	4 485 000	638.94	卵形隐藻
2009-02	5 244 000	552 000	138 000	1 173 000	0	276 000	0	7 383 000	4 155.18	颗粒直链硅藻
2009-03	3 105 000	0	0	0	0	0	0	3 105 000	62.10	微囊藻
2009-04	1 656 000	0	0	0	0	276 000	0	1 932 000	1 137.12	卵形隐藻
2009-05	4 209 000	0	0	0	0	0	0	4 209 000	84.18	微囊藻
2009-06	25 461 000	0	0	0	0	138 000	0	25 599 000	1 061.22	卵形隐藻
2009-07	73 785 000	0	0	0	0	759 000	0	74 544 000	5 001.88	卵形隐藻
2009-08	5 824 000	416 000	0	96 000	0	64 000	0	6 400 000	347.84	水华微囊藻
2009-09	4 384 000	0	0	0	0	32 000	0	4 416 000	140.80	固氮鱼腥藻
2009-10	21 280 000	0	0	160 000	0	32 000	0	21 472 000	569.60	水华微囊藻
2009-11	6 172 000	0	0	0	0	0	0	6 172 000	128.02	水华微囊藻
2009-12	1 024 000	0	0	0	0	1 152 000	0	2 176 000	244.48	尖尾蓝隐藻
2010-01	990 000	0	0	1 020 000	0	90 000	0	2 100 000	1 849.80	颗粒直链硅藻
2010-02	2 700 000	0	0	1 290 000	0	30 000	0	4 020 000	1 974.00	针杆藻
2010-03	990 000	120 000	0	0	0	120 000	0	1 230 000	289.80	隐藻
2010-04	4 050 000	0	0	0	0	90 000	0	4 140 000	324.00	隐藻
2010-05	7 110 000	0	0	0	0	120 000	0	7 230 000	622.20	隐藻
2010-06	4 620 000	480 000	0	60 000	0	420 000	0	5 580 000	1 510.20	隐藻
2010-07	1 130 000	370 000	1 000	10 000	0	40 000	0	1 551 000	241.40	隐藻
2010-08	26 260 000	120 000	0	0	0	160 000	0	26 540 000	805.20	微囊藻
2010-09	62 550 000	0	0	1 110 000	0	50 000	0	63 710 000	3 097.40	颗粒直链硅藻
2010-10	5 430 000	0	0	30 000	0	280 000	0	5 740 000	659.00	隐藻

（续）

时间 （年-月）	蓝藻数量/ (ind./L)	绿藻数量/ (ind./L)	甲藻数量/ (ind./L)	硅藻数量/ (ind./L)	裸藻数量/ (ind./L)	隐藻数量/ (ind./L)	金藻数量/ (ind./L)	浮游植物 数量/(ind./L)	浮游植物 生物量/(mg/m³)	浮游植物 优势种
2010-11	22 150 000	540 000	0	0	0	40 000	0	22 730 000	719.00	微囊藻
2010-12	1 364 000	4 000	0	0	0	0	0	1 368 000	7 968.30	微囊藻
2011-01	47 100 000	0	0	480 000	0	60 000	0	47 640 000	1 251.60	微囊藻
2011-02	13 860 000	0	0	7 320 000	0	1 200 000	180 000	22 560 000	3 494.70	直链硅藻
2011-03	180 000	0	0	1 830 000	0	210 000	0	2 220 000	1 725.60	星杆藻
2011-04	360 000	0	0	150 000	0	210 000	0	720 000	286.20	隐藻
2011-05	720 000	0	0	60 000	0	1 050 000	0	1 830 000	209.40	蓝隐藻
2011-06	2 580 000	360 000	30 000	0	0	690 000	0	3 630 000	465.84	隐藻
2011-07	65 940 000	120 000	0	1 680 000	0	390 000	0	66 480 000	2 065.80	微囊藻
2011-08	242 820 000	1 200 000	0	0	0	300 000	0	246 000 000	6 123.96	微囊藻
2011-09	41 460 000	240 000	0	90 000	0	180 000	0	41 880 000	941.76	微囊藻
2011-10	18 600 000	0	0	0	0	270 000	0	18 960 000	648.00	微囊藻
2011-11	326 700 000	0	0	0	0	360 000	0	327 060 000	6 651.00	微囊藻
2011-12	29 910 000	0	0	120 000	0	270 000	0	30 300 000	709.20	微囊藻
2012-01	13 360 000	360 000	0	1 320 000	0	1 300 000	0	16 340 000	2 944.00	微囊藻、蓝隐藻、小环藻
2012-02	750 000	120 000	0	1 000 000	0	30 000	1 460 000	3 360 000	7 661.10	颗粒直链硅藻
2012-03	31 590 000	9 570 000	50 000	9 980 000	50 000	1 370 000	0	52 610 000	23 118.90	颗粒直链硅藻、蓝隐藻
2012-04	90 000	0	0	0	0	570 000	0	660 000	60.60	蓝隐藻
2012-05	11 700 000	0	0	0	0	70 000	0	11 770 000	241.00	微囊藻
2012-06	58 800 000	7 440 000	50 000	100 000	0	50 000	0	66 440 000	3 404.50	微囊藻、丝藻
2012-07	43 500 000	1 690 000	0	2 860 000	0	100 000	0	48 150 000	6 555.60	微囊藻、颗粒直链硅藻
2012-08	102 150 000	2 760 000	50 000	180 000	0	440 000	0	105 580 000	4 351.78	微囊藻
2012-09	7 680 000	100 000	0	100 000	0	180 000	0	8 060 000	1 052.60	微囊藻
2012-10	93 800 000	930 000	0	100 000	30 000	260 000	0	95 120 000	2 819.52	微囊藻
2012-11	149 390 000	210 000	0	50 000	0	130 000	0	149 780 000	3 276.80	微囊藻
2012-12	103 560 000	130 000	0	340 000	0	540 000	0	104 570 000	3 039.20	微囊藻

（续）

时间（年-月）	蓝藻数量/（ind./L）	绿藻数量/（ind./L）	甲藻数量/（ind./L）	硅藻数量/（ind./L）	裸藻数量/（ind./L）	隐藻数量/（ind./L）	金藻数量/（ind./L）	浮游植物数量/（ind./L）	浮游植物生物量/（mg/m³）	浮游植物优势种
2013-01	10 610 000	50 000	0	1 540 000	0	1 090 000	0	13 290 000	2 907.80	微囊藻、蓝隐藻
2013-02	4 930 000	100 000	0	2 650 000	0	200 000	0	7 880 000	4 070.86	颗粒直链硅藻
2013-03	7 460 000	1 920 000	0	100 000	50 000	1 190 000	0	10 720 000	1 481.20	蓝隐藻
2013-04	14 630 000	860 000	0	0	0	50 000	0	15 540 000	547.60	微囊藻
2013-05	3 740 000	840 000	0	0	0	230 000	0	4 810 000	265.80	蓝隐藻
2013-06	29 850 000	1 350 000	0	200 000	0	520 000	0	31 920 000	1 289.50	微囊藻、蓝隐藻
2013-07	8 730 000	1 700 000	0	80 000	0	160 000	0	10 670 000	1 548.60	微囊藻、新月藻
2013-08	66 120 000	620 000	0	2 720 000	0	160 000	0	69 620 000	6 396.38	微囊藻、小环藻、颗粒直链硅藻
2013-09	16 070 000	1 460 000	50 000	2 180 000	0	1 120 000	0	20 880 000	5 401.86	微囊藻、小环藻、蓝隐藻
2013-10	92 660 000	100 000	0	100 000	0	210 000	0	93 070 000	2 787.70	微囊藻
2013-11	313 120 000	50 000	0	100 000	0	2 060 000	0	315 330 000	8 448.78	微囊藻、蓝隐藻
2013-12	61 230 000	100 000	0	150 000	0	180 000	0	61 660 000	1 574.60	微囊藻
2014-01	63 980 000	50 000	0	7 410 000	50 000	1 070 000	0	72 560 000	8 955.00	小环藻、微囊藻
2014-02	12 910 000	1 710 000	0	3 920 000	0	230 000	1 870 000	20 640 000	8 912.92	小环藻、针杆藻
2014-03	3 540 000	1 060 000	50 000	3 920 000	0	2 650 000	280 000	11 500 000	9 514.56	星杆藻、颗粒直链硅藻
2014-04	0	3 200 000	0	240 000	0	3 090 000	0	6 530 000	1 597.40	蓝隐藻、纤维藻
2014-05	115 340 000	1 580 000	0	180 000	0	330 000	0	117 430 000	3 727.18	微囊藻、蓝隐藻
2014-06	356 560 000	930 000	0	0	0	670 000	0	358 160 000	7 934.20	微囊藻、蓝隐藻
2014-07	639 130 000	3 330 000	100 000	60 000	0	100 000	0	642 720 000	14 909.00	微囊藻、鱼腥藻
2014-08	28 380 000	2 350 000	0	460 000	0	680 000	0	31 870 000	3 044.16	微囊藻、蓝隐藻
2014-09	209 660 000	540 000	0	180 000	0	250 000	0	210 630 000	5 304.88	微囊藻
2014-10	207 270 000	550 000	0	50 000	0	60 000	0	207 930 000	5 233.40	微囊藻
2014-11	269 260 000	80 000	0	0	0	30 000	0	269 370 000	5 548.20	微囊藻、蓝隐藻
2014-12	80 390 000	130 000	0	240 000	0	670 000	0	81 430 000	2 246.20	微囊藻、蓝隐藻
2015-01	42 120 000	0	0	30 000	0	360 000	0	42 510 000	1 174.80	蓝隐藻
2015-02	4 030 000	490 000	0	1 810 000	0	200 000	1 040 000	7 570 000	6 929.00	小环藻

（续）

时间（年-月）	蓝藻数量/(ind./L)	绿藻数量/(ind./L)	甲藻数量/(ind./L)	硅藻数量/(ind./L)	裸藻数量/(ind./L)	隐藻数量/(ind./L)	金藻数量/(ind./L)	浮游植物数量/(ind./L)	浮游植物生物量/(mg/m³)	浮游植物优势种
2015-03	4 310 000	1 060 000	0	50 000	0	100 000	0	5 520 000	585.30	纤维藻
2015-04	97 650 000	1 520 000	0	470 000	0	5 460 000	0	105 100 000	4 267.60	微囊藻、蓝隐藻
2015-05	56 000 000	2 660 000	0	210 000	0	210 000	0	59 080 000	1 850.80	微囊藻、蓝隐藻
2015-06	56 680 000	920 000	0	150 000	0	3 120 000	0	60 870 000	4 133.10	微囊藻、蓝隐藻
2015-07	6 360 620 000	0	0	405 000	0	45 000	0	6 361 070 000	127 997.30	微囊藻
2015-08	110 440 000	540 000	30 000	200 000	0	200 000	0	111 410 000	3 454.00	微囊藻
2015-09	448 740 000	110 000	0	20 000	0	20 000	0	448 890 000	9 109.80	鱼腥藻
2015-10	17 680 000	620 000	0	80 000	0	260 000	0	18 640 000	1 935.98	微囊藻、隐藻
2015-11	51 980 000	0	0	40 000	0	40 000	0	52 060 000	1 188.40	微囊藻
2015-12	15 910 000	1 020 000	0	280 000	0	220 000	0	17 430 000	1 500.40	微囊藻

THL08 观测站浮游植物相关数据见表 3-9。

表 3-9 THL08 观测站浮游植物相关数据

时间（年-月）	蓝藻数量/(ind./L)	绿藻数量/(ind./L)	甲藻数量/(ind./L)	硅藻数量/(ind./L)	裸藻数量/(ind./L)	隐藻数量/(ind./L)	金藻数量/(ind./L)	浮游植物数量/(ind./L)	浮游植物生物量/(mg/m³)	浮游植物优势种
2007-01	270 000	51 900	0	6 900	0	0	0	328 800	22.05	微囊藻
2007-02	337 500	52 200	0	15 300	0	0	0	405 000	33.18	微囊藻
2007-03	6 390 000	23 700	0	8 400	0	0	0	6 422 100	142.88	微囊藻
2007-04	14 467 500	2 027 400	0	39 000	0	0	0	16 533 900	641.10	微囊藻
2007-05	22 740 000	15 600	0	35 700	0	0	0	22 791 300	516.75	微囊藻
2007-06	18 580 000	21 400	0	14 700	0	0	0	18 616 100	961.46	微囊藻
2007-07	1 080 000	87 000	0	26 400	0	0	0	1 193 400	84.70	微囊藻
2007-08	600 000	87 000	0	26 400	0	0	0	713 400	75.10	微囊藻
2007-09	169 000	62 400	0	17 400	0	219 000	0	467 800	808.56	微囊藻
2007-10	129 000	62 400	0	17 400	0	219 000	0	427 800	807.76	微囊藻
2007-11	1 320 000	130 200	0	37 500	0	2 400	0	1 490 100	114.59	微囊藻

（续）

时间（年-月）	蓝藻数量/(ind./L)	绿藻数量/(ind./L)	甲藻数量/(ind./L)	硅藻数量/(ind./L)	裸藻数量/(ind./L)	隐藻数量/(ind./L)	金藻数量/(ind./L)	浮游植物数量/(ind./L)	浮游植物生物量/(mg/m³)	浮游植物优势种
2007-12	169 000	62 400	0	17 400	0	219 000	0	467 800	808.56	微囊藻
2008-01	7 677 000	53 100	0	10 050	0	1 800	0	7 741 950	179.55	微囊藻
2008-02	157 500	346 200	0	74 250	0	42 000	0	619 950	290.61	喔蚀隐藻
2008-03	4 416 000	0	0	345 000	0	345 000	0	5 106 000	1 782.96	微囊藻
2008-04	2 087 600	0	0	3 400	0	6 800	0	2 097 800	71.60	微囊藻
2008-05	17 231 200	0	0	0	0	0	0	17 231 200	363.23	微囊藻
2008-06	14 841 000	816 000	0	0	0	1 020 000	0	16 677 000	4 540.02	微囊藻
2008-07	19 711 500	867 000	0	0	0	663 000	0	21 241 500	3 219.63	微囊藻
2008-08	890 460	3 060	0	6 120	0	0	0	899 640	29.38	微囊藻
2008-09	3 953 520	107 100	0	73 440	3 060	0	0	4 137 120	274.97	微囊藻
2008-10	2 512 260	272 340	0	70 380	0	85 680	0	2 940 660	521.50	微囊藻
2008-11	62 859 000	0	0	345 000	0	138 000	0	63 342 000	2 143.97	微囊藻
2008-12	115 299 000	0	0	69 000	0	69 000	0	115 437 000	2 635.80	微囊藻
2009-01	32 913 000	0	0	0	0	0	0	32 913 000	658.26	微囊藻
2009-02	8 280 000	0	0	69 000	0	759 000	0	9 108 000	3 339.60	卵形隐藻
2009-03	23 115 000	0	0	0	0	0	0	23 115 000	945.85	水华鱼腥藻
2009-04	58 926 000	0	0	0	69 000	897 000	0	59 892 000	6 483.24	卵形隐藻
2009-05	1 863 000	0	0	0	0	0	0	1 863 000	37.26	微囊藻
2009-06	24 219 000	0	0	0	0	276 000	0	24 495 000	1 921.79	卵形隐藻
2009-07	33 120 000	0	0	0	0	621 000	0	33 741 000	3 100.03	卵形隐藻
2009-08	54 208 000	160 000	0	0	0	96 000	0	54 464 000	1 309.44	铜绿微囊藻
2009-09	1 760 000	640 000	0	0	0	0	0	2 400 000	68.80	固氮鱼腥藻
2009-10	48 448 000	0	0	96 000	0	0	0	48 544 000	1 130.72	水华微囊藻
2009-11	1 952 000	32 000	0	0	0	0	0	1 984 000	48.84	水华微囊藻
2009-12	960 000	0	0	0	0	544 000	0	1 504 000	80.64	尖尾蓝隐藻
2010-01	1 290 000	0	0	510 000	30 000	30 000	0	1 860 000	1 189.20	颗粒直链硅藻

（续）

时间（年-月）	蓝藻数量/(ind./L)	绿藻数量/(ind./L)	甲藻数量/(ind./L)	硅藻数量/(ind./L)	裸藻数量/(ind./L)	隐藻数量/(ind./L)	金藻数量/(ind./L)	浮游植物数量/(ind./L)	浮游植物生物量/(mg/m^3)	浮游植物优势种
2010-02	2 040 000	0	0	0	0	0	0	2 040 000	40.80	鱼腥藻
2010-03	2 850 000	120 000	0	30 000	0	210 000	0	3 210 000	809.40	隐藻
2010-04	9 750 000	0	0	0	0	60 000	0	9 810 000	435.00	隐藻
2010-05	5 970 000	60 000	0	30 000	0	90 000	0	6 150 000	551.40	隐藻
2010-06	6 480 000	0	0	0	0	1 080 000	0	7 560 000	3 630.60	隐藻
2010-07	2 920 000	0	0	50 000	0	130 000	0	3 100 000	482.28	隐藻
2010-08	9 150 000	180 000	0	10 000	0	320 000	0	9 660 000	909.80	隐藻
2010-09	59 690 000	230 000	0	620 000	0	10 000	0	60 550 000	2 187.56	微囊藻
2010-10	30 390 000	250 000	0	120 000	0	310 000	0	31 070 000	1 549.44	微囊藻
2010-11	6 540 000	110 000	0	200 000	0	200 000	0	7 050 000	897.80	隐藻
2010-12	361 000	0	0	0	0	1 000	0	362 000	8 968.30	微囊藻
2011-01	21 060 000	0	0	510 000	0	0	0	21 570 000	715.80	微囊藻
2011-02	8 460 000	0	0	5 340 000	0	120 000	240 000	14 160 000	2 096.70	直链硅藻
2011-03	1 050 000	0	0	23 700 000	0	0	0	24 750 000	23 010.75	星杆藻
2011-04	750 000	120 000	0	60 000	0	1 800 000	0	2 730 000	849.00	隐藻
2011-05	600 000	0	0	0	0	180 000	0	780 000	30.00	蓝隐藻
2011-06	600 000	0	0	0	0	630 000	0	1 230 000	318.00	隐藻
2011-07	159 600 000	420 000	0	600 000	0	30 000	0	160 650 000	3 534.00	微囊藻
2011-08	106 230 000	0	0	30 000	0	120 000	0	106 380 000	2 252.94	微囊藻
2011-09	30 480 000	30 000	0	90 000	0	420 000	0	31 020 000	848.88	微囊藻
2011-10	6 540 000	0	0	60 000	0	2 910 000	0	9 510 000	356.04	隐藻
2011-11	30 780 000	480 000	0	0	0	210 000	0	31 470 000	583.08	微囊藻
2011-12	12 150 000	0	0	30 000	0	330 000	0	12 510 000	375.00	微囊藻
2012-01	2 180 000	30 000	0	1 600 000	0	930 000	0	4 740 000	2 847.40	颗粒直链硅藻
2012-02	45 280 000	1 660 000	0	3 510 000	0	440 000	1 060 000	51 950 000	14 523.80	束丝藻、颗粒直链硅藻
2012-03	16 680 000	3 680 000	50 000	3 240 000	0	1 480 000	0	25 130 000	9 768.40	颗粒直链硅藻、蓝隐藻

（续）

时间（年-月）	蓝藻数量/ (ind./L)	绿藻数量/ (ind./L)	甲藻数量/ (ind./L)	硅藻数量/ (ind./L)	裸藻数量/ (ind./L)	隐藻数量/ (ind./L)	金藻数量/ (ind./L)	浮游植物数量/ (ind./L)	浮游植物生物量/ (mg/m³)	浮游植物优势种
2012-04	50 000	100 000	0	0	0	2 700 000	0	2 850 000	799.00	蓝隐藻
2012-05	4 680 000	1 010 000	0	0	0	570 000	0	6 260 000	352.60	微囊藻、蓝隐藻
2012-06	34 450 000	930 000	0	0	0	30 000	0	35 410 000	878.00	微囊藻
2012-07	41 450 000	1 110 000	0	1 050 000	0	80 000	0	43 690 000	2 807.40	微囊藻、颗粒直链硅藻
2012-08	878 090 000	570 000	0	0	0	490 000	0	879 150 000	19 290.80	微囊藻
2012-09	361 140 000	990 000	50 000	50 000	0	150 000	0	362 380 000	8 726.80	微囊藻
2012-10	11 320 000	290 000	0	0	0	230 000	0	11 840 000	424.40	微囊藻
2012-11	4 620 000	290 000	0	30 000	0	60 000	0	5 000 000	344.60	微囊藻
2012-12	107 720 000	1 070 000	0	50 000	0	2 030 000	0	110 870 000	3 292.90	微囊藻、蓝隐藻
2013-01	15 450 000	240 000	30 000	520 000	0	790 000	0	17 030 000	1 852.60	微囊藻
2013-02	4 540 000	30 000	0	770 000	0	80 000	0	5 420 000	1 358.12	颗粒直链硅藻
2013-03	91 330 000	650 000	0	290 000	30 000	1 170 000	0	93 470 000	4 409.00	微囊藻、颗粒直链硅藻、隐藻
2013-04	2 120 000	680 000	0	20 000	0	50 000	0	2 870 000	277.00	微囊藻
2013-05	13 440 000	5 250 000	0	50 000	0	1 510 000	0	20 250 000	1 508.80	蓝隐藻
2013-06	4 450 000	160 000	0	0	0	290 000	0	4 900 000	246.00	微囊藻、蓝隐藻
2013-07	152 280 000	15 420 000	50 000	0	0	100 000	0	167 850 000	7 160.60	微囊藻、丝藻
2013-08	79 940 000	1 420 000	50 000	740 000	0	230 000	0	82 380 000	4 633.90	微囊藻、颗粒直链硅藻
2013-09	84 250 000	930 000	100 000	690 000	0	470 000	0	86 440 000	5 795.18	小环藻、蓝隐藻
2013-10	158 150 000	60 000	0	30 000	0	80 000	0	158 320 000	3 460.30	微囊藻、鱼腥藻
2013-11	102 490 000	100 000	0	150 000	0	860 000	0	103 600 000	2 696.80	微囊藻、蓝隐藻
2013-12	58 530 000	0	0	50 000	0	230 000	0	58 810 000	1 232.60	微囊藻
2014-01	60 580 000	1 150 000	0	130 000	0	120 000	0	61 980 000	1 610.60	微囊藻
2014-02	18 250 000	2 070 000	0	2 760 000	30 000	230 000	1 070 000	24 410 000	5 351.20	小环藻、鱼腥藻

（续）

时间（年-月）	蓝藻数量/（ind./L）	绿藻数量/（ind./L）	甲藻数量/（ind./L）	硅藻数量/（ind./L）	裸藻数量/（ind./L）	隐藻数量/（ind./L）	金藻数量/（ind./L）	浮游植物数量/（ind./L）	浮游植物生物量/（mg/m³）	浮游植物优势种
2014－03	19 360 000	720 000	0	670 000	0	1 920 000	130 000	22 800 000	2 702.50	蓝隐藻、微囊藻
2014－04	0	620 000	0	50 000	0	2 700 000	0	3 370 000	815.00	蓝隐藻
2014－05	33 410 000	830 000	0	0	0	650 000	0	34 890 000	1 094.20	微囊藻、蓝隐藻
2014－06	15 340 000	1 610 000	0	0	0	1 090 000	0	18 040 000	2 937.56	微囊藻、隐藻、蓝隐藻
2014－07	172 530 000	2 260 000	0	30 000	0	100 000	0	174 920 000	4 296.00	微囊藻、鱼腥藻
2014－08	8 420 000	1 350 000	30 000	180 000	0	770 000	0	10 750 000	1 710.50	微囊藻、蓝隐藻
2014－09	15 230 000	460 000	0	250 000	0	300 000	0	16 240 000	1 303.96	蓝隐藻
2014－10	49 610 000	740 000	0	50 000	0	60 000	0	50 460 000	1 818.20	微囊藻
2014－11	113 830 000	30 000	0	0	0	460 000	0	114 320 000	2 862.60	微囊藻、蓝隐藻
2014－12	607 610 000	210 000	0	50 000	0	60 000	0	607 930 000	12 541.00	微囊藻、鱼腥藻
2015－01	24 340 000	210 000	0	0	0	140 000	0	24 690 000	659.80	微囊藻、鱼腥藻
2015－02	8 220 000	460 000	0	2 900 000	0	30 000	0	11 610 000	3 310.20	小环藻
2015－03	3 090 000	1 010 000	0	230 000	0	0	0	4 330 000	498.40	小环藻
2015－04	830 000	290 000	0	20 000	0	90 000	0	1 230 000	99.20	蓝隐藻
2015－05	12 340 000	570 000	0	20 000	0	70 000	0	13 000 000	383.40	微囊藻
2015－06	180 000	310 000	0	0	0	20 000	0	510 000	67.60	蓝隐藻
2015－07	200 510 000	570 000	30 000	250 000	0	200 000	0	201 560 000	5 003.70	微囊藻
2015－08	9 680 000	420 000	0	130 000	0	980 000	0	11 210 000	2 161.60	蓝隐藻
2015－09	972 870 000	800 000	0	390 000	0	290 000	0	974 350 000	20 478.12	微囊藻、鱼腥藻
2015－10	54 800 000	3 420 000	0	150 000	0	520 000	0	58 890 000	4 216.38	微囊藻、隐藻
2015－11	74 670 000	0	0	30 000	0	30 000	0	74 730 000	1 519.80	微囊藻
2015－12	119 700 000	1 550 000	0	180 000	0	100 000	0	121 530 000	3 075.40	微囊藻、鱼腥藻

3.1.2　浮游动物数据集

3.1.2.1　概述

浮游动物不仅作为湖泊生态系统中食物网的重要一环，还可通过自身代谢参与水生态系统中有机质的分解和循环。因此，通过长期监测浮游动物的变化，对更好地理解湖泊生态系统的变化具有重要意义。

浮游动物数据集为太湖站 8 个长期常规监测站点 2007—2015 年的月尺度数据，包括枝角类、桡足类、轮虫、原生动物的个数及生物量和浮游生物总量（ind./L）、浮游生物生物量（mg/L）、浮游动物优势种。其中数据集中的浮游生物总量为四大类个体数的总和，浮游生物生物量为四大类生物量的总和。

3.1.2.2　数据采集和处理方法

（1）数据采集

本数据集中 8 个常规监测站点分别为 THL00、THL01、THL03、THL04、THL05、THL06、THL07 和 THL08，采样频率为 1 次/月。

（2）数据测定

枝角类和桡足类采集，使用 2.5 L 有机玻璃采水器采集上、中、下 3 层混合湖水共 7.5 L，经 25 号浮游生物网过滤后，浓缩至 50 mL，加 2 mL 甲醛溶液固定。取 5 mL 于计数框内，在 40 倍显微镜下计数。

轮虫及原生动物采集使用 2.5 L 有机玻璃采水器采集上、中、下 3 层混合湖水 1 L，加 10 mL 鲁哥试液固定，放入室内静置 24～48 h 后，用细小虹吸管小心吸去上清液，最后浓缩至 30 mL。轮虫采用 1 mL 计数框计数，在 100 倍显微镜下观察计数；原生动物采用 0.1 mL 浮游植物计数框计数，在 400 倍显微镜下观察计数。

原生动物和轮虫生物量按体积法统计，枝角类和桡足类生物量按体长-体重回归方程计算。

3.1.2.3　数据质量控制和评估

（1）数据获取过程的质量控制

观测阶段，由长期工作在太湖站的专业人员进行观测和仪器维护工作，对于浮游动物数量较少的样品（冬季样品）采取全部计数的方式，对于浮游动物数量较多的样品采取 3 次抽样计数取平均值的方式；枝角类和桡足类鉴定参考《中国动物志》（蒋燮治等，1979）、《中国动物志》（中国科学院中国动物志委员会，1999），轮虫鉴定参考《中国淡水轮虫志》（王家楫，1961），原生动物参考《原生动物学》（沈韫芬，1999）。

（2）数据质量评估

同浮游植物数据集。

3.1.2.4　数据

浮游动物名录见表 3-10。

表 3-10　浮游动物名录

中文名	拉丁名	中文名	拉丁名
萼花臂尾轮虫	*Brachionus calyciflorus*	没尾无柄轮虫	*Ascomorpha* spp.
角突臂尾轮虫	*Brachionus angularis*	郝氏皱甲轮虫	*Ploesoma hudsoni*
裂足臂尾轮虫	*Brachionus diversicornis*	凸背巨头轮虫	*Cephalodella gibba*
剪形臂尾轮虫	*Brachionus farficula*	前额犀轮虫	*Rhinoglena frontalis*

（续）

中文名	拉丁名	中文名	拉丁名
蒲达臂尾轮虫	*Brachionus budapestiensis*	四角平甲轮虫	*Platyas quadricornis*
方形臂尾轮虫	*Brachionus quadridentatus*	盘镜轮虫	*Conochilus patina*
尾突臂尾轮虫	*Brachionus caudatus*	盘状鞍甲轮虫	*Lepadella patella*
壶状臂尾轮虫	*Brachionus urceus*	透明溞	*Daphnia hyalina*
花篋臂尾轮虫	*Brachionus capsuliflorus*	僧帽溞	*Daphnia cucullata*
镰形臂尾轮虫	*Brachionus falcatus*	长刺溞	*Daphnia longispina*
卜氏晶囊轮虫	*Asplanchna brightwellii*	溞体溞	*Daphnia pulex*
多突囊足轮虫	*Asplanchnopus multiceps*	隆腺溞	*Daphnia carinata*
长三肢轮虫	*Filinia longiseta*	晶莹仙达溞	*Sida crystallina*
梳状疣毛轮虫	*Synchaeta pectinata*	简弧象鼻溞	*Bosmina coregoni*
针簇多肢轮虫	*Polyarthra trigla*	短尾秀体溞	*Diaphanosoma brachyurum*
义角聚花轮虫	*Conochilus dossuarius*	角突网纹溞	*Ceriodaphnia cornuta*
矩形龟甲轮虫	*Keratella quadrata*	多刺裸腹溞	*Moina macrocopa*
螺旋龟甲轮虫	*Keratella cochlearis*	矩形尖额溞	*Alona rectangula*
曲腿龟甲轮虫	*Keratella valga*	英勇剑水蚤	*Cyclops strennus*
异尾轮虫	*Trichocerca spp.*	近邻剑水蚤	*Cyclops vicinus*
囊形单趾轮虫	*Monostyla bulla*	跨立小剑水蚤	*Microcyclops varicans*
腔轮虫	*Lecane spp.*	广布中剑水蚤	*Mesocyclops leuckarti*
沟痕泡轮虫	*Pompholyx sulcata*	指状许水蚤	*Schmackeria inopinus*
大肚须足轮虫	*Euehlalns dilatata*	中华窄腹剑水蚤	*Limnoithona sinensis*
奇异六腕轮虫	*Hexarthra mira*	汤匙华哲水蚤	*Sinocalanus dorrii*
真足哈林轮虫	*Harringia cupoda*		

THL00观测站浮游动物相关数据见表3-11。

表3-11 THL00观测站浮游动物相关数据

时间（年-月）	原生动物数量/（ind./L）	原生动物生物量/（mg/L）	轮虫数量/（ind./L）	轮虫生物量/（mg/L）	枝角类数量/（ind./L）	枝角类生物量/（mg/L）	桡足类数量/（ind./L）	桡足类生物量/（mg/L）	浮游生物数量/（ind./L）	浮游生物生物量/（mg/L）	浮游动物优势种
2007-01	85 000	0.255	200	0.600	0.3	0.018	0.2	0.012	85 200.5	0.885	多肢轮虫
2007-02	165 000	0.495	650	1.950	0.3	0.018	25.9	1.554	165 676.2	4.017	多肢轮虫、龟甲轮虫
2007-03	265 000	0.795	250	0.750	22.1	1.325	52.7	3.161	265 324.8	6.031	透明溞、汤匙华哲水蚤
2007-04	605 000	1.815	370	1.110	17.8	1.070	42.2	2.530	605 430.0	6.525	聚花轮虫、汤匙华哲水蚤
2007-05	205 000	0.615	202	0.606	127.0	7.622	147.0	8.822	205 476.1	17.665	象鼻溞、裸腹溞、中剑水蚤
2007-06	485 000	1.455	890	2.670	22.8	1.366	163.3	9.798	486 076.1	15.289	龟甲轮虫、多肢轮虫、窄腹剑水蚤
2007-07	400 000	1.200	2 470	7.410	66.7	4.002	194.3	11.658	402 731.0	24.270	象鼻溞、臂尾轮虫、多肢轮虫
2007-08	180 000	0.540	1 823	5.470	1.3	0.078	11.7	0.700	181 836.3	6.788	臂尾轮虫、龟甲轮虫、六腕轮虫
2007-09	65 000	0.195	530	1.590	18.4	1.104	144.0	8.640	65 692.4	11.529	臂尾轮虫、窄腹剑水蚤
2007-10	65 000	0.195	230	0.690	52.0	3.120	22.7	1.360	65 304.7	5.365	象鼻溞、多肢轮虫
2007-11	150 000	0.450	490	1.470	2.7	0.162	2.8	0.170	150 495.5	2.252	多肢轮虫、臂尾轮虫
2007-12	240 000	0.720	610	1.830	4.2	0.252	1.3	0.078	240 615.5	2.880	多肢轮虫、龟甲轮虫、臂尾轮虫
2008-01	4 065 000	4.420	1 200	5.220	18.4	0.946	7.9	0.450	4 066 226.3	11.036	象鼻溞、汤匙华哲水蚤
2008-02	122 000	2.170	840	3.654	0.4	0.068	2.9	0.072	122 843.3	5.964	臂尾轮虫、龟甲轮虫
2008-03	49 600	0.340	240	1.044	297.9	50.860	11.5	0.494	50 149.3	52.738	透明溞、汤匙华哲水蚤
2008-04	46 200	0.539	960	4.176	31.2	1.560	20.2	1.376	47 211.4	7.651	汤匙华哲水蚤、裸腹溞
2008-05	14 000	0.250	300	1.305	222.0	7.030	85.5	5.814	14 607.5	14.399	象鼻溞、窄腹剑水蚤
2008-06	333 500	1.478	480	2.088	312.0	9.880	290.8	19.777	334 582.8	33.222	多肢轮虫、臂尾轮虫
2008-07	231 500	1.321	560	2.436	4.2	0.133	62.0	4.218	232 126.2	8.108	象鼻溞、窄腹剑水蚤、臂尾轮虫
2008-08	8 500	0.271	210	0.914	47.4	1.501	355.4	24.165	9 112.8	26.850	臂尾轮虫、龟甲轮虫、六腕轮虫
2008-09	11 800	0.282	2 400	10.440	479.4	15.181	44.4	3.021	14 723.8	28.924	臂尾轮虫、窄腹剑水蚤
2008-10	36 300	0.360	1 200	5.220	18.6	0.589	26.8	1.825	37 545.4	7.994	象鼻溞、多肢轮虫
2008-11	2 072 000	8.530	540	2.349	103.2	3.268	57.6	3.919	2 072 700.8	18.066	多肢轮虫、龟甲轮虫、臂尾轮虫
2008-12	5 384 000	6.105	150	0.653	119.4	3.781	32.7	2.224	5 384 302.1	12.762	龟甲轮虫、臂尾轮虫、汤匙华哲水蚤
2009-01	692 700	4.570	480	2.280	0.1	0.010	8.4	0.290	693 188.5	7.150	臂尾轮虫、汤匙华哲水蚤、龟甲轮虫
2009-02	21 000	0.250	1 290	6.710	0.2	0.020	12.1	0.350	22 302.3	7.330	臂尾轮虫、多肢轮虫、龟甲轮虫

（续）

时间（年-月）	原生动物数量/(ind./L)	原生动物生物量/(mg/L)	轮虫数量/(ind./L)	轮虫生物量/(mg/L)	枝角类数量/(ind./L)	枝角类生物量/(mg/L)	桡足类数量/(ind./L)	桡足类生物量/(mg/L)	浮游生物数量/(ind./L)	浮游生物生物量/(mg/L)	浮游动物优势种
2009-03	282 000	1.860	600	3.230	1.2	0.140	22.9	0.780	282 624.1	6.010	汤匙华哲水蚤
2009-04	348 000	1.680	90	0.610	70.5	10.420	44.9	2.000	348 205.4	14.710	汤匙华哲水蚤
2009-05	6 000	0.150	120	0.520	366.6	18.940	22.6	1.210	6 509.2	20.820	象鼻溞、裸腹溞
2009-06	830 400	3.610	120	0.620	131.7	2.840	26.1	1.330	830 677.8	8.400	臂尾轮虫、多肢轮虫、窄腹剑水蚤
2009-07	762 000	3.280	90	0.720	222.9	5.600	36.0	1.310	762 348.9	10.910	网纹溞、臂尾轮虫
2009-08	370 700	1.020	630	3.950	88.5	3.100	138.7	4.030	371 557.2	12.100	臂尾轮虫、龟甲轮虫、六腕轮虫
2009-09	50 700	0.280	150	0.520	528.0	18.630	100.0	4.820	51 478.0	24.250	臂尾轮虫、窄腹剑水蚤
2009-10	5 400	0.210	240	0.720	242.6	8.030	362.6	10.940	6 245.2	19.900	网纹溞、象鼻溞
2009-11	33 500	0.340	120	0.480	6.6	0.340	36.8	2.310	33 663.4	3.470	多肢轮虫、臂尾轮虫
2009-12	738 100	1.200	210	0.720	2.6	0.130	17.8	0.710	738 330.4	2.760	多肢轮虫、龟甲轮虫、臂尾轮虫
2010-01	122 000	1.980	610	2.130	0.7	0.034	6.0	0.175	122 616.7	4.319	臂尾轮虫、多肢轮虫
2010-02	2 000	1.000	210	0.840	1.3	0.069	16.7	0.716	2 228.0	2.624	臂尾轮虫、三肢轮虫
2010-03	211 000	1.340	120	0.360	0.8	0.121	139.7	1.727	211 260.5	3.548	汤匙华哲水蚤
2010-04	931 000	3.284	80	0.240	3.1	0.444	62.7	1.810	931 145.7	5.778	汤匙华哲水蚤、剑水蚤
2010-05	93 000	1.360	20	0.050	86.7	5.557	26.7	1.267	93 133.3	8.234	象鼻溞
2010-06	361 000	1.940	100	0.200	69.3	1.826	104.0	1.686	361 273.3	5.651	网纹溞、窄腹剑水蚤
2010-07	201 000	1.254	10	0.020	77.3	3.547	50.7	1.974	201 138.0	6.795	象鼻溞
2010-08	321 000	1.468	150	0.370	117.3	4.319	149.3	2.334	321 416.7	8.491	象鼻溞、网纹溞
2010-09	201 000	1.131	170	0.510	1 088.0	30.796	480.0	12.685	202 738.0	45.122	象鼻溞、网纹溞
2010-10	441 000	2.023	850	2.550	272.0	9.500	848.0	20.996	442 970.0	35.069	象鼻溞、网纹溞
2010-11	21 000	0.502	1 000	3.000	130.7	5.999	78.7	3.359	22 209.3	12.861	象鼻溞、汤匙华哲水蚤
2010-12	22 000	1.064	30	0.070	27.3	1.405	17.3	0.642	22 074.7	3.181	象鼻溞、窄腹剑水蚤
2011-01	810 000	0.369	60	0.020	0.0	0.000	0.4	0.014	810 060.4	0.403	多肢轮虫
2011-02	1 440 000	1.836	780	0.366	0.0	0.000	3.5	0.021	1 440 783.5	2.224	臂尾轮虫、多肢轮虫、龟甲轮虫
2011-03	180 000	0.225	1 740	0.563	0.0	0.000	65.3	0.966	181 805.3	1.754	汤匙华哲水蚤

（续）

时间（年-月）	原生动物数量/(ind./L)	原生动物生物量/(mg/L)	轮虫数量/(ind./L)	轮虫生物量/(mg/L)	枝角类数量/(ind./L)	枝角类生物量/(mg/L)	桡足类数量/(ind./L)	桡足类生物量/(mg/L)	浮游生物数量/(ind./L)	浮游生物生物量/(mg/L)	浮游动物优势种
2011-04	60 000	0.006	30	0.010	7.7	0.551	36.3	1.626	60 074.0	2.193	汤匙华哲水蚤、剑水蚤、透明溞
2011-05	510 000	0.051	125	0.066	28.3	3.348	17.1	0.159	510 170.3	3.624	象鼻溞、透明溞
2011-06	810 000	0.324	650	0.612	201.6	2.213	142.4	0.631	810 994.0	3.781	象鼻溞、网纹溞、窄腹剑水蚤
2011-07	660 000	0.309	50	0.022	62.9	0.913	284.3	1.187	660 397.2	2.430	象鼻溞、网纹溞、窄腹剑水蚤
2011-08	0	0.000	125	0.639	340.3	4.779	23.2	0.538	488.5	5.956	象鼻溞、网纹溞、窄腹剑水蚤
2011-09	210 000	0.156	390	0.182	272.0	3.292	318.9	2.242	210 980.9	5.872	象鼻溞、网纹溞、窄腹剑水蚤
2011-10	510 000	0.471	90	0.114	16.0	0.156	56.0	0.456	510 162.0	1.197	象鼻溞、网纹溞、窄腹剑水蚤
2011-11	1 860 000	0.834	150	0.557	13.3	0.213	49.3	0.316	1 860 212.7	1.920	象鼻溞、窄腹剑水蚤
2011-12	5 280 000	0.555	30	0.010	6.7	0.100	24.0	0.084	5 280 060.7	0.749	象鼻溞、窄腹剑水蚤
2012-01	1 301 500	1.080	80	0.124	0.0	0.000	4.0	0.012	1 301 584.0	1.216	多肢轮虫、臂尾轮虫
2012-02	391 000	1.400	199	0.355	0.0	0.000	4.0	0.012	391 202.7	1.767	臂尾轮虫、多肢轮虫
2012-03	433 000	0.733	161	0.087	0.0	0.000	28.0	0.238	433 189.3	1.057	臂尾轮虫、多肢轮虫
2012-04	806 000	0.407	24	0.011	93.3	7.831	32.0	1.254	806 149.3	9.504	透明溞
2012-05	885 000	1.967	25	0.005	22.7	0.794	17.3	0.363	885 065.3	3.129	象鼻溞、透明溞
2012-06	222 000	0.599	208	0.293	321.3	2.670	362.7	6.352	222 892.0	9.914	象鼻溞、网纹溞、窄腹剑水蚤
2012-07	103 000	0.310	339	0.308	193.3	2.175	216.0	2.618	103 748.0	5.411	象鼻溞、网纹溞、龟甲轮虫
2012-08	374 000	1.488	456	0.236	101.3	0.974	261.3	4.602	374 818.7	7.300	象鼻溞、网纹溞
2012-09	202 000	0.480	93	0.192	242.7	2.221	202.7	1.784	202 538.7	4.677	象鼻溞、网纹溞
2012-10	834 000	2.134	1 025	0.581	272.0	2.868	361.3	1.881	835 658.7	7.464	象鼻溞、多肢轮虫、龟甲轮虫
2012-11	496 000	1.351	173	0.053	44.0	0.362	128.0	0.455	496 345.3	2.220	龟甲轮虫、窄腹剑水蚤
2012-12	2 362 000	2.724	501	1.229	12.0	0.097	32.0	0.098	2 362 545.3	4.149	龟甲轮虫、义角聚花轮虫
2013-01	2 011 000	2.828	233	0.481	0.0	0.000	3.3	0.010	2 011 236.7	3.319	多肢轮虫
2013-02	1 171 000	0.911	513	0.546	0.0	0.000	81.3	0.322	1 171 594.7	1.779	龟甲轮虫、臂尾轮虫
2013-03	1 481 500	0.760	80	0.082	6.7	0.220	140.7	2.627	1 481 727.3	3.689	汤匙华哲水蚤
2013-04	721 000	0.302	13	0.293	424.0	11.293	68.0	2.297	721 505.3	14.185	象鼻溞、透明溞

（续）

时间（年-月）	原生动物数量/（ind./L）	原生动物生物量/（mg/L）	轮虫数量/（ind./L）	轮虫生物量/（mg/L）	枝角类数量/（ind./L）	枝角类生物量/（mg/L）	桡足类数量/（ind./L）	桡足类生物量/（mg/L）	浮游生物数量/（ind./L）	浮游生物生物量/（mg/L）	浮游动物优势种
2013-05	7 048 500	3.225	247	0.423	184.0	2.687	47.3	0.351	7 048 978.0	6.686	象鼻溞、义角聚花轮虫
2013-06	5 642 500	4.943	50	0.043	132.0	1.136	164.0	1.457	5 642 846.0	7.578	象鼻溞、网纹溞、窄腹剑水蚤
2013-07	150 500	0.423	423	0.377	245.3	2.429	221.3	3.698	151 390.0	6.927	象鼻溞、网纹溞、窄腹剑水蚤
2013-08	424 000	1.748	530	0.606	305.3	2.871	190.7	2.691	425 026.0	7.916	象鼻溞、网纹溞、中剑水蚤
2013-09	630 000	0.914	197	0.746	1 005.3	8.877	416.7	11.929	631 618.7	22.467	象鼻溞、网纹溞、窄腹剑水蚤
2013-10	207 500	0.973	110	0.383	100.0	1.041	310.7	2.734	208 020.7	5.130	象鼻溞、中剑水蚤
2013-11	3 613 500	6.588	233	0.236	14.7	0.121	182.0	5.936	3 613 930.0	12.880	象鼻溞、窄腹剑水蚤、汤匙华哲水蚤
2013-12	1 532 500	1.138	100	0.259	24.0	0.194	56.0	1.434	1 532 680.0	3.025	龟甲轮虫、窄腹剑水蚤
2014-01	81 500	0.093	39	0.107	1.3	0.066	13.3	0.156	81 553.3	0.422	多肢轮虫
2014-02	181 000	1.075	41	0.046	1.3	0.011	10.7	0.080	181 053.3	1.212	多肢轮虫、龟甲轮虫
2014-03	213 000	0.210	212	0.162	4.0	0.199	1.3	0.010	213 217.3	0.581	象鼻溞、龟甲轮虫
2014-04	6 000	0.210	0	0.000	24.0	0.971	0.0	0.000	6 024.0	1.181	臂尾轮虫、透明溞
2014-05	55 000	0.200	12	0.050	20.0	0.273	21.3	0.232	55 053.3	0.754	象鼻溞、网纹溞
2014-06	2 000	0.070	57	0.121	284.0	2.555	46.7	0.803	2 388.0	3.549	象鼻溞、网纹溞
2014-07	3 000	0.105	37	0.018	101.3	1.154	77.3	2.181	3 216.0	3.458	象鼻溞、多肢花轮虫
2014-08	4 000	0.140	145	0.419	45.3	0.381	81.3	0.747	4 272.0	1.687	网纹溞、龟甲轮虫
2014-09	62 000	0.385	16	0.036	130.7	1.250	206.7	1.626	62 353.3	3.298	象鼻溞、网纹溞、窄腹剑水蚤
2014-10	34 000	0.155	73	0.557	134.7	1.073	54.7	0.595	34 262.7	2.380	象鼻溞、网纹溞、窄腹剑水蚤
2014-11	6 000	0.210	76	0.041	93.3	3.312	40.0	0.521	6 209.3	4.084	象鼻溞、龟甲轮虫
2014-12	32 000	0.370	11	0.013	13.3	0.211	21.3	0.247	32 045.3	0.841	象鼻溞、窄腹剑水蚤
2015-01	8 200	0.287	25	0.143	2.7	0.022	4.0	0.014	8 232.0	0.466	龟甲轮虫、臂尾轮虫
2015-02	84 000	0.465	124	0.175	0.0	0.000	20.0	0.316	84 144.0	0.956	龟甲轮虫、臂尾轮虫
2015-03	52 000	0.570	11	0.033	4.0	0.032	20.0	0.653	52 034.7	1.288	臂尾轮虫、汤匙华哲水蚤
2015-04	600	0.021	3	0.059	29.3	1.070	14.7	0.339	646.7	1.489	象鼻溞、透明溞
2015-05	600	0.021	5	0.017	256.0	5.063	25.3	0.800	886.7	5.900	象鼻溞、裸腹溞

（续）

时间 （年-月）	原生动物数量/ （ind./L）	原生动物生物量/ （mg/L）	轮虫数量/ （ind./L）	轮虫生物量/ （mg/L）	枝角类数量/ （ind./L）	枝角类生物量/ （mg/L）	桡足类数量/ （ind./L）	桡足类生物量/ （mg/L）	浮游生物数量/ （ind./L）	浮游生物生物量/ （mg/L）	浮游动物优势种
2015-06	80 600	0.536	1	0.001	6.7	0.055	4.0	0.030	80 612.0	0.622	象鼻溞、网纹溞
2015-07	82 000	0.585	131	0.083	44.0	0.540	98.7	0.731	82 273.3	1.939	象鼻溞、网纹溞
2015-08	10 500	0.368	672	0.447	349.3	2.925	114.7	2.091	11 636.0	5.830	象鼻溞、多肢轮虫
2015-09	3 000	0.105	217	0.219	96.0	0.797	326.7	2.152	3 640.0	3.274	象鼻溞、网纹溞、窄腹剑水蚤
2015-10	20 600	0.221	169	0.099	669.3	19.834	102.7	1.808	21 541.3	21.961	象鼻溞、网纹溞、圆形盘肠溞
2015-11	22 400	0.284	15	0.007	6.7	0.162	13.3	0.079	22 434.7	0.532	象鼻溞、龟甲轮虫
2015-12	1 200	0.042	27	0.013	0.0	0.000	22.7	0.303	1 249.3	0.358	龟甲轮虫

THL01 观测站浮游动物相关数据见表 3-12。

表 3-12　THL01 观测站浮游动物相关数据

时间 （年-月）	原生动物数量/ （ind./L）	原生动物生物量/ （mg/L）	轮虫数量/ （ind./L）	轮虫生物量/ （mg/L）	枝角类数量/ （ind./L）	枝角类生物量/ （mg/L）	桡足类数量/ （ind./L）	桡足类生物量/ （mg/L）	浮游生物数量/ （ind./L）	浮游生物生物量/ （mg/L）	浮游动物优势种
2007-01	80 000	0.240	420	1.260	0.4	0.024	1.0	0.060	80 421.4	1.584	多肢轮虫
2007-02	30 000	0.090	863	2.590	21.6	1.298	47.2	2.834	30 932.2	6.812	短钝溞、透明溞、多肢轮虫
2007-03	155 000	0.465	190	0.570	12.1	0.725	15.3	0.917	155 217.4	2.677	透明溞、汤匙华哲水蚤
2007-04	35 000	0.105	190	0.570	144.5	8.670	162.2	9.730	35 496.7	19.075	透明溞、象鼻溞、汤匙华哲水蚤、窄腹剑水蚤
2007-05	100 000	0.300	160	0.480	380.4	22.822	120.4	7.222	100 660.7	30.824	透明溞、象鼻溞、中剑水蚤
2007-06	8 000	0.024	250	0.750	190.2	11.414	83.3	4.998	8 523.5	17.186	网纹溞、多肢轮虫
2007-07	90 000	0.270	130	0.390	450.1	27.006	144.7	8.682	90 274.7	36.348	象鼻溞、网纹溞、窄腹剑水蚤
2007-08	115 000	0.345	1 317	3.950	78.6	4.718	63.0	3.780	116 458.3	12.793	臂尾轮虫、龟甲轮虫、多肢轮虫、六腕轮虫
2007-09	155 000	0.465	630	1.890	778.9	46.736	240.0	14.400	156 648.9	63.491	象鼻溞、龟甲轮虫、多肢轮虫、窄腹剑水蚤
2007-10	85 000	0.255	130	0.390	72.0	4.320	78.7	4.722	85 280.7	9.687	象鼻溞
2007-11	50 000	0.150	170	0.510	95.7	5.741	36.7	2.205	50 302.4	8.606	象鼻溞、网纹溞
2007-12	290 000	0.870	370	1.110	2.3	0.138	1.3	0.078	290 373.6	2.196	多肢轮虫、臂尾轮虫
2008-01	822 000	0.560	1 140	4.959	19.3	0.994	4.7	0.260	823 164.0	6.773	臂尾轮虫、象鼻溞

（续）

时间 （年-月）	原生动物 数量/ (ind./L)	原生动物 生物量/ (mg/L)	轮虫数量/ (ind./L)	轮虫 生物量/ (mg/L)	枝角类 数量/ (ind./L)	枝角类 生物量/ (mg/L)	桡足类 数量/ (ind./L)	桡足类 生物量/ (mg/L)	浮游生 物数量/ (ind./L)	浮游生物 生物量/ (mg/L)	浮游动物 优势种
2008-02	32 000	1.600	810	3.524	0.4	0.068	0.5	0.009	32 810.9	5.201	臂尾轮虫、多肢轮虫、龟甲轮虫
2008-03	3 866 000	4.490	700	3.045	167.2	28.558	22.1	0.663	3 866 889.3	36.756	透明溞、汤匙华哲水蚤、象鼻溞
2008-04	56 400	0.468	120	0.522	190.5	9.525	114.8	7.809	56 825.3	18.323	透明溞、象鼻溞
2008-05	5 000	0.250	240	1.044	1 068.0	33.820	136.8	9.305	6 444.8	44.419	象鼻溞、裸腹溞
2008-06	27 500	0.352	300	1.305	744.2	23.560	400.8	27.257	28 944.8	52.474	网纹溞、多肢轮虫
2008-07	78 500	0.556	240	1.044	724.2	22.933	202.8	13.793	79 667.0	38.326	象鼻溞、网纹溞、臂尾轮虫、窄腹剑水蚤
2008-08	11 800	0.282	90	0.392	61.8	1.957	290.8	19.777	12 242.6	22.407	臂尾轮虫、龟甲轮虫、多肢轮虫、六腕轮虫
2008-09	21 000	0.250	480	2.088	12 301.8	389.557	654.6	44.511	34 436.4	436.406	象鼻溞、龟甲轮虫、窄腹剑水蚤
2008-10	2 400	0.250	120	0.522	954.6	30.229	226.3	15.388	3 700.9	46.389	象鼻溞
2008-11	1 382 000	4.707	120	0.522	148.2	4.693	91.4	6.213	1 382 359.6	16.135	象鼻溞、网纹溞
2008-12	2 555 000	7.274	120	0.522	105.0	3.325	50.3	3.420	2 555 275.3	14.542	多肢轮虫、臂尾轮虫
2009-01	2 280 000	8.570	540	3.230	0.8	0.040	11.8	0.730	2 280 552.6	12.570	臂尾轮虫、汤匙华哲水蚤
2009-02	140 700	1.170	540	1.890	129.6	0.000	16.2	0.260	141 256.2	3.320	臂尾轮虫、多肢轮虫、龟甲轮虫
2009-03	420 000	2.420	240	0.720	721.6	0.060	24.2	0.720	420 264.8	3.920	臂尾轮虫、汤匙华哲水蚤
2009-04	6 903 000	27.900	60	0.210	40.0	5.150	36.6	2.020	6 903 136.6	35.280	透明溞、象鼻溞
2009-05	144 000	0.580	150	0.650	408.2	21.100	21.8	1.330	144 580.0	23.660	象鼻溞、裸腹溞
2009-06	1 589 400	6.640	150	0.540	153.2	3.400	28.2	1.390	1 589 731.4	11.970	网纹溞、多肢轮虫
2009-07	71 100	0.520	60	0.330	307.7	7.420	42.4	1.760	71 510.1	10.030	网纹溞、臂尾轮虫
2009-08	226 700	0.710	240	0.960	129.6	4.800	228.8	5.410	227 298.4	11.880	象鼻溞、龟甲轮虫、多肢轮虫、六腕轮虫
2009-09	18 700	0.400	120	0.480	721.6	25.360	121.6	5.420	19 663.2	31.660	象鼻溞、网纹溞
2009-10	145 800	0.310	120	0.410	313.6	10.090	484.8	14.830	146 718.4	25.640	网纹溞、象鼻溞
2009-11	193 500	0.420	150	0.600	7.6	0.390	48.4	2.980	193 706.0	4.390	象鼻溞
2009-12	834 100	1.160	150	0.550	4.4	0.220	25.0	1.020	834 279.4	2.950	多肢轮虫、臂尾轮虫、窄腹剑水蚤
2010-01	62 500	1.740	480	1.680	0.0	0.000	6.0	0.166	62 986.0	3.586	臂尾轮虫、多肢轮虫、龟甲轮虫
2010-02	2 000	1.500	740	2.220	0.0	0.000	10.0	0.079	2 750.0	3.799	臂尾轮虫、多肢轮虫、龟甲轮虫

（续）

时间（年-月）	原生动物数量/(ind./L)	原生动物生物量/(mg/L)	轮虫数量/(ind./L)	轮虫生物量/(mg/L)	枝角类数量/(ind./L)	枝角类生物量/(mg/L)	桡足类数量/(ind./L)	桡足类生物量/(mg/L)	浮游生物数量/(ind./L)	浮游生物生物量/(mg/L)	浮游动物优势种
2010-03	511 000	2.189	160	0.400	0.7	0.114	63.3	1.095	511 224.0	3.798	多肢轮虫、龟甲轮虫
2010-04	121 000	0.980	40	0.100	5.5	0.822	55.6	1.370	121 101.1	3.272	汤匙华哲水蚤、剑水蚤、透明溞
2010-05	92 000	0.806	10	0.030	82.7	4.886	37.3	1.575	92 130.0	7.297	象鼻溞
2010-06	1 021 000	4.760	50	0.120	56.0	1.049	88.0	2.538	1 021 194.0	8.467	网纹溞
2010-07	3 000	1.000	20	0.050	208.0	9.074	26.7	0.864	3 254.7	10.988	象鼻溞、网纹溞
2010-08	181 000	0.986	30	0.070	85.3	2.557	144.0	0.898	181 259.3	4.510	象鼻溞、网纹溞
2010-09	61 000	0.901	60	0.180	949.3	24.151	309.3	9.081	62 318.7	34.313	象鼻溞、网纹溞、窄腹剑水蚤
2010-10	361 000	1.981	370	1.180	384.0	14.733	329.3	11.735	362 083.3	29.629	象鼻溞、网纹溞、窄腹剑水蚤
2010-11	91 000	0.860	250	0.800	30.7	1.439	57.3	1.803	91 338.0	4.903	象鼻溞、龟甲轮虫
2010-12	12 000	1.009	10	0.030	17.3	0.891	20.7	1.127	12 048.0	3.057	象鼻溞
2011-01	480 000	0.252	150	0.047	0.0	0.000	0.3	0.001	480 150.3	0.299	多肢轮虫
2011-02	2 340 000	2.703	1 470	0.744	0.0	0.000	2.3	0.085	2 341 472.3	3.532	臂尾轮虫、多肢轮虫、龟甲轮虫
2011-03	210 000	0.543	3 630	1.959	0.0	0.000	59.5	0.785	213 689.5	3.288	汤匙华哲水蚤
2011-04	390 000	0.201	30	0.010	5.6	0.084	8.3	0.152	390 043.9	0.447	汤匙华哲水蚤、剑水蚤
2011-05	330 000	0.114	25	0.013	49.1	8.100	11.2	0.406	330 085.3	8.633	象鼻溞、透明溞
2011-06	990 000	0.519	100	0.028	307.7	2.923	156.3	0.685	990 564.0	4.155	象鼻溞、网纹溞、窄腹剑水蚤
2011-07	690 000	0.069	125	0.114	137.6	1.885	123.7	0.524	690 386.3	2.592	象鼻溞、网纹溞、窄腹剑水蚤
2011-08	30 000	0.030	50	0.142	232.0	3.117	32.5	0.379	30 314.5	3.668	象鼻溞、网纹溞
2011-09	60 000	0.033	150	0.117	230.7	2.527	34.7	0.659	60 415.3	3.335	象鼻溞、网纹溞、窄腹剑水蚤
2011-10	300 000	0.234	90	0.039	37.3	0.419	98.7	0.867	300 226.0	1.558	象鼻溞、网纹溞、窄腹剑水蚤
2011-11	1 260 000	0.396	30	0.005	29.3	0.428	44.0	0.573	1 260 103.3	1.403	象鼻溞
2011-12	4 800 000	0.534	6	0.003	5.3	0.080	5.3	0.176	4 800 016.7	0.793	多肢轮虫、臂尾轮虫
2012-01	990 500	1.833	100	0.172	0.0	0.000	1.3	0.004	990 601.3	2.009	臂尾轮虫
2012-02	202 000	0.570	219	0.253	0.0	0.000	8.0	0.024	202 226.7	0.847	臂尾轮虫、多肢轮虫
2012-03	644 000	1.316	840	0.602	0.0	0.000	74.7	0.380	644 914.7	2.297	臂尾轮虫、多肢轮虫、龟甲轮虫

（续）

时间（年-月）	原生动物数量/(ind./L)	原生动物生物量/(mg/L)	轮虫数量/(ind./L)	轮虫生物量/(mg/L)	枝角类数量/(ind./L)	枝角类生物量/(mg/L)	桡足类数量/(ind./L)	桡足类生物量/(mg/L)	浮游生物数量/(ind./L)	浮游生物生物量/(mg/L)	浮游动物优势种
2012-04	714 000	0.328	5	0.003	161.3	9.151	42.7	1.192	714 209.3	10.674	透明溞
2012-05	1 014 500	2.170	20	0.015	41.3	0.447	36.0	0.259	1 014 597.3	2.891	象鼻溞、透明溞
2012-06	133 000	0.313	80	0.085	592.0	4.923	329.3	4.079	134 001.3	9.399	象鼻溞、网纹溞、窄腹剑水蚤
2012-07	3 500	0.123	189	0.178	661.3	6.277	132.0	1.870	4 482.7	8.447	象鼻溞、网纹溞、龟甲轮虫
2012-08	493 000	1.168	229	0.179	434.7	3.956	289.3	4.926	493 953.3	10.229	象鼻溞、网纹溞
2012-09	391 500	0.911	91	0.133	174.7	1.517	140.0	2.027	391 905.3	4.588	象鼻溞、网纹溞
2012-10	473 500	0.989	512	0.245	312.0	3.149	289.3	1.737	474 613.3	6.119	象鼻溞、多肢轮虫、龟甲轮虫
2012-11	364 000	0.995	95	0.042	110.7	1.026	88.0	1.423	364 293.3	3.486	象鼻溞、窄腹剑水蚤
2012-12	1 301 000	1.047	117	0.164	8.0	0.065	49.3	0.152	1 301 174.7	1.427	龟甲轮虫、义角聚花轮虫
2013-01	2 184 000	1.977	197	0.295	0.0	0.000	6.7	0.020	2 184 203.3	2.292	多肢轮虫
2013-02	1 716 000	1.715	607	0.488	0.0	0.000	92.0	0.496	1 716 698.7	2.699	多肢轮虫、龟甲轮虫、臂尾轮虫
2013-03	3 582 500	0.641	47	0.014	6.7	0.276	104.0	1.509	3 582 657.3	2.439	汤匙华哲水蚤
2013-04	446 500	1.079	40	0.017	106.7	1.528	26.0	0.577	446 672.7	3.200	象鼻溞、透明溞
2013-05	7 444 500	1.721	357	0.677	76.0	0.764	34.0	0.724	7 444 966.7	3.886	象鼻溞、义角聚花轮虫
2013-06	1 630 000	2.074	87	0.060	521.3	4.467	177.3	1.557	1 630 785.3	8.158	象鼻溞、网纹溞、窄腹剑水蚤
2013-07	100 500	0.223	290	0.187	121.3	1.328	279.3	4.659	101 190.7	6.397	象鼻溞、网纹溞、窄腹剑水蚤
2013-08	266 000	0.763	290	0.242	224.0	2.807	140.7	2.682	266 654.7	6.493	象鼻溞、网纹溞
2013-09	380 500	0.661	70	0.077	1 945.3	15.951	134.0	5.563	382 649.3	22.252	象鼻溞、网纹溞、窄腹剑水蚤
2013-10	56 000	0.215	107	0.153	254.7	2.886	245.3	3.062	56 606.7	6.315	象鼻溞、中剑水蚤
2013-11	6 285 500	4.273	157	0.219	73.3	0.602	187.3	3.976	6 285 917.3	9.070	象鼻溞、窄腹剑水蚤、汤匙华哲水蚤
2013-12	1 792 000	1.575	83	0.181	30.7	0.248	66.0	1.553	1 792 180.0	3.557	象鼻溞、窄腹剑水蚤
2014-01	130 500	0.558	33	0.090	1.3	0.011	16.0	0.156	130 550.7	0.814	龟甲轮虫
2014-02	382 000	1.685	32	0.071	0.0	0.000	2.7	0.020	382 034.7	1.776	多肢轮虫、龟甲轮虫
2014-03	264 000	0.745	123	0.096	1.3	0.066	8.0	0.055	264 132.0	0.963	臂尾轮虫、多肢轮虫、龟甲轮虫
2014-04	24 000	0.340	0	0.000	86.7	4.198	4.0	0.245	24 090.7	4.783	象鼻溞、透明溞

（续）

时间（年-月）	原生动物数量/(ind./L)	原生动物生物量/(mg/L)	轮虫数量/(ind./L)	轮虫生物量/(mg/L)	枝角类数量/(ind./L)	枝角类生物量/(mg/L)	桡足类数量/(ind./L)	桡足类生物量/(mg/L)	浮游生物数量/(ind./L)	浮游生物生物量/(mg/L)	浮游动物优势种
2014-05	34 500	0.173	7	0.039	16.0	0.129	16.0	0.192	34 538.7	0.533	象鼻溞、义角聚花轮虫
2014-06	3 000	0.105	27	0.013	65.3	0.636	37.3	1.377	3 129.3	2.131	象鼻溞、网纹溞
2014-07	3 500	0.123	25	0.012	156.0	1.373	117.3	2.583	3 798.7	4.090	象鼻溞、网纹溞
2014-08	3 000	0.105	36	0.122	42.7	0.356	33.3	0.282	3 112.0	0.865	象鼻溞、网纹溞
2014-09	81 500	0.568	15	0.034	85.3	0.901	149.3	2.848	81 749.3	4.350	象鼻溞、网纹溞
2014-10	3 500	0.123	25	0.204	184.0	1.778	157.3	2.449	3 866.7	4.553	象鼻溞、网纹溞、窄腹剑水蚤
2014-11	4 000	0.140	111	0.086	109.3	2.891	82.7	1.797	4 302.7	4.915	象鼻溞、窄腹剑水蚤
2014-12	31 000	0.335	8	0.004	8.0	0.065	24.0	0.359	31 040.0	0.763	龟甲轮虫
2015-01	35 700	0.500	9	0.037	0.0	0.000	10.7	0.346	35 720.0	0.883	龟甲轮虫、窄腹剑水蚤
2015-02	255 000	1.725	40	0.051	0.0	0.000	6.7	0.122	255 046.7	1.898	龟甲轮虫、臂尾轮虫
2015-03	101 200	1.042	4	0.010	1.3	0.011	10.7	0.204	101 216.0	1.267	臂尾轮虫、汤匙华哲水蚤
2015-04	30 000	0.300	0	0.000	38.7	1.645	17.3	0.529	30 056.0	2.474	象鼻溞、透明溞
2015-05	600	0.021	16	0.021	168.0	2.663	45.3	1.698	829.3	4.403	象鼻溞、裸腹溞
2015-06	30 000	0.015	13	0.028	108.0	1.140	33.3	0.517	30 154.7	1.700	象鼻溞、网纹溞
2015-07	1 800	0.063	61	0.099	125.3	1.163	84.0	0.971	2 070.7	2.296	象鼻溞、网纹溞
2015-08	9 600	0.336	415	1.525	404.0	3.654	116.0	1.831	10 534.7	7.346	象鼻溞、多肢轮虫
2015-09	2 100	0.074	105	0.099	93.3	0.784	118.7	1.008	2 417.3	1.964	象鼻溞、网纹溞、窄腹剑水蚤
2015-10	20 000	0.200	137	0.076	425.3	13.135	82.7	1.298	20 645.3	14.710	象鼻溞、网纹溞、圆形盘肠溞
2015-11	3 000	0.105	13	0.009	6.7	0.267	13.3	0.074	3 033.3	0.456	象鼻溞、龟甲轮虫
2015-12	4 200	0.147	57	0.032	2.7	0.118	26.7	0.277	4 286.7	0.574	龟甲轮虫

THL03 观测站浮游动物相关数据见表 3-13。

表 3-13 THL03 观测站浮游动物相关数据

时间（年-月）	原生动物数量/(ind./L)	原生动物生物量/(mg/L)	轮虫数量/(ind./L)	轮虫生物量/(mg/L)	枝角类数量/(ind./L)	枝角类生物量/(mg/L)	桡足类数量/(ind./L)	桡足类生物量/(mg/L)	浮游生物数量/(ind./L)	浮游生物生物量/(mg/L)	浮游动物优势种
2007-01	70 000	0.210	1 600	4.800	1.8	0.108	30.4	1.824	71 632.2	6.942	多肢轮虫、龟甲轮虫

（续）

时间（年-月）	原生动物数量/（ind./L）	原生动物生物量/（mg/L）	轮虫数量/（ind./L）	轮虫生物量/（mg/L）	枝角类数量/（ind./L）	枝角类生物量/（mg/L）	桡足类数量/（ind./L）	桡足类生物量/（mg/L）	浮游生物数量/（ind./L）	浮游生物生物量/（mg/L）	浮游动物优势种
2007-02	210 000	0.630	60	0.180	22.4	1.344	28.9	1.736	210 111.3	3.890	短钝溞、透明溞
2007-03	25 000	0.075	20	0.060	5.8	0.348	36.0	2.160	25 061.8	2.643	汤匙华哲水蚤
2007-04	15 000	0.045	20	0.060	373.0	22.380	30.5	1.830	15 423.5	24.315	透明溞、象鼻溞
2007-05	55 000	0.165	30	0.090	344.0	20.640	22.7	1.360	55 396.7	22.255	象鼻溞、裸腹溞
2007-06	2 000	0.006	240	0.720	143.0	8.580	318.0	19.080	2 701.0	28.386	网纹溞、窄腹剑水蚤、多肢轮虫、龟甲轮虫
2007-07	45 000	0.135	120	0.360	563.5	33.810	58.0	3.480	45 741.5	37.785	象鼻溞、网纹溞、窄腹剑水蚤
2007-08	190 000	0.570	90	0.270	89.3	5.360	270.7	16.240	190 450.0	22.440	象鼻溞、网纹溞、窄腹剑水蚤
2007-09	5 000	0.015	60	0.180	476.0	28.560	153.5	9.210	5 689.5	37.965	象鼻溞
2007-10	5 000	0.015	100	0.300	26.6	1.596	15.5	0.930	5 142.1	2.841	象鼻溞
2007-11	25 000	0.075	21	0.062	42.3	2.538	31.2	1.872	25 094.2	4.547	象鼻溞、网纹溞
2007-12	245 000	0.735	130	0.390	8.5	0.510	12.6	0.756	245 151.1	2.391	多肢轮虫
2008-01	1 857 000	2.100	180	0.783	8.5	0.439	6.3	0.305	1 857 194.8	3.627	象鼻溞
2008-02	144 000	4.860	960	4.176	0.8	0.137	0.1	0.010	144 960.9	9.183	多肢轮虫、龟甲轮虫
2008-03	5 039 000	5.280	500	2.175	89.3	15.258	50.8	0.996	5 039 640.1	23.709	透明溞、汤匙华哲水蚤
2008-04	49 600	0.440	120	0.522	209.4	10.470	42.2	2.872	49 971.6	14.304	象鼻溞
2008-05	8 800	0.298	60	0.261	1 770.0	56.050	305.5	20.774	10 935.5	77.383	象鼻溞、裸腹溞
2008-06	53 000	0.454	90	0.392	546.0	17.290	239.5	16.286	53 875.5	34.422	网纹溞、窄腹剑水蚤、多肢轮虫、龟甲轮虫
2008-07	53 000	0.607	90	0.392	1 782.6	56.449	320.2	21.771	55 192.8	79.219	网纹溞、象鼻溞、窄腹剑水蚤
2008-08	25 000	0.250	90	0.392	97.8	3.097	320.2	21.771	25 508.0	25.510	象鼻溞、网纹溞
2008-09	5 200	0.261	60	0.261	6 678.6	211.489	161.8	11.000	12 100.4	223.011	象鼻溞
2008-10	173 700	0.800	90	0.392	1 984.2	62.833	202.8	13.793	175 977.0	77.817	象鼻溞、网纹溞
2008-11	1 244 000	4.421	90	0.392	400.2	12.673	226.3	15.388	1 244 716.5	32.874	象鼻溞、网纹溞
2008-12	3 107 000	5.497	120	0.522	83.4	2.641	126.6	8.607	3 107 330.0	17.267	多肢轮虫
2009-01	623 400	3.660	120	0.650	0.8	0.040	10.9	0.510	623 531.7	4.860	汤匙华哲水蚤
2009-02	1 106 700	4.490	360	1.440	0.0	0.000	35.3	0.560	1 107 095.3	6.490	多肢轮虫、龟甲轮虫

（续）

时间 (年-月)	原生动物 数量/ (ind./L)	原生动物 生物量/ (mg/L)	轮虫数量/ (ind./L)	轮虫 生物量/ (mg/L)	枝角类 数量/ (ind./L)	枝角类 生物量/ (mg/L)	桡足类 数量/ (ind./L)	桡足类 生物量/ (mg/L)	浮游生 物数量/ (ind./L)	浮游生物 生物量/ (mg/L)	浮游动物 优势种
2009-03	12 000	0.350	120	0.480	0.9	0.070	24.2	1.090	12 145.1	1.990	汤匙华哲水蚤
2009-04	2 004 000	8.300	120	0.420	17.8	2.220	33.3	1.720	2 004 171.1	12.660	透明溞、象鼻溞
2009-05	9 000	0.260	120	0.540	460.0	23.770	21.3	0.710	9 601.3	25.280	象鼻溞、裸腹溞
2009-06	1 658 400	6.920	60	0.210	481.4	8.710	88.1	4.630	1 659 029.5	20.470	网纹溞、窄腹剑水蚤、多肢轮虫、龟甲轮虫
2009-07	70 500	0.520	120	0.660	214.2	5.650	108.8	5.850	70 943.0	12.680	网纹溞
2009-08	194 700	0.650	180	0.720	88.9	3.400	140.0	4.940	195 108.9	9.710	象鼻溞、网纹溞
2009-09	5 400	0.150	30	0.100	403.4	14.140	89.3	4.140	5 922.7	18.530	象鼻溞、网纹溞
2009-10	34 400	0.330	30	0.090	361.0	13.300	388.5	13.380	35 179.5	27.100	网纹溞、象鼻溞
2009-11	12 000	0.300	120	0.420	11.8	0.600	39.6	2.540	12 171.4	3.860	象鼻溞
2009-12	129 800	0.570	150	0.620	1.6	0.080	14.1	0.580	129 965.7	1.850	多肢轮虫
2010-01	120 500	1.980	800	2.800	0.0	0.000	10.0	0.265	121 310.0	5.045	臂尾轮虫、多肢轮虫
2010-02	40 000	1.620	1 170	3.150	0.0	0.000	8.7	0.174	41 178.7	4.944	臂尾轮虫、多肢轮虫、龟甲轮虫
2010-03	91 000	0.860	110	0.330	0.0	0.000	98.0	1.123	91 208.0	2.313	汤匙华哲水蚤
2010-04	901 000	2.111	50	0.140	34.0	5.696	104.7	4.173	901 188.7	12.120	汤匙华哲水蚤、剑水蚤、透明溞
2010-05	1 000	0.500	10	0.030	29.3	1.826	62.7	1.424	1 102.0	3.780	象鼻溞
2010-06	931 000	4.103	50	0.120	82.7	1.962	122.7	3.418	931 255.3	9.603	网纹溞、窄腹剑水蚤、窄腹剑水蚤
2010-07	91 000	0.743	10	0.020	349.3	14.235	113.3	3.749	91 472.7	18.746	象鼻溞、网纹溞、窄腹剑水蚤
2010-08	191 000	1.026	50	0.120	522.7	15.294	66.7	0.588	191 639.3	17.028	象鼻溞、网纹溞
2010-09	171 000	1.145	60	0.150	533.3	12.530	106.7	2.874	171 700.0	16.699	象鼻溞、网纹溞
2010-10	141 000	0.865	180	0.540	405.3	13.151	277.3	7.732	141 862.7	22.288	象鼻溞、网纹溞
2010-11	83 000	1.320	70	0.170	22.7	0.879	20.0	0.099	83 112.7	2.468	象鼻溞
2010-12	9 000	1.016	10	0.030	10.0	0.514	22.7	1.311	9 042.7	2.872	象鼻溞
2011-01	510 000	0.375	300	0.095	0.1	0.002	0.4	0.001	510 300.5	0.473	多肢轮虫
2011-02	2 820 000	3.951	1 110	0.451	0.1	0.002	3.1	0.107	2 821 113.2	4.511	臂尾轮虫、多肢轮虫、龟甲轮虫
2011-03	540 000	0.876	2 670	1.187	0.0	0.000	54.4	0.693	542 724.4	2.756	臂尾轮虫、多肢轮虫、汤匙华哲水蚤

（续）

时间（年-月）	原生动物数量/（ind./L）	原生动物生物量/（mg/L）	轮虫数量/（ind./L）	轮虫生物量/（mg/L）	枝角类数量/（ind./L）	枝角类生物量/（mg/L）	桡足类数量/（ind./L）	桡足类生物量/（mg/L）	浮游生物数量/（ind./L）	浮游生物生物量/（mg/L）	浮游动物优势种
2011-04	360 000	0.117	30	0.010	2.9	0.044	14.4	0.358	360 047.3	0.529	汤匙华哲水蚤、剑水蚤
2011-05	810 000	0.189	25	0.006	35.2	1.224	13.9	0.530	810 074.1	1.949	象鼻溞、透明溞
2011-06	690 000	0.285	75	0.017	162.1	1.491	93.9	0.610	690 331.0	2.403	象鼻溞、网纹溞、窄腹剑水蚤
2011-07	90 000	0.009	75	0.093	146.1	1.963	137.1	0.709	90 358.2	2.774	象鼻溞、网纹溞、窄腹剑水蚤
2011-08	60 000	0.060	150	0.360	669.6	9.248	50.4	0.582	60 870.0	10.250	象鼻溞、网纹溞
2011-09	870 000	0.249	60	0.026	232.5	2.815	129.1	0.763	870 421.6	3.853	象鼻溞、网纹溞
2011-10	330 000	0.222	90	0.101	46.7	0.624	133.3	1.304	330 270.0	2.251	象鼻溞、网纹溞
2011-11	1 890 000	0.378	30	0.010	68.0	0.916	65.3	0.876	1 890 163.3	2.180	象鼻溞、网纹溞、窄腹剑水蚤
2011-12	240 000	0.024	15	0.000	16.0	0.240	12.0	0.544	240 043.0	0.808	象鼻溞
2012-01	1 532 000	2.446	120	0.151	0.0	0.000	0.0	0.000	1 532 120.0	2.597	多肢轮虫、臂尾轮虫
2012-02	151 500	0.536	201	0.317	0.0	0.000	6.7	0.020	151 708.0	0.872	臂尾轮虫、多肢轮虫
2012-03	333 500	0.858	924	1.463	0.0	0.000	49.3	0.148	334 473.3	2.469	臂尾轮虫、多肢轮虫、龟甲轮虫
2012-04	973 500	0.493	5	0.002	85.3	4.563	44.0	1.205	973 634.7	6.262	透明溞
2012-05	963 500	0.414	15	0.028	49.3	0.400	50.7	0.463	963 614.7	1.304	象鼻溞
2012-06	152 500	0.493	153	0.202	600.0	5.016	353.3	3.679	153 606.7	9.389	象鼻溞、网纹溞、窄腹剑水蚤
2012-07	84 000	0.460	137	0.151	358.7	3.894	201.3	2.173	84 697.3	6.678	象鼻溞、网纹溞、龟甲轮虫
2012-08	332 500	0.823	197	0.107	286.7	2.473	182.7	4.877	333 166.7	8.279	象鼻溞、网纹溞
2012-09	133 000	0.430	40	0.074	669.3	5.871	230.7	1.925	133 940.0	8.299	象鼻溞、网纹溞
2012-10	494 000	1.008	149	0.061	100.0	1.648	293.3	2.486	494 542.7	5.203	象鼻溞、多肢轮虫、龟甲轮虫
2012-11	105 500	0.320	47	0.025	100.0	0.888	100.0	1.673	105 746.7	2.906	象鼻溞、窄腹剑水蚤
2012-12	1 632 000	0.623	667	0.070	2.7	0.022	42.7	0.137	1 632 104.0	0.851	龟甲轮虫
2013-01	56 500	0.253	177	0.263	0.0	0.000	3.3	0.010	56 680.0	0.526	多肢轮虫
2013-02	400 500	0.739	667	0.425	5.3	0.265	60.7	0.279	401 232.7	1.707	龟甲轮虫、臂尾轮虫
2013-03	3 881 000	1.274	47	0.154	10.7	0.253	84.0	1.254	3 881 141.3	2.934	汤匙华哲水蚤、臂尾轮虫
2013-04	121 500	0.182	60	0.357	816.0	7.203	36.0	1.294	122 412.0	9.035	象鼻溞、透明溞

（续）

时间 （年-月）	原生动物 数量/ (ind./L)	原生动物 生物量/ (mg/L)	轮虫数量/ (ind./L)	轮虫 生物量/ (mg/L)	枝角类 数量/ (ind./L)	枝角类 生物量/ (mg/L)	桡足类 数量/ (ind./L)	桡足类 生物量/ (mg/L)	浮游生 物数量/ (ind./L)	浮游生物 生物量/ (mg/L)	浮游动物 优势种
2013-05	3 091 500	0.557	130	0.230	29.3	0.324	32.7	0.401	3 091 692.0	1.511	象鼻溞、义角聚花轮虫
2013-06	601 000	0.797	63	0.053	577.3	5.132	120.0	1.339	601 760.7	7.322	象鼻溞、网纹溞
2013-07	180 500	0.348	257	0.228	797.3	7.010	227.3	6.110	181 781.3	13.695	象鼻溞、网纹溞、窄腹剑水蚤
2013-08	131 500	0.273	180	0.124	220.0	2.559	249.3	2.881	132 149.3	5.836	象鼻溞、网纹溞、中剑水蚤
2013-09	261 000	0.568	63	0.098	317.3	3.175	207.3	4.401	261 588.0	8.242	象鼻溞、网纹溞、窄腹剑水蚤
2013-10	8 500	0.298	63	0.127	282.7	3.022	138.0	1.408	8 984.0	4.854	象鼻溞、中剑水蚤
2013-11	1 718 000	1.485	133	0.285	38.7	0.316	182.0	4.571	1 718 354.0	6.657	象鼻溞、窄腹剑水蚤、汤匙华哲水蚤
2013-12	751 000	0.110	53	0.022	18.7	0.151	63.3	1.353	751 135.3	1.636	龟甲轮虫、窄腹剑水蚤
2014-01	152 000	0.620	105	0.207	1.3	0.011	8.0	0.050	152 114.7	0.887	多肢轮虫、义角聚花轮虫
2014-02	411 500	1.493	79	0.073	0.0	0.000	6.7	0.050	411 585.3	1.615	多肢轮虫、龟甲轮虫
2014-03	283 500	0.738	248	0.093	8.0	0.398	17.3	0.191	283 773.3	1.419	臂尾轮虫、多肢轮虫、龟甲轮虫
2014-04	83 500	0.448	0	0.000	14.7	0.452	5.3	0.184	83 520.0	1.083	象鼻溞、透明溞
2014-05	3 500	0.123	0	0.000	265.3	2.268	16.0	0.838	3 781.3	3.228	象鼻溞
2014-06	2 500	0.088	37	0.018	218.7	1.870	22.7	0.360	2 778.7	2.335	象鼻溞、网纹溞
2014-07	4 000	0.140	39	0.018	114.7	1.120	77.3	1.751	4 230.7	3.029	象鼻溞、网纹溞
2014-08	2 500	0.088	36	0.192	38.7	0.326	48.0	0.360	2 622.7	0.965	象鼻溞、网纹溞
2014-09	3 000	0.105	13	0.036	218.7	2.136	109.3	2.405	3 341.3	4.682	象鼻溞、网纹溞、窄腹剑水蚤
2014-10	4 000	0.140	16	0.134	144.0	1.285	78.7	1.626	4 238.7	3.184	象鼻溞、网纹溞、窄腹剑水蚤
2014-11	5 500	0.193	89	0.058	34.7	0.403	80.0	1.581	5 704.0	2.235	象鼻溞、龟甲轮虫
2014-12	2 000	0.070	9	0.004	4.0	0.032	25.3	1.001	2 038.7	1.108	龟甲轮虫、窄腹剑水蚤
2015-01	30 500	0.668	40	0.189	0.0	0.000	16.0	0.366	30 556.0	1.222	龟甲轮虫、臂尾轮虫
2015-02	86 600	0.556	109	0.211	0.0	0.000	14.7	0.198	86 724.0	0.965	龟甲轮虫、臂尾轮虫
2015-03	103 000	0.630	7	0.023	1.3	0.011	41.3	1.401	103 049.3	2.065	臂尾轮虫、汤匙华哲水蚤、透明溞
2015-04	30 000	0.300	0	0.000	46.7	1.821	20.0	0.504	30 066.7	2.624	象鼻溞、透明溞
2015-05	1 500	0.053	5	0.010	150.7	2.882	32.0	1.300	1 688.0	4.245	象鼻溞、裸腹溞

（续）

时间 （年-月）	原生动物 数量/ (ind./L)	原生动物 生物量/ (mg/L)	轮虫数量/ (ind./L)	轮虫 生物量/ (mg/L)	枝角类 数量/ (ind./L)	枝角类 生物量/ (mg/L)	桡足类 数量/ (ind./L)	桡足类 生物量/ (mg/L)	浮游生 物数量/ (ind./L)	浮游 生物量/ (mg/L)	浮游动物 优势种
2015 - 06	900	0.032	124	0.320	466.7	4.586	85.3	0.972	1 576.0	5.910	象鼻溞、网纹溞
2015 - 07	33 600	0.141	120	0.111	85.3	0.833	149.3	1.677	33 954.7	2.762	象鼻溞、网纹溞
2015 - 08	9 900	0.347	293	0.305	146.7	1.386	148.0	1.831	10 488.0	3.869	象鼻溞、多肢轮虫
2015 - 09	2 700	0.095	60	0.159	393.3	3.858	104.0	1.080	3 257.3	5.191	象鼻溞、窄腹剑水蚤
2015 - 10	300	0.011	115	0.078	600.0	19.735	60.0	0.974	1 074.7	20.797	象鼻溞、网纹溞
2015 - 11	3 600	0.126	28	0.021	69.3	2.592	16.0	0.310	3 713.3	3.048	象鼻溞、圆形盘肠溞
2015 - 12	2 700	0.095	16	0.008	0.0	0.000	26.7	0.256	2 742.7	0.358	龟甲轮虫

THL04 观测站浮游动物相关数据见表 3 - 14。

表 3 - 14　THL04 观测站浮游动物相关数据

时间 （年-月）	原生动物 数量/ (ind./L)	原生动物 生物量/ (mg/L)	轮虫数量/ (ind./L)	轮虫 生物量/ (mg/L)	枝角类 数量/ (ind./L)	枝角类 生物量/ (mg/L)	桡足类 数量/ (ind./L)	桡足类 生物量/ (mg/L)	浮游生 物数量/ (ind./L)	浮游生物 生物量/ (mg/L)	浮游动物 优势种
2007 - 01	15 000	0.045	320	0.960	1.4	0.084	1.3	0.078	15 322.7	1.167	多肢轮虫
2007 - 02	45 000	0.135	143	0.430	38.7	2.322	43.0	2.578	45 225.0	5.465	短钝溞、透明溞
2007 - 03	95 000	0.285	190	0.570	5.8	0.348	8.2	0.492	95 204.0	1.695	多肢轮虫
2007 - 04	25 000	0.075	70	0.210	277.8	16.670	122.2	7.330	25 470.0	24.285	透明溞、象鼻溞
2007 - 05	60 000	0.180	190	0.570	193.7	11.622	40.4	2.422	60 424.1	14.794	象鼻溞、裸腹溞
2007 - 06	6 000	0.018	190	0.570	382.8	22.966	63.3	3.798	6 636.1	27.352	网纹溞、窄腹剑水蚤
2007 - 07	60 000	0.180	70	0.210	106.7	6.402	8.7	0.522	60 185.4	7.314	象鼻溞、网纹溞
2007 - 08	10 000	0.030	202	0.606	40.8	2.446	114.3	6.860	10 357.1	9.942	象鼻溞、网纹溞、窄腹剑水蚤
2007 - 09	75 000	0.225	110	0.330	554.3	33.258	612.0	36.720	76 276.3	70.533	象鼻溞
2007 - 10	6 000	0.018	70	0.210	356.0	21.360	48.0	2.880	6 474.0	24.468	象鼻溞
2007 - 11	20 000	0.060	74	0.222	76.3	4.576	35.3	2.120	20 185.6	6.978	象鼻溞、网纹溞
2007 - 12	85 000	0.255	130	0.390	5.6	0.336	4.3	0.258	85 139.9	1.239	多肢轮虫
2008 - 01	2 064 000	4.820	150	0.653	10.3	0.575	2.0	0.120	2 064 162.3	6.168	象鼻溞

（续）

时间（年-月）	原生动物数量/(ind./L)	原生动物生物量/(mg/L)	轮虫数量/(ind./L)	轮虫生物量/(mg/L)	枝角类数量/(ind./L)	枝角类生物量/(mg/L)	桡足类数量/(ind./L)	桡足类生物量/(mg/L)	浮游生物数量/(ind./L)	浮游生物生物量/(mg/L)	浮游动物优势种
2008-02	61 000	2.970	960	4.176	2.1	0.364	1.5	0.075	61 963.6	7.585	多肢轮虫、龟甲轮虫
2008-03	4 418 000	8.490	360	1.566	57.3	9.793	71.6	1.240	4 418 488.9	21.088	透明溞、汤匙华哲水蚤
2008-04	19 000	0.318	15	0.065	233.7	11.685	115.6	7.859	19 364.3	19.927	透明溞、象鼻溞
2008-05	5 400	0.264	120	0.522	330.0	10.450	129.5	8.806	5 979.5	20.042	象鼻溞、裸腹溞
2008-06	27 500	0.352	120	0.522	1 032.0	32.680	393.5	26.758	29 045.5	60.312	网纹溞、窄腹剑水蚤
2008-07	78 500	0.556	120	0.522	918.6	29.089	484.4	32.941	80 023.0	63.108	象鼻溞、网纹溞
2008-08	25 000	0.324	180	0.783	112.2	3.553	337.8	22.968	25 630.0	27.628	象鼻溞、网纹溞
2008-09	11 800	0.282	60	0.261	4 806.6	152.209	326.0	22.170	16 992.6	174.922	象鼻溞、窄腹剑水蚤
2008-10	2 000	0.250	120	0.522	853.8	27.037	238.0	16.186	3 211.8	43.995	象鼻溞
2008-11	71 000	0.526	90	0.392	335.4	10.621	255.6	17.383	71 681.0	28.922	象鼻溞、网纹溞
2008-12	4 694 000	11.049	90	0.392	241.8	7.657	97.2	6.612	4 694 429.0	25.709	多肢轮虫
2009-01	347 400	1.680	180	0.600	1.7	0.080	14.1	0.800	347 595.8	3.160	汤匙华哲水蚤
2009-02	1 727 700	4.450	120	0.420	0.0	0.000	31.2	0.480	1 727 851.2	5.350	多肢轮虫、龟甲轮虫
2009-03	346 800	1.680	150	0.560	1.0	0.080	23.2	0.910	346 974.2	3.230	汤匙华哲水蚤
2009-04	140 100	0.850	60	0.210	20.9	2.900	29.2	1.750	140 210.1	5.710	透明溞、象鼻溞
2009-05	6 000	0.120	180	0.780	285.3	14.860	18.6	0.810	6 483.9	16.570	象鼻溞、裸腹溞
2009-06	1 106 400	4.740	60	0.210	670.4	12.430	127.4	6.750	1 107 257.8	24.130	网纹溞、窄腹剑水蚤
2009-07	6 000	0.210	60	0.330	183.0	4.870	96.9	4.220	6 339.9	9.630	网纹溞
2009-08	178 700	0.540	150	0.620	90.0	3.400	114.7	2.540	179 054.7	7.100	象鼻溞、网纹溞
2009-09	9 000	0.250	60	0.210	402.4	14.930	125.3	5.750	9 587.7	21.140	象鼻溞、网纹溞
2009-10	3 600	0.140	60	0.210	647.4	22.500	238.1	10.630	4 545.5	33.480	网纹溞、象鼻溞
2009-11	34 100	0.340	90	0.250	10.5	0.540	28.6	1.820	34 229.1	2.950	象鼻溞
2009-12	481 800	0.750	90	0.250	2.0	0.100	9.3	0.500	481 901.3	1.600	多肢轮虫
2010-01	68 000	1.240	1 120	3.920	0.0	0.000	10.7	0.325	69 130.7	5.485	窄腹剑水蚤
2010-02	32 000	0.620	1 200	3.240	0.0	0.000	38.7	0.845	33 238.7	4.705	臂尾轮虫、多肢轮虫、龟甲轮虫

（续）

时间 （年-月）	原生动物 数量/ (ind./L)	原生动物 生物量/ (mg/L)	轮虫数量/ (ind./L)	轮虫 生物量/ (mg/L)	枝角类 数量/ (ind./L)	枝角类 生物量/ (mg/L)	桡足类 数量/ (ind./L)	桡足类 生物量/ (mg/L)	浮游生 物数量/ (ind./L)	浮游生物 生物量/ (mg/L)	浮游动物 优势种
2010-03	211 000	1.340	150	0.450	0.7	0.114	116.0	2.683	211 266.7	4.587	汤匙华哲水蚤
2010-04	332 000	1.469	50	0.150	0.7	0.050	44.8	0.783	332 095.5	2.452	汤匙华哲水蚤
2010-05	2 000	0.500	10	0.030	58.7	7.791	30.7	1.593	2 099.3	9.915	象鼻溞、透明溞
2010-06	1 501 000	6.500	20	0.050	64.0	1.460	101.3	1.247	1 501 185.3	9.257	网纹溞
2010-07	21 000	0.541	30	0.075	677.3	29.993	148.0	4.890	21 855.3	35.499	象鼻溞、网纹溞、窄腹剑水蚤
2010-08	161 000	0.867	120	0.300	309.3	8.885	453.3	2.470	161 882.7	12.522	象鼻溞、网纹溞
2010-09	121 000	0.941	160	0.480	1 877.3	75.226	277.3	7.585	123 314.7	84.232	象鼻溞、网纹溞
2010-10	131 000	0.942	50	0.150	138.7	4.128	200.0	4.652	131 388.7	9.872	象鼻溞、网纹溞
2010-11	292 000	1.543	40	0.100	38.7	1.942	49.3	1.391	292 128.0	4.975	象鼻溞
2010-12	12 000	1.504	10	0.030	20.7	1.062	4.0	0.061	12 034.7	2.658	象鼻溞
2011-01	330 000	0.321	120	0.038	0.1	0.002	0.3	0.001	330 120.4	0.362	多肢轮虫
2011-02	2 460 000	3.534	1 200	0.517	0.0	0.000	1.5	0.020	2 461 201.5	4.071	臂尾轮虫、多肢轮虫、龟甲轮虫
2011-03	120 000	0.300	3 870	4.615	0.0	0.000	60.0	0.858	123 930.0	5.773	汤匙华哲水蚤
2011-04	330 000	0.033	30	0.010	2.1	0.032	31.7	1.803	330 063.9	1.878	汤匙华哲水蚤
2011-05	870 000	0.141	25	0.006	41.9	0.697	17.9	0.710	870 084.7	1.554	象鼻溞
2011-06	1 380 000	0.759	175	0.047	286.4	2.415	100.8	0.560	1 380 562.2	3.781	象鼻溞、网纹溞、窄腹剑水蚤
2011-07	180 000	0.072	100	0.043	54.4	0.580	222.4	1.131	180 376.8	1.826	象鼻溞、网纹溞、窄腹剑水蚤
2011-08	180 000	0.045	75	0.093	297.3	4.079	238.4	1.087	180 610.7	5.303	象鼻溞、网纹溞、窄腹剑水蚤
2011-09	300 000	0.246	30	0.004	315.7	3.389	88.0	1.591	300 433.7	5.230	象鼻溞、网纹溞
2011-10	0	0.000	60	0.098	60.0	0.664	70.7	0.377	190.7	1.139	象鼻溞、网纹溞
2011-11	810 000	0.123	30	0.010	36.0	0.475	37.3	0.317	810 103.3	0.925	象鼻溞、网纹溞、窄腹剑水蚤
2011-12	0	0.000	30	0.010	36.0	0.540	6.7	0.291	72.7	0.841	象鼻溞
2012-01	1 431 000	1.836	88	0.082	0.0	0.000	0.0	0.000	1 431 088.0	1.918	多肢轮虫、臂尾轮虫
2012-02	181 000	0.755	356	0.338	0.0	0.000	9.3	0.028	181 365.3	1.121	臂尾轮虫、多肢轮虫
2012-03	632 500	1.054	925	1.699	0.0	0.000	53.3	0.160	633 478.7	2.913	臂尾轮虫、龟甲轮虫

（续）

时间（年-月）	原生动物数量/(ind./L)	原生动物生物量/(mg/L)	轮虫数量/(ind./L)	轮虫生物量/(mg/L)	枝角类数量/(ind./L)	枝角类生物量/(mg/L)	桡足类数量/(ind./L)	桡足类生物量/(mg/L)	浮游生物数量/(ind./L)	浮游生物生物量/(mg/L)	浮游动物优势种
2012-04	862 000	0.273	0	0.000	34.7	1.446	10.7	0.183	862 045.3	1.902	透明溞
2012-05	633 000	0.519	19	0.035	68.0	1.280	46.7	0.983	633 133.3	2.818	象鼻溞
2012-06	571 000	1.403	136	0.119	574.7	4.839	318.7	3.123	572 029.3	9.485	象鼻溞、网纹溞、窄腹剑水蚤
2012-07	51 500	0.058	44	0.034	261.3	2.664	152.0	1.635	51 957.3	4.390	象鼻溞、网纹溞、龟甲轮虫
2012-08	601 500	1.244	248	0.200	140.0	1.516	228.0	3.166	602 116.0	6.125	象鼻溞、网纹溞
2012-09	382 500	1.023	35	0.072	177.3	1.785	234.7	1.615	382 946.7	4.494	象鼻溞、网纹溞
2012-10	303 500	0.621	92	0.060	197.3	2.249	314.7	5.751	304 104.0	8.680	象鼻溞、窄腹剑水蚤
2012-11	3 000	0.105	68	0.037	100.0	0.815	108.0	1.306	3 276.0	2.263	象鼻溞、龟甲轮虫
2012-12	1 320 500	0.540	23	0.017	5.3	0.043	28.0	0.087	1 320 556.0	0.686	龟甲轮虫
2013-01	367 000	0.691	267	0.370	0.0	0.000	0.0	0.000	367 266.7	1.061	多肢轮虫
2013-02	808 000	0.965	840	0.530	1.3	0.011	51.3	0.232	808 892.7	1.738	多肢轮虫、龟甲轮虫、臂尾轮虫
2013-03	4 361 000	1.181	43	0.011	6.7	0.054	95.3	0.724	4 361 145.3	1.970	汤匙华哲水蚤
2013-04	30 000	0.120	13	0.005	777.3	10.000	36.7	1.495	30 827.3	11.620	象鼻溞、透明溞
2013-05	2 395 000	0.609	90	0.171	38.7	0.406	40.7	0.429	2 395 169.3	1.615	象鼻溞、义角聚花轮虫
2013-06	310 500	0.439	63	0.058	1 184.0	9.893	102.0	0.544	311 849.3	10.934	象鼻溞、网纹溞
2013-07	130 500	0.226	220	0.176	869.3	7.526	187.3	4.620	131 776.7	12.547	象鼻溞、网纹溞、窄腹剑水蚤
2013-08	135 000	0.500	77	0.055	61.3	0.592	84.7	0.609	135 222.7	1.757	象鼻溞
2013-09	181 500	0.266	53	0.063	2 306.7	19.182	166.0	2.315	184 026.0	21.825	象鼻溞、网纹溞、中剑水蚤
2013-10	11 000	0.385	107	0.068	229.3	2.593	222.0	1.326	11 558.0	4.372	象鼻溞
2013-11	652 500	0.465	80	0.182	28.0	0.228	142.0	3.625	652 750.0	4.500	象鼻溞、窄腹剑水蚤、汤匙华哲水蚤
2013-12	522 000	0.122	53	0.025	18.7	0.151	41.3	0.814	522 113.3	1.112	龟甲轮虫、窄腹剑水蚤
2014-01	391 000	2.700	168	0.277	0.0	0.000	13.3	0.079	391 181.3	3.056	多肢轮虫、义角聚花轮虫
2014-02	181 000	1.360	45	0.101	0.0	0.000	8.0	0.050	181 053.3	1.510	多肢轮虫、龟甲轮虫
2014-03	312 500	1.003	236	0.077	5.3	0.043	25.3	0.400	312 766.7	1.522	臂尾轮虫、多肢轮虫、龟甲轮虫
2014-04	2 000	0.070	0	0.000	218.7	6.368	34.7	2.127	2 253.3	8.565	象鼻溞、透明溞、汤匙华哲水蚤

（续）

时间（年-月）	原生动物数量/（ind./L）	原生动物生物量/（mg/L）	轮虫数量/（ind./L）	轮虫生物量/（mg/L）	枝角类数量/（ind./L）	枝角类生物量/（mg/L）	桡足类数量/（ind./L）	桡足类生物量/（mg/L）	浮游生物数量/（ind./L）	浮游生物生物量/（mg/L）	浮游动物优势种
2014-05	3 000	0.105	0	0.000	58.7	0.474	13.3	0.315	3 072.0	0.894	象鼻溞
2014-06	1 000	0.035	57	0.027	110.7	0.924	17.3	0.330	1 185.3	1.316	象鼻溞、网纹溞
2014-07	1 500	0.053	56	0.146	230.7	2.522	116.0	2.925	1 902.7	5.645	象鼻溞、网纹溞
2014-08	1 500	0.053	25	0.103	114.7	1.127	52.0	0.391	1 692.0	1.674	象鼻溞、网纹溞
2014-09	2 500	0.088	3	0.007	425.3	3.814	62.7	1.060	2 990.7	4.968	象鼻溞、网纹溞、窄腹剑水蚤
2014-10	3 500	0.123	4	0.008	208.0	2.014	78.7	2.049	3 790.7	4.194	象鼻溞、网纹溞、窄腹剑水蚤
2014-11	3 000	0.105	97	0.070	33.3	0.474	49.3	0.654	3 180.0	1.303	象鼻溞、龟甲轮虫
2014-12	500	0.018	7	0.003	22.7	0.183	28.0	0.522	557.3	0.726	龟甲轮虫、窄腹剑水蚤
2015-01	25 000	0.185	41	0.161	0.0	0.000	2.7	0.010	25 044.0	0.356	龟甲轮虫、臂尾轮虫
2015-02	2 000	0.070	88	0.129	0.0	0.000	14.7	0.254	2 102.7	0.453	龟甲轮虫、臂尾轮虫
2015-03	105 000	0.700	7	0.023	5.3	0.154	54.7	2.088	105 066.7	2.965	臂尾轮虫、汤匙华哲水蚤
2015-04	0	0.000	0	0.000	141.3	2.141	17.3	0.548	158.7	2.690	象鼻溞、透明溞
2015-05	0	0.000	11	0.021	118.7	2.237	41.3	1.289	170.7	3.548	象鼻溞、裸腹溞
2015-06	600	0.021	25	0.053	162.7	1.702	70.7	1.285	858.7	3.061	象鼻溞、网纹溞
2015-07	2 400	0.084	52	0.081	49.3	0.603	214.7	2.069	2 716.0	2.838	象鼻溞、网纹溞
2015-08	15 000	0.525	196	0.290	456.0	4.277	89.3	1.391	15 741.3	6.484	象鼻溞、多肢轮虫
2015-09	1 800	0.063	63	0.202	346.7	3.708	116.0	0.965	2 325.3	4.937	象鼻溞、网纹溞、窄腹剑水蚤
2015-10	0	0.000	59	0.088	532.0	13.368	102.7	1.119	693.3	14.576	象鼻溞、网纹溞、圆形盘肠溞
2015-11	3 300	0.116	31	0.015	50.7	1.587	24.0	0.144	3 405.3	1.861	象鼻溞、龟甲轮虫
2015-12	3 000	0.105	20	0.010	5.3	0.236	21.3	0.211	3 046.7	0.561	龟甲轮虫

THL05 观测站浮游动物相关数据见表 3-15。

表 3-15　THL05 观测站浮游动物相关数据

时间（年-月）	原生动物数量/（ind./L）	原生动物生物量/（mg/L）	轮虫数量/（ind./L）	轮虫生物量/（mg/L）	枝角类数量/（ind./L）	枝角类生物量/（mg/L）	桡足类数量/（ind./L）	桡足类生物量/（mg/L）	浮游生数物量/（ind./L）	浮游生物生物量/（mg/L）	浮游动物优势种
2007-01	70 000	0.210	400	1.200	4.4	0.264	11.0	0.660	70 415.4	2.334	多肢轮虫

（续）

时间（年-月）	原生动物数量/(ind./L)	原生动物生物量/(mg/L)	轮虫数量/(ind./L)	轮虫生物量/(mg/L)	枝角类数量/(ind./L)	枝角类生物量/(mg/L)	桡足类数量/(ind./L)	桡足类生物量/(mg/L)	浮游生数量/(ind./L)	浮游生物量/(mg/L)	浮游动物优势种
2007-02	155 000	0.465	90	0.270	82.5	4.952	25.6	1.536	155 198.1	7.223	短钝溞、透明溞
2007-03	155 000	0.465	20	0.060	5.1	0.306	16.0	0.960	155 041.1	1.791	汤匙华哲水蚤
2007-04	5 000	0.015	20	0.060	261.0	15.660	28.5	1.710	5 309.5	17.445	透明溞、象鼻溞
2007-05	5 000	0.015	10	0.030	180.0	10.802	36.7	2.200	5 226.7	13.047	象鼻溞、裸腹溞
2007-06	10 000	0.030	300	0.900	148.0	8.880	365.0	21.900	10 813.0	31.710	网纹溞、窄腹剑水蚤、多肢轮虫
2007-07	8 000	0.024	120	0.360	259.5	15.570	150.5	9.030	8 530.0	24.984	象鼻溞、网纹溞、窄腹剑水蚤
2007-08	5 000	0.015	30	0.090	117.3	7.040	200.7	12.040	5 348.0	19.185	象鼻溞、网纹溞、窄腹剑水蚤
2007-09	20 000	0.060	30	0.090	737.5	44.250	45.0	2.700	20 812.5	47.100	象鼻溞
2007-10	12 000	0.036	200	0.600	362.5	21.750	24.5	1.470	12 587.0	23.856	象鼻溞、龟甲轮虫
2007-11	15 000	0.045	26	0.078	102.3	6.138	45.0	2.700	15 173.3	8.961	象鼻溞、网纹溞、中剑水蚤
2007-12	40 000	0.120	70	0.210	3.2	0.192	7.5	0.450	40 080.7	0.972	多肢轮虫
2008-01	891 000	4.360	150	0.653	7.1	0.379	3.7	0.232	891 160.8	5.624	多肢轮虫
2008-02	78 000	4.100	540	2.349	1.3	0.228	0.5	0.027	78 541.9	6.704	多肢轮虫、龟甲轮虫
2008-03	2 417 000	6.450	450	1.958	22.5	3.849	61.9	1.026	2 417 534.4	13.282	透明溞、汤匙华哲水蚤
2008-04	19 000	0.318	60	0.261	564.0	28.200	217.5	14.790	19 841.5	43.569	透明溞、象鼻溞
2008-05	5 400	0.284	240	1.044	1 230.0	38.950	114.8	7.809	6 984.8	48.087	象鼻溞、裸腹溞
2008-06	27 500	0.352	120	0.522	2 967.0	93.955	114.8	7.809	30 701.8	102.638	网纹溞、窄腹剑水蚤、多肢轮虫
2008-07	1 353 500	5.656	180	0.783	1 681.8	53.257	373.0	25.362	1 355 734.8	85.058	象鼻溞、网纹溞、窄腹剑水蚤
2008-08	116 400	0.616	120	0.522	270.6	8.569	361.2	24.564	117 151.8	34.271	象鼻溞、网纹溞
2008-09	8 500	0.271	150	0.653	393.0	12.445	103.1	7.011	9 146.1	20.379	象鼻溞
2008-10	146 700	0.713	180	0.783	1 077.0	34.105	273.2	18.580	148 230.2	54.181	象鼻溞、龟甲轮虫
2008-11	1 313 000	5.494	90	0.392	436.2	13.813	249.8	16.984	1 313 776.0	36.683	象鼻溞、网纹溞
2008-12	1 313 000	2.041	120	0.522	292.2	9.253	67.9	4.617	1 313 480.1	16.433	多肢轮虫
2009-01	347 100	1.830	120	0.500	3.2	0.160	14.6	1.000	347 237.8	3.490	汤匙华哲水蚤、窄腹剑水蚤
2009-02	347 100	1.360	240	0.840	0.6	0.050	86.5	0.590	347 427.1	2.840	多肢轮虫、龟甲轮虫

（续）

时间（年-月）	原生动物数量/(ind./L)	原生动物生物量/(mg/L)	轮虫数量/(ind./L)	轮虫生物量/(mg/L)	枝角类数量/(ind./L)	枝角类生物量/(mg/L)	桡足类数量/(ind./L)	桡足类生物量/(mg/L)	浮游生物数量/(ind./L)	浮游生物生物量/(mg/L)	浮游动物优势种
2009-03	15 000	0.300	120	0.460	0.4	0.020	35.7	1.620	15 156.1	2.400	汤匙华哲水蚤
2009-04	71 100	0.720	90	0.390	9.6	0.810	38.0	1.720	71 237.6	3.640	透明溞、象鼻溞、汤匙华哲水蚤
2009-05	6 000	0.120	90	0.420	353.6	18.190	12.8	0.480	6 456.4	19.210	象鼻溞、裸腹溞
2009-06	830 400	3.640	90	0.330	350.8	7.000	52.4	2.200	830 893.2	13.170	网纹溞、窄腹剑水蚤、多肢轮虫
2009-07	277 800	1.430	90	0.520	178.6	5.180	155.2	6.580	278 223.8	13.710	网纹溞
2009-08	65 800	0.390	210	0.840	126.4	4.600	118.4	3.080	66 254.8	8.910	象鼻溞、网纹溞
2009-09	7 200	0.300	120	0.420	374.4	12.250	190.4	9.540	7 884.8	22.510	象鼻溞、网纹溞
2009-10	17 500	0.340	60	0.250	1 126.4	37.730	195.2	9.570	18 881.6	47.890	网纹溞、象鼻溞
2009-11	33 800	0.340	120	0.540	12.6	0.650	14.6	0.780	33 947.2	2.310	象鼻溞、窄腹剑水蚤
2009-12	66 100	0.610	90	0.330	2.4	0.120	16.1	1.000	66 208.5	2.060	多肢轮虫、窄腹剑水蚤
2010-01	40 000	1.620	290	1.160	0.0	0.000	2.7	0.098	40 292.7	2.878	臂尾轮虫
2010-02	2 000	0.500	1 100	3.300	0.0	0.000	40.7	0.924	3 140.7	4.724	臂尾轮虫、多肢轮虫、龟甲轮虫
2010-03	151 000	0.866	60	0.144	0.7	0.114	59.3	0.883	151 120.0	2.007	多肢轮虫、龟甲轮虫
2010-04	393 000	1.624	30	0.093	0.1	0.005	22.5	0.672	393 052.7	2.394	汤匙华哲水蚤
2010-05	63 000	1.240	10	0.030	125.3	15.994	24.0	1.259	63 159.3	18.523	象鼻溞、透明溞
2010-06	871 000	3.746	50	0.125	58.7	1.552	122.7	2.242	871 231.3	7.665	网纹溞、窄腹剑水蚤
2010-07	11 000	0.501	210	0.525	832.0	36.414	362.7	10.741	12 404.7	48.181	象鼻溞、网纹溞
2010-08	261 000	1.111	70	0.170	186.7	5.812	245.3	2.288	261 502.0	9.381	象鼻溞、窄腹剑水蚤
2010-09	101 000	0.861	100	0.300	1 418.7	49.138	320.0	8.955	102 838.7	59.254	象鼻溞、窄腹剑水蚤
2010-10	431 000	2.035	150	0.450	90.7	3.746	330.7	9.251	431 571.3	15.481	象鼻溞、网纹溞、窄腹剑水蚤
2010-11	81 000	0.820	120	0.360	77.3	3.701	53.3	1.184	81 250.7	6.065	象鼻溞
2010-12	16 000	1.535	10	0.030	10.0	0.514	5.3	0.203	16 025.3	2.282	象鼻溞
2011-01	120 000	0.120	150	0.053	0.0	0.000	0.4	0.014	120 150.4	0.187	多肢轮虫
2011-02	2 040 000	2.955	1 980	1.803	0.0	0.000	3.9	0.164	2 041 983.9	4.922	臂尾轮虫、多肢轮虫、龟甲轮虫
2011-03	2 400 000	1.122	480	0.642	0.0	0.000	70.7	0.927	2 400 550.7	2.691	汤匙华哲水蚤

（续）

时间 （年-月）	原生动物数量/ (ind./L)	原生动物生物量/ (mg/L)	轮虫数量/ (ind./L)	轮虫生物量/ (mg/L)	枝角类数量/ (ind./L)	枝角类生物量/ (mg/L)	桡足类数量/ (ind./L)	桡足类生物量/ (mg/L)	浮游生物数量/ (ind./L)	浮游生物生物量/ (mg/L)	浮游动物优势种
2011-04	480 000	0.048	30	0.010	2.7	0.135	40.8	2.986	480 073.5	3.179	汤匙华哲水蚤
2011-05	1 920 000	0.300	25	0.006	23.2	0.368	21.3	0.385	1 920 069.5	1.058	象鼻溞、透明溞
2011-06	1 140 000	0.654	75	0.030	160.0	1.599	121.6	0.785	1 140 356.6	3.067	象鼻溞、网纹溞、窄腹剑水蚤
2011-07	270 000	0.054	75	0.032	67.7	0.794	151.2	0.771	270 293.9	1.652	象鼻溞、网纹溞、窄腹剑水蚤
2011-08	120 000	0.012	300	0.424	131.2	1.729	188.3	0.793	120 619.5	2.959	象鼻溞、网纹溞
2011-09	570 000	0.462	60	0.026	310.7	3.816	128.0	1.588	570 498.7	5.892	象鼻溞、网纹溞、窄腹剑水蚤
2011-10	90 000	0.090	30	0.009	96.0	1.233	85.3	0.820	90 211.3	2.152	象鼻溞、网纹溞、窄腹剑水蚤
2011-11	270 000	0.162	30	0.005	60.0	0.897	20.0	0.189	270 110.0	1.254	象鼻溞、窄腹剑水蚤
2011-12	1 170 000	0.117	6	0.003	2.7	0.040	0.3	0.001	1 170 008.9	0.160	象鼻溞
2012-01	1 902 500	3.249	167	0.283	0.0	0.000	0.0	0.000	1 902 666.7	3.532	多肢轮虫、臂尾轮虫
2012-02	380 000	1.150	457	0.268	0.0	0.000	6.7	0.021	380 464.0	1.439	臂尾轮虫、多肢轮虫
2012-03	422 000	0.931	239	0.191	0.0	0.000	10.7	0.032	422 249.3	1.154	臂尾轮虫、多肢轮虫、龟甲轮虫
2012-04	894 000	0.346	3	0.001	37.3	1.801	14.7	0.629	894 054.7	2.777	透明溞
2012-05	373 500	0.355	32	0.061	72.0	0.587	56.0	1.241	373 660.0	2.243	象鼻溞
2012-06	50 500	0.023	4	0.002	68.0	0.665	104.0	2.461	50 676.0	3.150	象鼻溞、网纹溞、窄腹剑水蚤
2012-07	102 000	0.275	104	0.107	144.0	1.439	284.0	2.356	102 532.0	4.177	象鼻溞、网纹溞、龟甲轮虫
2012-08	672 000	1.658	345	0.416	216.0	2.402	441.3	8.351	673 002.7	12.826	象鼻溞、网纹溞、中剑水蚤
2012-09	132 000	0.395	29	0.039	302.7	2.732	254.7	2.897	132 586.7	6.063	象鼻溞、网纹溞
2012-10	182 500	0.535	337	0.215	304.0	2.783	354.7	4.221	183 496.0	7.753	象鼻溞、龟甲轮虫
2012-11	101 000	0.162	44	0.026	41.3	0.335	76.0	0.709	101 161.3	1.231	象鼻溞、窄腹剑水蚤
2012-12	1 661 000	1.020	125	0.059	4.0	0.032	48.0	0.280	1 661 177.3	1.391	多肢轮虫、龟甲轮虫
2013-01	1 704 500	2.438	290	0.199	0.0	0.000	6.7	0.020	1 704 796.7	2.656	多肢轮虫
2013-02	697 500	1.045	1 680	1.814	0.0	0.000	87.3	0.404	699 267.3	3.263	多肢轮虫、龟甲轮虫、臂尾轮虫
2013-03	3 950 500	0.530	17	0.004	6.7	0.220	102.0	2.037	3 950 625.3	2.791	汤匙华哲水蚤、透明溞
2013-04	50 000	0.203	20	0.022	384.0	5.712	26.7	0.962	50 430.7	6.899	象鼻溞、透明溞

（续）

时间（年-月）	原生动物数量/(ind./L)	原生动物生物量/(mg/L)	轮虫数量/(ind./L)	轮虫生物量/(mg/L)	枝角类数量/(ind./L)	枝角类生物量/(mg/L)	桡足类数量/(ind./L)	桡足类生物量/(mg/L)	浮游生物数量/(ind./L)	浮游生物生物量/(mg/L)	浮游动物优势种
2013-05	870 000	0.087	70	0.133	34.7	0.398	54.0	0.701	870 158.7	1.318	象鼻溞、义角聚花轮虫
2013-06	620 000	0.374	70	0.041	206.7	1.898	62.0	0.501	620 338.7	2.814	象鼻溞、网纹溞
2013-07	263 000	0.463	283	0.180	377.3	4.204	246.7	2.860	263 907.3	7.707	象鼻溞、网纹溞
2013-08	139 500	0.658	40	0.054	38.7	0.360	48.0	0.321	139 626.7	1.393	象鼻溞
2013-09	182 500	0.418	63	0.060	681.3	6.049	156.0	1.176	183 400.7	7.701	象鼻溞、网纹溞
2013-10	54 000	0.145	50	0.036	318.7	3.134	146.7	1.255	54 515.3	4.570	象鼻溞
2013-11	2 134 000	0.938	97	0.052	146.7	1.278	158.0	3.101	2 134 401.3	5.369	象鼻溞、窄腹剑水蚤、汤匙华哲水蚤
2013-12	962 500	0.496	47	0.022	8.0	0.065	18.7	0.140	962 573.3	0.723	龟甲轮虫、窄腹剑水蚤
2014-01	362 500	1.218	161	0.150	0.0	0.000	13.3	0.074	362 674.7	1.441	多肢轮虫
2014-02	230 000	1.065	36	0.073	0.0	0.000	14.7	0.089	230 050.7	1.228	多肢轮虫、龟甲轮虫
2014-03	492 000	2.500	265	0.136	0.0	0.000	8.0	0.275	492 273.3	2.912	臂尾轮虫、多肢轮虫、龟甲轮虫
2014-04	4 000	0.140	0	0.000	44.0	1.854	12.0	0.593	4 056.0	2.587	象鼻溞、透明溞、汤匙华哲水蚤
2014-05	3 500	0.123	0	0.000	114.7	1.020	13.3	0.315	3 628.0	1.458	象鼻溞
2014-06	500	0.018	45	0.043	140.0	1.156	41.3	0.389	726.7	1.605	象鼻溞、网纹溞
2014-07	212 000	0.175	33	0.024	328.0	3.319	42.7	0.652	212 404.0	4.170	象鼻溞、网纹溞
2014-08	32 000	0.085	9	0.120	45.3	0.379	34.7	0.364	32 089.3	0.948	象鼻溞、网纹溞
2014-09	2 000	0.070	8	0.074	362.7	3.381	49.3	1.145	2 420.0	4.670	象鼻溞、网纹溞
2014-10	2 500	0.088	11	0.013	212.0	2.076	121.3	2.926	2 844.0	5.103	象鼻溞、网纹溞
2014-11	1 000	0.035	69	0.054	44.0	0.358	44.0	0.763	1 157.3	1.211	象鼻溞、龟甲轮虫
2014-12	1 000	0.035	7	0.003	9.3	0.075	6.7	0.183	1 022.7	0.297	象鼻溞、窄腹剑水蚤
2015-01	4 500	0.158	52	0.273	1.3	0.011	0.0	0.000	4 553.3	0.442	龟甲轮虫、臂尾轮虫
2015-02	57 200	0.277	635	2.134	0.0	0.000	30.7	0.426	57 865.3	2.837	龟甲轮虫、臂尾轮虫
2015-03	61 700	0.910	0	0.000	1.3	0.066	33.3	1.434	61 734.7	2.410	臂尾轮虫、汤匙华哲水蚤、透明溞
2015-04	0	0.000	0	0.000	30.7	2.006	16.0	0.747	46.7	2.753	象鼻溞、透明溞
2015-05	300	0.011	4	0.008	108.0	2.147	26.7	0.803	438.7	2.967	裸腹溞

（续）

时间（年-月）	原生动物数量/(ind./L)	原生动物生物量/(mg/L)	轮虫数量/(ind./L)	轮虫生物量/(mg/L)	枝角类数量/(ind./L)	枝角类生物量/(mg/L)	桡足类数量/(ind./L)	桡足类生物量/(mg/L)	浮游生物数量/(ind./L)	浮游生物生物量/(mg/L)	浮游动物优势种
2015-06	900	0.032	83	0.202	177.3	1.576	36.0	0.829	1 196.0	2.638	象鼻溞、网纹溞
2015-07	600	0.021	33	0.058	272.0	2.623	178.7	1.481	1 084.0	4.183	象鼻溞、网纹溞
2015-08	14 700	0.515	180	0.388	238.7	3.103	102.7	1.558	15 221.3	5.563	象鼻溞、多肢轮虫
2015-09	1 200	0.042	71	0.148	658.7	6.177	141.3	1.433	2 070.7	7.800	象鼻溞、网纹溞、窄腹剑水蚤
2015-10	300	0.011	29	0.035	288.0	4.375	145.3	1.616	762.7	6.036	象鼻溞、网纹溞、圆形盘肠溞
2015-11	6 900	0.242	36	0.017	22.7	0.716	18.7	0.214	6 977.3	1.189	象鼻溞、龟甲轮虫
2015-12	1 500	0.053	89	0.135	1.3	0.011	20.0	0.222	1 610.7	0.420	龟甲轮虫

THL06 观测站浮游动物相关数据见表 3-16。

表 3-16　THL06 观测站浮游动物相关数据

时间（年-月）	原生动物数量/(ind./L)	原生动物生物量/(mg/L)	轮虫数量/(ind./L)	轮虫生物量/(mg/L)	枝角类数量/(ind./L)	枝角类生物量/(mg/L)	桡足类数量/(ind./L)	桡足类生物量/(mg/L)	浮游生物数量/(ind./L)	浮游生物生物量/(mg/L)	浮游动物优势种
2007-01	65 000	0.195	210	0.630	0.2	0.012	0.5	0.030	65 210.7	0.867	多肢轮虫
2007-02	50 000	0.150	170	0.510	64.3	3.858	25.9	1.554	50 260.2	6.072	短钝溞、透明溞
2007-03	50 000	0.150	250	0.750	21.3	1.279	34.4	2.062	50 305.7	4.241	短钝溞、透明溞
2007-04	75 000	0.225	130	0.390	24.5	1.470	8.8	0.530	75 163.3	2.615	透明溞、象鼻溞
2007-05	100 000	0.300	310	0.930	7.0	0.422	93.7	5.622	100 410.7	7.274	聚花轮虫、中剑水蚤
2007-06	120 000	0.360	70	0.210	346.5	20.790	116.7	7.002	120 533.2	28.362	网纹溞、窄腹剑水蚤
2007-07	210 000	0.630	790	2.370	4.7	0.282	40.7	2.442	210 835.4	5.724	多肢轮虫、龟甲轮虫、窄腹剑水蚤
2007-08	30 000	0.090	877	2.630	20.0	1.198	48.3	2.900	30 945.0	6.818	臂尾轮虫、多肢轮虫、象鼻溞
2007-09	110 000	0.330	430	1.290	67.5	4.048	120.0	7.200	110 617.5	12.868	多肢轮虫、龟甲轮虫、象鼻溞
2007-10	15 000	0.045	130	0.390	204.3	12.258	113.3	6.800	15 447.6	19.493	象鼻溞
2007-11	80 000	0.240	106	0.318	26.3	1.581	11.3	0.678	80 143.7	2.817	象鼻溞、网纹溞
2007-12	115 000	0.345	70	0.210	1.3	0.078	2.3	0.138	115 073.6	0.771	多肢轮虫
2008-01	63 000	5.600	60	0.261	30.1	4.542	10.1	0.207	63 100.3	10.610	透明溞

（续）

时间（年-月）	原生动物数量/(ind./L)	原生动物生物量/(mg/L)	轮虫数量/(ind./L)	轮虫生物量/(mg/L)	枝角类数量/(ind./L)	枝角类生物量/(mg/L)	桡足类数量/(ind./L)	桡足类生物量/(mg/L)	浮游生物数量/(ind./L)	浮游生物生物量/(mg/L)	浮游动物优势种
2008-02	23 000	0.540	540	2.349	0.3	0.046	1.5	0.050	23 541.7	2.984	臂尾轮虫、多肢轮虫、龟甲轮虫
2008-03	6 971 000	10.380	60	0.261	30.9	5.283	14.8	0.396	6 971 105.7	16.321	短钝溞、透明溞
2008-04	49 600	0.481	30	0.131	69.0	3.450	195.5	13.294	49 894.5	17.356	透明溞、象鼻溞
2008-05	12 200	0.291	1 200	5.220	141.0	4.465	100.2	6.811	13 641.2	16.787	聚花轮虫、中剑水蚤
2008-06	25 000	0.250	90	0.392	6.0	0.190	78.2	5.315	25 174.2	6.147	网纹溞、窄腹剑水蚤
2008-07	257 000	1.270	840	3.654	11.4	0.361	26.8	1.825	257 878.2	7.110	多肢轮虫、龟甲轮虫、窄腹剑水蚤
2008-08	111 600	1.287	540	2.349	90.6	2.869	208.7	14.192	112 439.3	20.697	臂尾轮虫、多肢轮虫、象鼻溞
2008-09	38 200	0.567	240	1.044	155.4	4.921	208.7	14.192	38 804.1	20.724	多肢轮虫、龟甲轮虫、象鼻溞
2008-10	142 000	1.463	540	2.349	457.8	14.497	132.4	9.005	143 130.2	27.314	象鼻溞
2008-11	1 313 000	7.447	210	0.914	11.4	0.361	9.2	0.628	1 313 230.6	9.349	象鼻溞、网纹溞
2008-12	2 279 000	10.748	90	0.392	54.6	1.729	56.2	3.819	2 279 200.8	16.688	多肢轮虫
2009-01	760 500	3.430	150	0.320	0.4	0.020	8.5	0.540	760 658.9	4.310	汤匙华哲水蚤
2009-02	208 800	1.170	540	0.600	0.0	0.000	5.6	0.200	209 345.6	1.970	臂尾轮虫、多肢轮虫、龟甲轮虫
2009-03	351 000	1.680	360	1.260	1.3	0.160	26.2	0.830	351 387.5	3.930	汤匙华哲水蚤
2009-04	1 658 100	9.140	240	0.840	1.7	0.130	38.9	0.530	1 658 380.6	10.640	透明溞、象鼻溞
2009-05	765 000	3.250	180	0.810	218.6	11.330	19.4	0.760	765 418.0	16.150	象鼻溞、裸腹溞
2009-06	16 424 400	81.060	210	0.740	127.7	4.140	60.8	2.570	16 424 798.5	88.510	网纹溞、窄腹剑水蚤
2009-07	2 416 500	13.710	180	0.990	245.8	5.480	107.7	4.510	2 417 033.5	24.690	多肢轮虫、龟甲轮虫
2009-08	193 800	0.570	240	0.960	71.6	2.400	86.7	2.450	194 198.3	6.380	臂尾轮虫、多肢轮虫、象鼻溞
2009-09	17 800	0.460	180	0.560	340.8	13.020	112.0	4.260	18 432.8	18.300	多肢轮虫、龟甲轮虫、象鼻溞
2009-10	81 800	0.450	420	1.470	458.6	17.750	152.6	6.540	82 831.2	26.210	网纹溞、象鼻溞
2009-11	34 400	0.360	210	0.960	3.4	0.170	16.1	0.900	34 629.5	2.390	象鼻溞
2009-12	15 000	0.550	240	0.840	2.2	0.110	16.9	0.760	15 259.1	2.260	多肢轮虫
2010-01	72 000	1.740	400	1.600	0.0	0.000	2.0	0.055	72 402.0	3.395	臂尾轮虫
2010-02	63 000	1.006	260	0.650	0.0	0.000	18.7	0.226	63 278.7	1.882	多肢轮虫、龟甲轮虫

（续）

时间（年-月）	原生动物数量/（ind./L）	原生动物生物量/（mg/L）	轮虫数量/（ind./L）	轮虫生物量/（mg/L）	枝角类数量/（ind./L）	枝角类生物量/（mg/L）	桡足类数量/（ind./L）	桡足类生物量/（mg/L）	浮游生物数量/（ind./L）	浮游生物生物量/（mg/L）	浮游动物优势种
2010-03	273 000	1.495	60	0.180	0.0	0.000	28.7	0.174	273 088.7	1.849	多肢轮虫、龟甲轮虫
2010-04	181 000	0.752	20	0.060	7.6	1.187	62.0	1.535	181 089.6	3.534	汤匙华哲水蚤
2010-05	3 000	1.000	10	0.030	74.7	6.054	26.7	0.871	3 111.3	7.956	象鼻溞
2010-06	1 441 000	6.800	40	0.100	154.7	5.206	85.3	1.129	1 441 280.0	13.235	网纹溞
2010-07	140 000	2.052	10	0.020	4.0	0.206	8.0	0.365	140 022.0	2.642	象鼻溞
2010-08	122 000	0.828	30	0.070	48.0	1.918	42.7	0.809	122 120.7	3.625	象鼻溞、网纹溞
2010-09	121 000	0.746	100	0.250	693.3	30.267	234.7	7.076	122 028.0	38.339	象鼻溞、网纹溞、窄腹剑水蚤
2010-10	141 000	1.060	850	2.970	240.0	10.382	149.3	3.932	142 239.3	18.345	象鼻溞、网纹溞、多肢轮虫
2010-11	22 000	0.580	60	0.150	85.3	4.203	42.7	1.152	22 188.0	6.085	象鼻溞
2010-12	17 000	1.017	10	0.030	12.0	0.617	14.0	0.763	17 036.0	2.426	象鼻溞
2011-01	420 000	0.285	300	0.090	0.1	0.002	0.4	0.001	420 300.5	0.378	多肢轮虫
2011-02	780 000	0.987	5 430	1.811	0.0	0.000	3.2	0.078	785 433.2	2.876	臂尾轮虫、多肢轮虫、龟甲轮虫
2011-03	1 800 000	0.888	2 460	1.265	0.0	0.000	76.8	0.825	1 802 536.8	2.978	汤匙华哲水蚤
2011-04	2 700 000	1.134	90	0.030	5.3	0.197	24.8	0.542	2 700 120.1	1.903	象鼻溞
2011-05	210 000	0.048	25	0.006	206.7	9.259	14.8	0.580	210 246.5	9.892	象鼻溞
2011-06	420 000	0.525	625	0.262	331.2	3.960	129.1	1.021	421 085.3	5.768	象鼻溞、网纹溞
2011-07	390 000	0.066	50	0.022	41.1	0.598	76.3	0.310	390 167.3	0.995	象鼻溞、网纹溞、窄腹剑水蚤
2011-08	0	0.000	300	2.242	445.9	5.440	41.6	0.673	787.5	8.355	象鼻溞、网纹溞、窄腹剑水蚤
2011-09	150 000	0.150	90	0.111	698.7	9.213	83.2	1.712	150 871.9	11.186	象鼻溞、网纹溞、窄腹剑水蚤
2011-10	30 000	0.030	30	0.013	61.3	0.713	73.3	0.587	30 164.7	1.343	象鼻溞、网纹溞
2011-11	450 000	0.126	30	0.013	90.7	1.332	21.3	0.232	450 142.0	1.703	象鼻溞
2011-12	2 850 500	0.408	12	0.005	1.3	0.020	4.0	0.140	2 850 017.3	0.573	多肢轮虫、臂尾轮虫
2012-01	2 081 500	2.536	361	0.580	1.3	0.011	5.3	0.016	2 081 868.0	3.142	臂尾轮虫
2012-02	311 000	1.100	428	0.519	0.0	0.000	12.0	0.036	311 440.0	1.655	臂尾轮虫、多肢轮虫
2012-03	1 325 000	2.655	701	0.373	0.0	0.000	28.0	0.226	1 325 729.3	3.254	臂尾轮虫、龟甲轮虫

（续）

时间（年-月）	原生动物数量/(ind./L)	原生动物生物量/(mg/L)	轮虫数量/(ind./L)	轮虫生物量/(mg/L)	枝角类数量/(ind./L)	枝角类生物量/(mg/L)	桡足类数量/(ind./L)	桡足类生物量/(mg/L)	浮游生物数量/(ind./L)	浮游生物生物量/(mg/L)	浮游动物优势种
2012-04	486 500	0.900	0	0.000	378.7	19.981	22.7	0.259	486 901.3	21.140	透明溞
2012-05	1 095 500	1.940	25	0.031	61.3	0.499	32.0	0.857	1 095 618.7	3.327	象鼻溞
2012-06	212 500	0.694	120	0.232	409.3	3.414	172.0	1.937	213 201.3	6.277	象鼻溞、网纹溞、窄腹剑水溞
2012-07	54 000	0.223	217	0.216	272.0	2.893	112.0	2.713	54 601.3	6.045	象鼻溞、网纹溞、中剑水溞
2012-08	1 095 000	2.332	136	0.141	109.3	1.033	204.0	3.670	1 095 449.3	7.176	象鼻溞、网纹溞、中剑水溞
2012-09	263 500	0.968	88	0.056	57.3	0.562	42.7	0.209	263 688.0	1.795	象鼻溞、网纹溞
2012-10	153 000	0.510	381	0.254	825.3	7.180	442.7	6.438	154 649.3	14.382	象鼻溞、网纹溞、窄腹剑水溞
2012-11	453 000	0.699	113	0.062	194.7	1.609	233.3	3.095	453 541.3	5.465	象鼻溞、窄腹剑水溞、龟甲轮虫
2012-12	1 142 000	0.886	291	0.192	4.0	0.032	70.7	0.424	1 142 365.3	1.533	多肢轮虫、龟甲轮虫
2013-01	1 198 000	2.623	257	0.699	0.0	0.000	0.0	0.000	1 198 256.7	3.322	多肢轮虫
2013-02	1 085 500	1.043	1 350	1.689	0.0	0.000	30.0	0.090	1 086 880.0	2.821	多肢轮虫、龟甲轮虫、臂尾轮虫
2013-03	5 779 000	3.532	137	0.326	18.7	0.151	197.3	1.586	5 779 352.7	5.595	近邻剑水溞、汤匙华哲水溞
2013-04	243 000	0.258	133	0.589	572.0	5.343	55.3	2.012	243 760.7	8.202	象鼻溞、透明溞
2013-05	1 044 000	0.739	110	0.209	73.3	0.735	96.7	1.373	1 044 280.0	3.056	象鼻溞、叉角聚花轮虫
2013-06	391 000	0.269	87	0.034	634.7	5.514	91.3	0.623	391 812.7	6.440	象鼻溞、网纹溞
2013-07	202 000	0.305	253	0.149	650.7	6.250	226.7	3.958	203 130.7	10.662	象鼻溞、网纹溞
2013-08	106 000	0.415	153	0.094	185.3	1.790	236.0	1.585	106 574.7	3.884	象鼻溞、网纹溞、中剑水溞
2013-09	461 500	0.801	20	0.015	144.0	1.369	57.3	0.365	461 721.3	2.550	象鼻溞、网纹溞
2013-10	283 000	0.843	127	0.132	634.7	6.100	224.0	1.892	283 985.3	8.966	象鼻溞、网纹溞、中剑水溞
2013-11	1 711 000	0.713	73	0.046	41.3	0.336	175.3	3.900	1 711 290.0	4.995	象鼻溞、窄腹剑水溞、汤匙华哲水溞
2013-12	423 000	0.639	63	0.034	14.7	0.118	50.7	0.402	423 128.7	1.194	象鼻溞、窄腹剑水溞
2014-01	491 500	1.723	73	0.096	0.0	0.000	6.7	0.040	491 580.0	1.858	多肢轮虫
2014-02	391 000	2.700	21	0.008	0.0	0.000	8.0	0.055	391 029.3	2.762	龟甲轮虫、多肢轮虫、龟甲轮虫
2014-03	575 000	2.645	184	0.146	4.0	0.199	6.7	0.050	575 194.7	3.040	臂尾轮虫、龟甲轮虫
2014-04	426 500	0.723	0	0.000	57.3	2.073	32.0	1.748	426 589.3	4.544	象鼻溞、透明溞、汤匙华哲水溞

（续）

时间 （年-月）	原生动物数量/ (ind./L)	原生动物生物量/ (mg/L)	轮虫数量/ (ind./L)	轮虫生物量/ (mg/L)	枝角类数量/ (ind./L)	枝角类生物量/ (mg/L)	桡足类数量/ (ind./L)	桡足类生物量/ (mg/L)	浮游生物数量/ (ind./L)	浮游生物生物量/ (mg/L)	浮游动物优势种
2014－05	5 500	0.193	0	0.000	193.3	1.624	38.7	1.295	5 732.0	3.112	象鼻溞、汤匙华哲水蚤
2014－06	2 500	0.088	56	0.055	800.0	6.677	12.0	0.080	3 368.0	6.899	象鼻溞、网纹溞
2014－07	4 000	0.140	84	0.064	58.7	0.637	86.7	0.871	4 229.3	1.712	象鼻溞、网纹溞
2014－08	5 000	0.175	7	0.083	52.0	0.429	36.0	0.234	5 094.7	0.921	象鼻溞、网纹溞
2014－09	3 500	0.123	12	0.032	621.3	5.754	36.0	0.938	4 169.3	6.846	象鼻溞、网纹溞
2014－10	3 000	0.105	5	0.005	332.0	3.002	108.0	2.107	3 445.3	5.220	象鼻溞、网纹溞
2014－11	3 000	0.105	51	0.037	56.0	0.462	34.7	0.702	3 141.3	1.306	象鼻溞、龟甲轮虫
2014－12	2 000	0.070	12	0.014	18.7	0.151	34.7	0.675	2 065.3	0.909	龟甲轮虫、窄腹剑水蚤
2015－01	82 100	0.589	155	0.380	1.3	0.011	6.7	0.101	82 262.7	1.080	龟甲轮虫、臂尾轮虫
2015－02	56 000	0.235	97	0.269	0.0	0.000	17.3	0.274	56 114.7	0.777	龟甲轮虫、臂尾轮虫
2015－03	106 700	0.760	20	0.070	4.0	0.032	17.3	0.522	106 741.3	1.384	臂尾轮虫、汤匙华哲水蚤
2015－04	0	0.000	0	0.000	73.3	0.926	26.7	0.826	100.0	1.751	象鼻溞、透明溞
2015－05	1 000	0.035	16	0.039	68.0	1.171	28.0	0.619	1 112.0	1.864	象鼻溞、裸腹溞
2015－06	101 200	1.042	9	0.054	8.0	0.066	5.3	0.107	101 222.7	1.269	象鼻溞、网纹溞
2015－07	53 000	0.605	21	0.016	82.7	1.013	213.3	2.628	53 317.3	4.263	象鼻溞、网纹溞
2015－08	42 000	0.870	232	0.554	534.7	5.160	92.0	1.383	42 858.7	7.967	象鼻溞、多肢轮虫
2015－09	1 800	0.063	5	0.002	1 457.3	12.675	21.3	0.360	3 284.0	13.099	象鼻溞、网纹溞、窄腹剑水蚤
2015－10	600	0.021	61	0.113	146.7	2.720	100.0	1.558	908.0	4.412	象鼻溞、网纹溞、圆形盘肠溞
2015－11	7 200	0.252	43	0.023	21.3	0.432	14.7	0.147	7 278.7	0.853	象鼻溞、龟甲轮虫
2015－12	3 300	0.116	169	0.132	2.7	0.023	54.7	0.410	3 526.7	0.680	龟甲轮虫、多肢轮虫

THL07 观测站浮游动物相关数据见表 3-17。

表 3-17　THL07 观测站浮游动物相关数据

时间 （年-月）	原生动物数量/ (ind./L)	原生动物生物量/ (mg/L)	轮虫数量/ (ind./L)	轮虫生物量/ (mg/L)	枝角类数量/ (ind./L)	枝角类生物量/ (mg/L)	桡足类数量/ (ind./L)	桡足类生物量/ (mg/L)	浮游生物数量/ (ind./L)	浮游生物生物量/ (mg/L)	浮游动物优势种
2007－01	35 000	0.105	120	0.360	0.5	0.030	5.3	0.318	35 125.8	0.813	多肢轮虫

（续）

时间（年-月）	原生动物数量/(ind./L)	原生动物生物量/(mg/L)	轮虫数量/(ind./L)	轮虫生物量/(mg/L)	枝角类数量/(ind./L)	枝角类生物量/(mg/L)	桡足类数量/(ind./L)	桡足类生物量/(mg/L)	浮游生物数量/(ind./L)	浮游生物生物量/(mg/L)	浮游动物优势种
2007-02	70 000	0.210	63	0.190	47.2	2.834	98.4	5.906	70 209.0	9.140	短钝溞、透明溞、窄腹剑水蚤
2007-03	45 000	0.135	250	0.750	5.5	0.329	9.7	0.581	45 265.2	1.795	多肢轮虫
2007-04	6 000	0.018	70	0.210	51.2	3.070	495.5	29.730	6 616.7	33.028	透明溞、象鼻溞、汤匙华哲水蚤、窄腹剑水蚤
2007-05	40 000	0.120	190	0.570	7.0	0.422	27.0	1.622	40 224.1	2.734	龟甲轮虫
2007-06	25 000	0.075	130	0.390	7.3	0.438	83.4	5.002	25 220.7	5.905	窄腹剑水蚤
2007-07	60 000	0.180	250	0.750	394.7	23.682	216.3	12.978	60 861.0	37.590	象鼻溞、网纹溞、窄腹剑水蚤
2007-08	30 000	0.090	31	0.094	25.8	1.550	61.5	3.692	30 118.7	5.426	象鼻溞、网纹溞
2007-09	20 000	0.060	70	0.210	282.1	16.928	576.0	34.560	20 928.1	51.758	窄腹剑水蚤、象鼻溞
2007-10	20 000	0.060	70	0.210	172.0	10.320	29.3	1.760	20 271.3	12.350	象鼻溞
2007-11	25 000	0.075	31	0.094	27.7	1.664	8.5	0.509	25 067.5	2.342	象鼻溞、网纹溞
2007-12	120 000	0.360	190	0.570	7.3	0.438	6.3	0.378	120 203.6	1.746	多肢轮虫
2008-01	132 000	0.130	90	0.392	9.9	0.969	5.9	0.311	132 105.7	1.801	多肢轮虫
2008-02	5 000	0.100	420	1.827	0.8	0.137	2.1	0.111	5 422.9	2.175	多肢轮虫、龟甲轮虫
2008-03	899 000	0.910	150	0.653	2.0	0.294	19.7	0.773	899 171.7	2.630	汤匙华哲水蚤
2008-04	8 800	0.277	60	0.261	33.0	1.650	129.5	8.806	9 022.5	10.994	透明溞、象鼻溞、汤匙华哲水蚤
2008-05	12 000	0.250	60	0.261	231.0	7.315	12.2	0.827	12 303.2	8.653	象鼻溞、裸腹溞
2008-06	155 000	0.862	120	0.522	681.0	21.565	488.8	33.241	156 289.8	56.190	网纹溞、窄腹剑水蚤
2008-07	1 098 500	4.636	90	0.392	681.0	21.565	537.2	36.532	1 099 808.2	63.124	象鼻溞、网纹溞、窄腹剑水蚤
2008-08	48 000	0.397	90	0.392	76.2	2.413	114.8	7.809	48 281.0	11.011	象鼻溞、网纹溞
2008-09	25 000	0.368	90	0.392	5 987.4	189.601	689.8	46.904	31 767.2	237.265	窄腹剑水蚤、象鼻溞
2008-10	5 200	0.261	60	0.261	1 473.0	46.645	91.4	6.213	6 824.4	53.379	象鼻溞
2008-11	347 000	1.630	150	0.653	385.8	12.217	226.3	15.388	347 762.1	29.888	象鼻溞、网纹溞
2008-12	209 000	0.961	90	0.392	241.8	7.657	191.1	12.995	209 522.9	22.004	多肢轮虫
2009-01	138 600	0.850	60	0.250	0.1	0.000	10.9	0.730	138 671.0	1.830	汤匙华哲水蚤

（续）

时间（年-月）	原生动物数量/(ind./L)	原生动物生物量/(mg/L)	轮虫数量/(ind./L)	轮虫生物量/(mg/L)	枝角类数量/(ind./L)	枝角类生物量/(mg/L)	桡足类数量/(ind./L)	桡足类生物量/(mg/L)	浮游生物数量/(ind./L)	浮游生物生物量/(mg/L)	浮游动物优势种
2009 - 02	415 500	2.550	30	0.120	0.5	0.020	12.9	0.350	415 543.4	3.040	多肢轮虫、龟甲轮虫
2009 - 03	12 000	0.300	30	0.120	0.4	0.020	7.4	0.310	12 037.8	0.750	汤匙华哲水蚤
2009 - 04	277 500	1.550	60	0.270	4.4	0.220	80.6	3.030	277 645.0	5.070	透明溞、汤匙华哲水蚤
2009 - 05	9 000	0.160	90	0.390	36.0	1.900	7.3	0.280	9 133.3	2.730	象鼻溞、裸腹溞
2009 - 06	139 500	0.850	60	0.210	72.9	2.230	37.6	1.420	139 670.5	4.710	网纹溞、窄腹剑水蚤
2009 - 07	760 500	3.360	30	0.180	58.5	1.680	49.6	2.210	760 638.1	7.430	网纹溞、窄腹剑水蚤
2009 - 08	33 800	0.300	90	0.370	30.9	1.000	18.8	0.420	33 939.7	2.090	象鼻溞、网纹溞
2009 - 09	18 100	0.330	60	0.210	110.4	4.530	34.0	1.410	18 304.4	6.480	窄腹剑水蚤、象鼻溞
2009 - 10	17 500	0.240	120	0.420	114.8	3.260	72.1	2.030	17 806.9	5.950	象鼻溞
2009 - 11	5 400	0.120	90	0.390	11.4	0.580	8.9	0.520	5 510.3	1.610	象鼻溞
2009 - 12	1 152 600	0.550	60	0.160	0.8	0.040	5.3	0.270	1 152 666.1	1.020	多肢轮虫
2010 - 01	102 000	1.860	960	3.840	0.0	0.000	2.0	0.046	102 962.0	5.746	臂尾轮虫
2010 - 02	33 000	1.120	320	0.800	0.0	0.000	26.7	0.358	33 346.7	2.278	多肢轮虫、龟甲轮虫
2010 - 03	123 000	1.246	50	0.130	1.3	0.148	19.3	0.227	123 070.7	1.751	多肢轮虫、龟甲轮虫
2010 - 04	93 000	1.243	30	0.090	8.7	1.401	23.7	0.763	93 062.4	3.497	汤匙华哲水蚤、剑水蚤、透明溞
2010 - 05	122 000	0.980	20	0.050	57.3	3.425	45.3	2.190	122 122.7	6.645	象鼻溞
2010 - 06	421 000	1.829	30	0.070	77.3	1.626	144.0	1.984	421 251.3	5.509	网纹溞、窄腹剑水蚤
2010 - 07	41 000	0.621	50	0.120	101.3	3.196	378.7	7.740	41 530.0	11.677	象鼻溞、网纹溞、窄腹剑水蚤
2010 - 08	181 000	0.760	20	0.050	101.3	3.596	202.7	2.649	181 324.0	7.055	象鼻溞、网纹溞、窄腹剑水蚤
2010 - 09	51 000	0.661	170	0.510	245.3	8.820	213.3	6.252	51 628.7	16.243	象鼻溞、网纹溞
2010 - 10	281 000	0.996	120	0.360	197.3	9.104	117.3	4.590	281 434.7	15.050	象鼻溞、网纹溞
2010 - 11	41 000	0.660	20	0.050	48.0	2.318	104.0	1.990	41 172.0	5.018	象鼻溞、窄腹剑水蚤
2010 - 12	3 000	1.000	10	0.030	15.3	0.788	25.3	1.286	3 050.7	3.104	象鼻溞、窄腹剑水蚤
2011 - 01	60 000	0.060	90	0.036	0.0	0.000	0.3	0.001	60 090.3	0.097	多肢轮虫
2011 - 02	1 380 000	1.125	2 490	1.549	0.0	0.000	1.5	0.051	1 382 491.5	2.726	臂尾轮虫、多肢轮虫、龟甲轮虫

（续）

时间（年-月）	原生动物数量/（ind./L）	原生动物生物量/（mg/L）	轮虫数量/（ind./L）	轮虫生物量/（mg/L）	枝角类数量/（ind./L）	枝角类生物量/（mg/L）	桡足类数量/（ind./L）	桡足类生物量/（mg/L）	浮游生物数量/（ind./L）	浮游生物生物量/（mg/L）	浮游动物优势种
2011-03	210 000	0.102	60	0.020	0.5	0.008	27.7	0.410	210 088.3	0.540	汤匙华哲水蚤
2011-04	210 000	0.129	30	0.010	0.8	0.012	5.6	0.124	210 036.4	0.275	汤匙华哲水蚤、剑水蚤
2011-05	1 050 000	0.159	25	0.006	454.9	6.819	17.1	0.558	1 050 497.0	7.541	象鼻溞
2011-06	690 000	0.420	75	0.026	154.7	1.355	102.9	0.901	690 332.6	2.701	象鼻溞、网纹溞、窄腹剑水蚤
2011-07	390 000	0.147	25	0.008	24.5	0.204	48.0	0.232	390 097.5	0.591	象鼻溞、网纹溞、窄腹剑水蚤
2011-08	300 000	0.084	175	0.063	68.8	0.835	157.3	0.998	300 401.1	1.979	象鼻溞、网纹溞、窄腹剑水蚤
2011-09	180 000	0.126	120	0.033	76.3	0.955	74.7	0.876	180 270.9	1.990	象鼻溞、网纹溞
2011-10	270 000	0.219	30	0.010	38.7	0.432	62.7	0.437	270 131.3	1.098	象鼻溞、网纹溞
2011-11	360 000	0.090	30	0.005	17.3	0.223	10.7	0.165	360 058.0	0.483	象鼻溞、窄腹剑水蚤
2011-12	270 000	0.081	6	0.003	2.7	0.040	3.2	0.120	270 011.9	0.244	象鼻溞
2012-01	1 350 500	1.187	128	0.143	2.7	0.022	2.7	0.009	1 350 633.3	1.360	多肢轮虫、臂尾轮虫
2012-02	60 500	0.153	132	0.089	0.0	0.000	2.7	0.008	60 634.7	0.249	臂尾轮虫、多肢轮虫
2012-03	1 574 500	2.274	1459	2.033	0.0	0.000	37.3	0.192	1 575 996.0	4.499	臂尾轮虫、多肢轮虫、龟甲轮虫
2012-04	573 000	0.162	1	0.005	16.0	0.684	9.3	0.028	573 026.7	0.879	透明溞
2012-05	71 000	0.042	9	0.018	42.7	0.345	41.3	1.048	71 093.3	1.452	象鼻溞
2012-06	51 000	0.040	13	0.002	176.0	1.555	76.0	0.914	51 265.3	2.511	象鼻溞、网纹溞、窄腹剑水蚤
2012-07	103 000	0.310	144	0.156	146.7	2.353	146.7	2.273	103 437.3	5.092	象鼻溞、网纹溞、龟甲轮虫
2012-08	442 500	0.951	152	0.264	32.0	0.447	165.3	2.597	442 849.3	4.259	象鼻溞、网纹溞、中剑水蚤
2012-09	181 000	0.560	81	0.038	238.7	2.109	104.0	0.750	181 424.0	3.457	象鼻溞、网纹溞
2012-10	293 000	0.626	160	0.069	246.7	3.986	401.3	7.392	293 808.0	12.073	象鼻溞、网纹溞、窄腹剑水蚤
2012-11	132 500	0.296	32	0.015	64.0	0.554	73.3	0.461	132 669.3	1.325	象鼻溞、网纹溞、窄腹剑水蚤
2012-12	571 000	0.494	100	0.061	8.0	0.065	24.0	0.205	571 132.0	0.825	龟甲轮虫
2013-01	1 110 000	1.394	347	0.362	2.7	0.022	0.0	0.000	1 110 349.3	1.778	多肢轮虫
2013-02	253 500	0.363	57	0.049	0.0	0.000	29.3	0.244	253 586.0	0.655	多肢轮虫、龟甲轮虫、臂尾轮虫
2013-03	1 244 000	0.954	33	0.012	5.3	0.043	46.7	0.771	1 244 085.3	1.780	近邻剑水蚤、汤匙华哲水蚤

（续）

时间（年-月）	原生动物数量/（ind./L）	原生动物生物量/（mg/L）	轮虫数量/（ind./L）	轮虫生物量/（mg/L）	枝角类数量/（ind./L）	枝角类生物量/（mg/L）	桡足类数量/（ind./L）	桡足类生物量/（mg/L）	浮游生物数量/（ind./L）	浮游生物生物量/（mg/L）	浮游动物优势种
2013-04	81 500	1.186	43	0.127	124.0	1.113	38.0	0.581	81 705.3	3.006	象鼻溞
2013-05	231 500	0.076	27	0.032	120.0	1.165	70.0	2.854	231 716.7	4.126	象鼻溞
2013-06	521 500	0.300	83	0.038	196.0	1.800	302.0	2.615	522 081.3	4.753	象鼻溞、网纹溞、窄腹剑水蚤
2013-07	160 000	0.289	87	0.031	92.0	1.145	86.7	1.572	160 265.3	3.038	象鼻溞、网纹溞
2013-08	163 000	0.433	140	0.135	189.3	1.850	244.7	5.350	163 574.0	7.768	象鼻溞、网纹溞
2013-09	1 120 000	1.438	67	0.105	221.3	2.077	124.0	3.085	1 120 412.0	6.705	象鼻溞、网纹溞
2013-10	210 500	0.546	63	0.043	225.3	2.479	123.3	3.217	210 912.0	6.284	象鼻溞、网纹溞
2013-11	2 065 000	2.019	50	0.026	56.0	0.457	89.3	2.028	2 065 195.3	4.529	象鼻溞、窄腹剑水蚤、汤匙华哲水蚤
2013-12	181 000	0.248	103	0.048	61.3	0.496	61.3	0.849	181 226.0	1.641	象鼻溞
2014-01	50 500	0.518	257	0.152	1.3	0.011	16.0	0.104	50 774.7	0.785	龟甲轮虫、窄腹剑水蚤、象鼻溞
2014-02	50 500	0.043	12	0.004	0.0	0.000	1.3	0.010	50 513.3	0.057	多肢轮虫
2014-03	54 500	0.183	43	0.048	0.0	0.000	5.3	0.040	54 548.0	0.271	多肢轮虫、龟甲轮虫
2014-04	3 000	0.105	0	0.000	8.0	0.065	6.7	0.332	3 014.7	0.502	臂尾轮虫、多肢轮虫、龟甲轮虫
2014-05	1 000	0.035	4	0.006	194.7	1.697	72.0	2.766	1 270.7	4.504	象鼻溞、汤匙华哲水蚤
2014-06	1 000	0.035	36	0.017	92.0	0.759	65.3	0.697	1 193.3	1.508	象鼻溞、网纹溞
2014-07	3 000	0.105	56	0.118	21.3	0.250	33.3	0.288	3 110.7	0.761	象鼻溞、网纹溞
2014-08	2 500	0.088	40	0.047	24.0	0.197	72.0	0.510	2 636.0	0.842	象鼻溞、网纹溞
2014-09	1 000	0.035	7	0.019	174.7	2.007	69.3	2.213	1 250.7	4.274	象鼻溞、网纹溞
2014-10	3 000	0.105	8	0.009	249.3	2.305	58.7	1.301	3 316.0	3.720	象鼻溞、龟甲轮虫
2014-11	2 500	0.088	23	0.019	17.3	0.143	8.0	0.112	2 548.0	0.362	龟甲轮虫、象鼻溞
2014-12	1 000	0.035	1	0.001	14.7	0.118	13.3	0.424	1 029.3	0.578	龟甲轮虫、臂尾轮虫、象鼻溞
2015-01	600	0.021	24	0.048	4.0	0.032	1.3	0.005	629.3	0.106	龟甲轮虫、臂尾轮虫
2015-02	1 000	0.035	32	0.093	0.0	0.000	5.3	0.040	1 037.3	0.168	臂尾轮虫、汤匙华哲水蚤
2015-03	4 000	0.140	1	0.005	10.7	0.253	28.0	0.993	4 040.0	1.391	象鼻溞、透明溞
2015-04	0	0.000	12	0.263	156.0	1.538	56.0	2.464	224.0	4.265	

（续）

时间（年-月）	原生动物数量/(ind./L)	原生动物生物量/(mg/L)	轮虫数量/(ind./L)	轮虫生物量/(mg/L)	枝角类数量/(ind./L)	枝角类生物量/(mg/L)	桡足类数量/(ind./L)	桡足类生物量/(mg/L)	浮游生物数量/(ind./L)	浮游生物生物量/(mg/L)	浮游动物优势种
2015-05	600	0.021	0	0.000	26.7	0.402	24.0	0.438	650.7	0.860	象鼻溞
2015-06	300	0.011	17	0.068	210.7	1.760	93.3	0.762	621.3	2.601	象鼻溞、网纹溞
2015-07	3 000	0.105	101	0.086	129.3	1.657	205.3	2.365	3 436.0	4.212	象鼻溞、网纹溞
2015-08	2 100	0.074	327	0.332	170.7	1.930	156.0	2.265	2 753.3	4.601	象鼻溞、多肢轮虫
2015-09	1 200	0.042	7	0.003	334.7	3.924	185.3	1.639	1 726.7	5.607	象鼻溞、网纹溞
2015-10	0	0.000	25	0.012	70.7	1.266	78.7	0.940	174.7	2.218	象鼻溞、网纹溞、圆形盘肠溞
2015-11	4 000	0.140	12	0.008	26.7	0.587	8.0	0.044	4 046.7	0.780	象鼻溞、龟甲轮虫
2015-12	900	0.032	28	0.020	4.0	0.033	14.7	0.171	946.7	0.257	龟甲轮虫

THL08 观测站浮游动物相关数据见表3-18。

表3-18　THL08 观测站浮游动物相关数据

时间（年-月）	原生动物数量/(ind./L)	原生动物生物量/(mg/L)	轮虫数量/(ind./L)	轮虫生物量/(mg/L)	枝角类数量/(ind./L)	枝角类生物量/(mg/L)	桡足类数量/(ind./L)	桡足类生物量/(mg/L)	浮游生物数量/(ind./L)	浮游生物生物量/(mg/L)	浮游动物优势种
2007-01	40 000	0.120	3 400	10.200	0.5	0.030	10.5	0.630	43 411.0	10.980	多肢轮虫、臂尾轮虫
2007-02	90 000	0.270	390	1.170	1.6	0.096	11.6	0.696	90 403.2	2.232	多肢轮虫、龟甲轮虫、臂尾轮虫
2007-03	50 000	0.150	20	0.060	6.0	0.360	28.9	1.734	50 054.9	2.304	汤匙华哲水蚤
2007-04	2 000	0.006	10	0.030	147.0	8.820	25.0	1.500	2 182.0	10.356	透明溞、象鼻溞
2007-05	25 000	0.075	15	0.045	86.0	5.160	32.7	1.960	25 133.7	7.240	象鼻溞、裸腹溞
2007-06	20 000	0.060	120	0.360	211.0	12.660	350.5	21.030	20 681.5	34.110	网纹溞、窄腹剑水蚤
2007-07	55 000	0.165	20	0.060	83.0	4.980	78.0	4.680	55 181.0	9.885	象鼻溞、网纹溞、窄腹剑水蚤
2007-08	20 000	0.060	30	0.090	48.0	2.880	158.7	9.520	20 236.7	12.550	象鼻溞、网纹溞、窄腹剑水蚤
2007-09	10 000	0.030	100	0.300	1 058.0	63.480	44.1	2.646	11 158.0	66.456	象鼻溞
2007-10	20 000	0.060	20	0.060	211.3	12.678	30.0	1.800	20 261.3	14.598	象鼻溞
2007-11	35 000	0.105	21	0.062	42.3	2.538	32.5	1.950	35 095.5	4.655	象鼻溞、网纹溞
2007-12	95 000	0.285	70	0.210	2.3	0.138	2.6	0.156	95 074.9	0.789	多肢轮虫

（续）

时间（年-月）	原生动物数量/(ind./L)	原生动物生物量/(mg/L)	轮虫数量/(ind./L)	轮虫生物量/(mg/L)	枝角类数量/(ind./L)	枝角类生物量/(mg/L)	桡足类数量/(ind./L)	桡足类生物量/(mg/L)	浮游生物数量/(ind./L)	浮游生物生物量/(mg/L)	浮游动物优势种
2008-01	132 000	0.520	60	0.261	3.7	0.192	4.0	0.270	132 067.7	1.243	多肢轮虫
2008-02	3 000	0.035	30	0.131	0.1	0.023	1.5	0.052	3 031.6	0.240	多肢轮虫、龟甲轮虫、臂尾轮虫
2008-03	416 000	1.640	120	0.522	3.9	0.581	22.1	0.490	416 146.0	3.233	汤匙华哲水蚤
2008-04	8 800	0.277	15	0.065	6.0	0.300	122.2	8.307	8 943.2	8.950	透明溞、象鼻溞
2008-05	21 000	0.250	30	0.131	33.0	1.045	26.8	1.825	21 089.8	3.250	象鼻溞、裸腹溞
2008-06	512 000	2.290	60	0.261	744.0	23.560	136.8	9.305	512 940.8	35.416	网纹溞、窄腹剑水蚤
2008-07	665 000	2.902	60	0.261	97.8	3.097	185.2	12.596	665 343.0	18.856	象鼻溞、网纹溞、窄腹剑水蚤
2008-08	28 000	0.250	90	0.392	61.8	1.957	155.9	10.601	28 307.7	13.200	象鼻溞、网纹溞、窄腹剑水蚤
2008-09	5 200	0.283	120	0.522	1 876.2	59.413	507.9	34.537	7 704.1	94.755	象鼻溞
2008-10	94 100	0.540	60	0.261	472.2	14.953	132.4	9.005	94 764.6	24.759	象鼻溞
2008-11	140 000	0.802	120	0.522	349.8	11.077	419.9	28.553	140 889.7	40.954	象鼻溞、网纹溞
2008-12	209 000	0.547	90	0.392	393.0	12.445	249.8	16.984	209 732.8	30.367	多肢轮虫
2009-01	18 000	0.400	30	0.060	0.1	0.000	27.2	1.720	18 057.3	2.180	窄腹剑水蚤
2009-02	760 500	3.430	60	0.000	0.1	0.000	12.9	0.710	760 573.0	4.140	多肢轮虫、龟甲轮虫
2009-03	9 000	0.260	30	0.090	0.2	0.010	5.4	0.260	9 035.6	0.620	汤匙华哲水蚤
2009-04	967 500	4.520	60	0.210	1.8	0.090	59.8	1.810	967 621.6	6.630	透明溞、汤匙华哲水蚤
2009-05	6 000	0.120	120	0.540	33.8	1.760	5.7	0.190	6 159.5	2.610	象鼻溞、裸腹溞
2009-06	277 500	1.400	60	0.210	57.4	1.700	27.2	1.270	277 644.6	4.580	网纹溞、窄腹剑水蚤
2009-07	622 500	2.780	30	0.120	46.2	1.560	41.8	1.790	622 618.0	6.250	网纹溞、窄腹剑水蚤
2009-08	50 100	0.320	120	0.480	27.2	1.100	14.9	0.240	50 262.1	2.140	象鼻溞、网纹溞、窄腹剑水蚤
2009-09	6 000	0.200	90	0.320	80.5	3.160	27.4	0.820	6 197.9	4.500	象鼻溞
2009-10	9 000	0.210	30	0.120	124.8	5.390	62.9	1.910	9 217.7	7.630	象鼻溞
2009-11	6 000	0.210	90	0.360	11.6	0.590	9.2	0.510	6 110.8	1.670	象鼻溞
2009-12	545 500	0.380	60	0.240	0.6	0.030	3.8	0.150	545 564.4	0.800	多肢轮虫
2010-01	68 000	1.920	210	0.840	0.0	0.000	4.0	0.141	68 214.0	2.901	臂尾轮虫

（续）

时间（年-月）	原生动物数量/(ind./L)	原生动物生物量/(mg/L)	轮虫数量/(ind./L)	轮虫生物量/(mg/L)	枝角类数量/(ind./L)	枝角类生物量/(mg/L)	桡足类数量/(ind./L)	桡足类生物量/(mg/L)	浮游生物数量/(ind./L)	浮游生物生物量/(mg/L)	浮游动物优势种
2010-02	10 000	1.500	70	0.175	0.0	0.000	4.0	0.112	10 074.0	1.787	多肢轮虫、龟甲轮虫
2010-03	213 000	1.723	10	0.030	0.0	0.000	18.7	0.521	213 028.7	2.274	多肢轮虫、龟甲轮虫
2010-04	63 000	1.240	30	0.090	0.1	0.023	19.3	0.202	63 049.5	1.555	汤匙华哲水蚤
2010-05	92 000	0.860	40	0.100	64.0	3.227	37.3	1.532	92 141.3	5.719	象鼻溞
2010-06	1 081 000	4.001	40	0.100	37.3	0.638	256.0	2.518	1 081 333.3	7.257	网纹溞、窄腹剑水蚤
2010-07	131 000	0.825	40	0.100	48.0	1.187	98.7	2.438	131 186.7	4.549	网纹溞、窄腹剑水蚤
2010-08	321 000	0.939	270	0.810	160.0	5.480	640.0	3.938	322 070.0	11.167	象鼻溞、网纹溞、窄腹剑水蚤
2010-09	11 000	0.501	120	0.380	128.0	3.155	192.0	2.509	11 440.0	6.545	象鼻溞、网纹溞
2010-10	311 000	0.999	90	0.270	144.0	6.849	101.3	2.693	311 335.3	10.811	象鼻溞、网纹溞
2010-11	201 000	0.910	40	0.100	37.3	1.462	66.7	1.690	201 144.0	4.161	象鼻溞、窄腹剑水蚤
2010-12	3 000	0.500	10	0.030	14.0	0.720	34.7	1.448	3 058.7	2.698	象鼻溞、窄腹剑水蚤
2011-01	0	0.000	60	0.023	0.1	0.002	0.3	0.001	60.4	0.026	多肢轮虫
2011-02	360 000	0.480	480	0.164	0.0	0.000	1.9	0.069	360 481.9	0.713	多肢轮虫
2011-03	0	0.000	1 020	2.714	0.3	0.004	17.1	0.183	1 037.3	2.901	多肢轮虫
2011-04	1 800 000	0.774	3 090	2.218	4.0	0.060	12.8	0.151	1 803 106.8	3.204	汤匙华哲水蚤
2011-05	180 000	0.018	300	0.158	142.9	2.213	18.1	0.705	180 461.1	3.094	象鼻溞
2011-06	630 000	0.306	125	0.054	166.9	1.429	132.5	0.670	630 424.5	2.459	象鼻溞、网纹溞、窄腹剑水蚤
2011-07	30 000	0.030	25	0.071	22.9	0.253	45.9	0.348	30 093.8	0.702	象鼻溞、网纹溞、窄腹剑水蚤
2011-08	120 000	0.066	75	0.022	88.0	1.120	76.3	0.677	120 239.3	1.885	象鼻溞、网纹溞、窄腹剑水蚤
2011-09	420 000	0.204	60	0.020	76.3	0.979	141.3	1.295	420 277.6	2.498	象鼻溞、网纹溞
2011-10	2 910 000	0.267	30	0.010	16.0	0.193	34.7	0.333	2 910 080.7	0.804	象鼻溞、网纹溞
2011-11	210 000	0.075	390	0.094	9.3	0.131	17.3	0.067	210 416.7	0.366	象鼻溞、窄腹剑水蚤
2011-12	330 000	0.087	18	0.008	9.3	0.140	4.0	0.015	330 031.3	0.249	象鼻溞
2012-01	960 000	0.654	101	0.152	0.0	0.000	0.0	0.000	960 101.3	0.806	多肢轮虫、臂尾轮虫
2012-02	491 000	1.508	236	0.213	0.0	0.000	1.3	0.004	491 237.3	1.725	臂尾轮虫、多肢轮虫

（续）

时间 （年-月）	原生动物 数量/ (ind./L)	原生动物 生物量/ (mg/L)	轮虫数量/ (ind./L)	轮虫 生物量/ (mg/L)	枝角类 数量/ (ind./L)	枝角类 生物量/ (mg/L)	桡足类 数量/ (ind./L)	桡足类 生物量/ (mg/L)	浮游生 物数量/ (ind./L)	浮游生物 生物量/ (mg/L)	浮游动物 优势种
2012-03	1 634 000	2.586	337	0.436	0.0	0.000	28.0	0.093	1 634 365.3	3.115	臂尾轮虫、多肢轮虫、龟甲轮虫
2012-04	2 701 000	0.812	3	0.001	10.7	0.086	6.7	0.176	2 701 020.0	1.075	象鼻溞、透明溞
2012-05	572 500	0.145	19	0.035	64.0	0.517	48.0	1.224	572 630.7	1.921	象鼻溞、叉角聚花轮虫
2012-06	33 500	0.126	29	0.005	257.3	2.205	140.0	0.705	33 926.7	3.041	象鼻溞、网纹溞、窄腹剑水蚤
2012-07	81 500	0.256	411	0.124	170.7	2.034	150.7	3.791	82 232.0	6.205	腔轮虫
2012-08	491 000	1.410	197	0.289	194.7	1.776	333.3	4.132	491 725.3	7.608	象鼻溞、网纹溞、中剑水蚤
2012-09	152 000	0.475	27	0.013	245.3	2.357	197.3	2.837	152 469.3	5.682	象鼻溞
2012-10	232 500	0.228	87	0.089	246.7	3.004	360.0	3.827	233 193.3	7.147	象鼻溞、龟甲轮虫、窄腹剑水蚤
2012-11	64 000	0.263	64	0.037	46.7	0.410	72.0	0.592	64 182.7	1.302	象鼻溞、窄腹剑水蚤
2012-12	2 033 500	0.833	23	0.010	24.0	0.194	34.7	0.628	2 033 581.3	1.664	象鼻溞
2013-01	798 000	0.788	77	0.095	0.0	0.000	0.0	0.000	798 076.7	0.883	多肢轮虫
2013-02	85 500	0.318	70	0.128	0.0	0.000	23.3	0.070	85 593.3	0.516	象鼻溞、龟甲轮虫、臂尾轮虫
2013-03	1 205 500	2.248	93	0.175	5.3	0.043	57.3	0.294	1 205 656.0	2.760	近邻剑水蚤、汤匙华哲水蚤
2013-04	63 500	0.556	93	0.259	133.3	1.244	52.0	0.856	63 778.7	2.914	象鼻溞
2013-05	1 511 000	0.186	27	0.033	56.0	0.484	35.3	1.262	1 511 118.0	1.965	象鼻溞
2013-06	291 500	0.082	63	0.028	52.0	0.474	186.7	1.678	291 802.0	2.263	象鼻溞、窄腹剑水蚤
2013-07	100 000	0.205	57	0.096	50.7	0.458	48.7	0.623	100 156.0	1.383	象鼻溞
2013-08	266 500	0.734	140	0.434	277.3	3.272	352.0	4.904	267 269.3	9.343	象鼻溞、网纹溞
2013-09	520 000	0.891	10	0.004	394.7	4.477	58.7	1.141	520 463.3	6.513	象鼻溞、网纹溞
2013-10	111 000	0.175	17	0.008	73.3	0.798	45.3	0.945	111 135.3	1.926	象鼻溞
2013-11	865 000	0.573	33	0.018	34.7	0.281	47.3	0.762	865 115.3	1.634	象鼻溞、窄腹剑水蚤、汤匙华哲水蚤
2013-12	230 000	0.023	20	0.010	30.7	0.248	47.3	1.141	230 098.0	1.422	龟甲轮虫、窄腹剑水蚤、象鼻溞
2014-01	0	0.000	72	0.063	10.7	0.086	32.0	0.675	114.7	0.825	多肢轮虫
2014-02	81 000	0.360	40	0.048	0.0	0.000	9.3	0.070	81 049.3	0.478	多肢轮虫、龟甲轮虫

（续）

时间（年-月）	原生动物数量/(ind./L)	原生动物生物量/(mg/L)	轮虫数量/(ind./L)	轮虫生物量/(mg/L)	枝角类数量/(ind./L)	枝角类生物量/(mg/L)	桡足类数量/(ind./L)	桡足类生物量/(mg/L)	浮游生物数量/(ind./L)	浮游生物生物量/(mg/L)	浮游动物优势种
2014-03	4 000	0.140	15	0.004	0.0	0.000	9.3	0.070	4 024.0	0.214	臂尾轮虫、多肢轮虫、龟甲轮虫
2014-04	101 000	0.085	0	0.000	14.7	0.174	6.7	0.034	101 021.3	0.293	象鼻溞
2014-05	2 500	0.088	23	0.015	116.0	1.124	105.3	4.439	2 744.0	5.664	象鼻溞、汤匙华哲水蚤
2014-06	3 500	0.123	45	0.022	88.0	0.763	57.3	0.720	3 690.7	1.626	象鼻溞、网纹溞
2014-07	1 500	0.053	35	0.017	38.7	0.368	18.7	0.209	1 592.0	0.646	象鼻溞、网纹溞
2014-08	1 000	0.035	23	0.013	17.3	0.142	52.0	0.443	1 092.0	0.633	象鼻溞、网纹溞
2014-09	2 000	0.070	8	0.017	93.3	1.004	37.3	0.917	2 138.7	2.008	象鼻溞、网纹溞
2014-10	2 500	0.088	3	0.001	160.0	1.488	45.3	1.016	2 708.0	2.593	象鼻溞、网纹溞
2014-11	4 000	0.140	25	0.017	36.0	0.293	34.7	0.358	4 096.0	0.808	象鼻溞、龟甲轮虫、象鼻溞
2014-12	3 500	0.123	7	0.003	10.7	0.086	14.7	0.223	3 532.0	0.434	龟甲轮虫、窄腹剑水蚤、象鼻溞
2015-01	600	0.021	5	0.007	8.0	0.065	18.7	0.067	632.0	0.160	龟甲轮虫、臂尾轮虫
2015-02	3 600	0.126	79	0.213	0.0	0.000	22.7	0.385	3 701.3	0.725	龟甲轮虫、臂尾轮虫
2015-03	3 600	0.126	1	0.005	0.0	0.000	45.3	1.900	3 646.7	2.031	臂尾轮虫、汤匙华哲水蚤
2015-04	0	0.000	0	0.000	134.7	1.199	108.0	4.375	242.7	5.574	象鼻溞、透明溞
2015-05	300	0.011	0	0.000	46.7	0.470	5.3	0.112	352.0	0.593	象鼻溞
2015-06	0	0.000	1	0.003	242.7	2.030	81.3	0.767	325.3	2.800	象鼻溞、网纹溞
2015-07	4 500	0.158	84	0.082	114.7	1.260	302.7	4.067	5 001.3	5.567	象鼻溞、网纹溞
2015-08	1 500	0.053	71	0.080	25.3	0.418	230.7	3.827	1 826.7	4.378	象鼻溞、多肢轮虫
2015-09	1 500	0.053	7	0.011	181.3	1.750	68.0	0.661	1 756.0	2.474	象鼻溞、网纹溞
2015-10	0	0.000	15	0.007	57.3	1.176	54.7	0.615	126.7	1.798	象鼻溞、网纹溞、圆形盘肠溞
2015-11	5 400	0.189	7	0.003	0.0	0.000	4.0	0.051	5 410.7	0.243	象鼻溞、龟甲轮虫
2015-12	1 500	0.053	21	0.010	0.0	0.000	8.0	0.055	1 529.3	0.117	龟甲轮虫

3.1.3　底栖动物数据集

3.1.3.1　概述

底栖动物数据集为太湖站 8 个长期常规监测站点 2007—2015 年的季度尺度观测数据，包含水生环节动物、水生昆虫、软体动物、其他动物的数量和生物量，以及底栖动物数量（ind. /m²）和底栖动物生物量（mg/m²）。其中，底栖动物数量为四大类群的数量总和，底栖动物生物量为四大类群生物量的总和。

3.1.3.2　数据采集和处理方法

（1）数据采集

本数据集中 8 个常规监测站点分别为 THL00、THL01、THL03、THL04、THL05、THL06、THL07 和 THL08，采样时间为 2 月、5 月、8 月和 11 月，每季度一次。

（2）数据测定

底栖动物定量采集用 1/20 m² 改良 Peterson 采泥器，每个采样点采集 2～3 次。采得泥样经 60 目尼龙筛洗净后，剩余物带回实验室于白瓷盘中将底栖动物活体逐一挑出，样本用 75％酒精溶液保存。

样品在实验室鉴定至尽可能低的分类单元，统计各个分类单元的数量，然后用滤纸吸去表面固定液，置于电子天平上称重，最终结果折算成单位面积的密度和生物量。

3.1.3.3　数据质量控制和评估

（1）数据获取过程的质量控制

底栖动物采集阶段，每个采样点进行 2～3 次采集，尽量减少偶然性误差；挑样阶段，将泥样冲洗干净，尽可能挑选完整；观测阶段，由专业人员进行分类鉴定，参考书目有《中国北方摇蚊幼虫》（王俊才等，2011）、《中国近海多毛环节动物》（杨德渐等，1988）、《中国经济动物志》（刘月英等，1979）、《淡水生物学》（大连水产学院，1982）、《中国经济软体动物》（齐钟彦，1998）等；称重阶段，必须保证标本无附着杂质，标本表面的水分用吸水纸吸干，软体动物外套腔内的水分被吸干，然后再进行称重；数据记录阶段，根据实际结果真实记录，记录规范，书写清晰。

（2）数据质量评估

同浮游植物数据集。

3.1.3.4　数据

THL00 观测站底栖动物相关数据见表 3-19。

表 3-19　THL00 观测站底栖动物相关数据

时间 （年-月）	软体动物数量/ (ind. /m²)	软体动物生物量/ (mg/m²)	水生环节动物数量/ (ind. /m²)	水生环节软体动物生物量/ (mg/m²)	水生昆虫数量/ (ind. /m²)	水生昆虫生物量/ (mg/m²)	其他数量/ (ind. /m²)	其他生物量/ (mg/m²)	底栖动物总数量/ (ind. /m²)	底栖动物总生物量/ (mg/m²)
2007 - 02	0	0	1 080	2 784	0	0	0	0	1 080	2 784
2007 - 05	0	0	6 480	15 040	0	0	0	0	6 480	15 040
2007 - 08	0	0	8 920	11 009	280	424	0	0	9 200	11 433
2007 - 11	0	0	6 840	8 984	600	768	0	0	7 440	9 752
2008 - 02	0	0	7 920	22 707.2	160	184	0	0	8 080	22 891.2
2008 - 05	40	72 320	1 720	3 828	80	848	0	0	1 840	76 996
2008 - 08	0	0	4 400	4 620	7 400	10 372	0	0	11 800	14 992
2008 - 11	0	0	5 200	7 668	2 760	9 696	0	0	7 960	17 364
2009 - 02	0	0	160	170	760	4 270	0	0	920	4 440

（续）

时间（年-月）	软体动物数量/ (ind. /m²)	软体动物生物量/ (mg/m²)	水生环节动物数量/ (ind. /m²)	水生环节软体动物生物量/ (mg/m²)	水生昆虫数量/ (ind. /m²)	水生昆虫生物量/ (mg/m²)	其他数量/ (ind. /m²)	其他生物量/ (mg/m²)	底栖动物总数量/ (ind. /m²)	底栖动物总生物量/ (mg/m²)
2009 - 05	0	0	100	153	250	1 450	0	0	350	1 603
2009 - 08	0	0	100	33	0	0	0	0	100	33
2009 - 11	0	0	480	1 744	40	896	0	0	520	2 640
2010 - 02	0	0	1 400	1 864	1 160	6 892	0	0	2 560	8 756
2010 - 05	0	0	880	1 144	0	0	0	0	880	1 144
2010 - 08	0	0	120	64	520	280	0	0	640	344
2010 - 11	40	73 648	400	640	80	888	0	0	520	75 176
2011 - 02	0	0	0	0	0	0	0	0	0	0
2011 - 05	0	0	1 760	2 516	120	364	0	0	1 880	2 880
2011 - 08	0	0	640	5 516	400	1 096	0	0	1 040	6 612
2011 - 11	0	0	1 040	1 184	480	2 248	0	0	1 520	3 432
2012 - 02	0	0	3 120	3 232	4 080	15 076	0	0	7 200	18 308
2012 - 05	40	62 760	480	628	360	1 504	0	0	880	64 892
2012 - 08	0	0	120	164	0	0	0	0	120	164
2012 - 11	40	73 648	600	1 116	560	2 284	0	0	1 200	77 048
2013 - 02	0	0	0	0	2 920	19 950	0	0	2 920	19 950
2013 - 05	40	11 022	760	1 170	440	962	0	0	1 240	13 154
2013 - 08	0	0	120	1 706	240	808	0	0	360	2 514
2013 - 11	20	76 280	1 000	588	3 040	7 802	0	0	4 060	84 670
2014 - 02	20	82 954	80	20	1 200	4 470	20	8	1 320	87 452
2014 - 05	20	69 856	60	88	440	1 816	0	0	520	71 760
2014 - 08	40	62 114	700	160	380	446	0	0	1 120	62 720
2014 - 11	0	0	1 520	682	2 200	9 628	0	0	3 720	10 310
2015 - 02	0	0	0	0	1 972	6 275	27	103	1 999	6 378
2015 - 05	60	206	1 540	542	820	824	0	0	2 420	1 572
2015 - 08	0	0	460	250	260	318	0	0	720	568
2015 - 11	0	0	960	1 150	840	1 180	0	0	1 800	2 330

THL01 观测站底栖动物相关数据见表 3 - 20。

表 3 - 20 THL01 观测站底栖动物相关数据

时间（年-月）	软体动物数量/ (ind. /m²)	软体动物生物量/ (mg/m²)	水生环节动物数量/ (ind. /m²)	水生环节软体动物生物量/ (mg/m²)	水生昆虫数量/ (ind. /m²)	水生昆虫生物量/ (mg/m²)	其他数量/ (ind. /m²)	其他生物量/ (mg/m²)	底栖动物总数量/ (ind. /m²)	底栖动物总生物量/ (mg/m²)
2007 - 02	80	312	9 000	15 424	3 120	9 452	40	80	12 240	25 268
2007 - 05	240	6 368	3 600	4 264	800	2 064	0	0	4 640	12 696
2007 - 08	0	0	8 200	7 380	2 680	3 568	0	0	10 880	10 948

（续）

时间 （年-月）	软体动物 数量/ （ind. /m²）	软体动物 生物量/ （mg/m²）	水生环节 动物数量/ （ind. /m²）	水生环节软体 动物生物量/ （mg/m²）	水生昆虫 数量/ （ind. /m²）	水生昆虫 生物量/ （mg/m²）	其他数量/ （ind. /m²）	其他生物量/ （mg/m²）	底栖动物 总数量/ （ind. /m²）	底栖动物 总生物量/ （mg/m²）
2007 - 11	120	5 820	5 400	10 260	440	5 748	40	60	6 000	21 888
2008 - 02	3 760	143 668	3 320	6 986	480	1 800	640	602	8 200	153 056
2008 - 05	360	23 178	1 560	2 790	420	1 812	1 020	1 020	3 360	28 800
2008 - 08	80	2 888	1 640	4 312	440	708	0	0	2 160	7 908
2008 - 11	600	25 216	1 280	4 676	640	7 020	440	2 844	2 960	39 756
2009 - 02	1 320	113 976	1 240	3 836	440	12 176	560	3 268	3 560	133 256
2009 - 05	125	13 388	1 200	3 290	1 300	10 073	775	1 255	3 400	28 006
2009 - 08	100	33 750	425	358	25	100	175	602	725	34 810
2009 - 11	40	656	720	1 616	120	1 608	0	0	880	3 880
2010 - 02	120	81 516	3 160	9 156	240	1 748	240	744	3 760	93 164
2010 - 05	0	0	2 840	7 880	40	48	120	348	3 000	8 276
2010 - 08	0	0	520	1 784	40	32	80	172	640	1 988
2010 - 11	160	67 364	1 400	4 340	0	0	4 680	14 424	6 240	86 128
2011 - 02	480	18 484	1 320	12 228	120	44	2 760	8 484	4 680	39 240
2011 - 05	640	152 604	3 960	5 800	200	516	1 160	2 748	5 960	161 668
2011 - 08	680	162 044	840	952	0	0	0	0	1 520	162 996
2011 - 11	880	306 724	800	2 620	0	0	240	844	1 920	310 188
2012 - 02	120	17 568	280	2 204	40	364	120	204	560	20 340
2012 - 05	360	268 652	640	3 888	0	0	80	664	1 080	273 204
2012 - 08	0	0	1 000	7 620	0	0	0	0	1 000	7 620
2012 - 11	0	0	360	3 040	0	0	0	0	360	3 040
2013 - 02	40	27 352	240	1 100	0	0	0	0	280	28 452
2013 - 05	0	0	240	2 246	0	0	20	38	260	2 284
2013 - 08	0	0	60	1 044	0	0	20	38	80	1 082
2013 - 11	60	47 132	280	1 112	40	74	3 140	8 956	3 520	57 274
2014 - 02	40	846	20	528	380	3 372	1 000	3 834	1 440	8 580
2014 - 05	60	2 748	60	720	0	0	120	940	240	4 408
2014 - 08	20	246	800	744	40	32	40	148	900	1 170
2014 - 11	0	0	20	50	240	2 144	480	1 652	740	3 846
2015 - 02	13	663	13	2	3 614	16 581	1 467	4 527	5 107	21 773
2015 - 05	60	460	2 000	558	420	69	360	344	2 840	1 431
2015 - 08	60	26 486	180	240	700	358	40	388	980	27 472
2015 - 11	20	15 952	20	8	220	7	60	48	320	16 015

THL03 观测站底栖动物相关数据见表 3-21。

表 3-21　THL03 观测站底栖动物相关数据

时间 （年-月）	软体动物 数量/ (ind. /m²)	软体动物 生物量/ (mg/m²)	水生环节 动物数量/ (ind. /m²)	水生环节软体 动物生物量/ (mg/m²)	水生昆虫 数量/ (ind. /m²)	水生昆虫 生物量/ (mg/m²)	其他数量/ (ind. /m²)	其他生物量/ (mg/m²)	底栖动物 总数量/ (ind. /m²)	底栖动物 总生物量/ (mg/m²)
2007-02	0	0	2 960	4 680	360	1 548	680	3 284	4 000	9 512
2007-05	160	1 420	400	736	280	3 248	160	316	1 000	5 720
2007-08	80	94 836	2 680	2 688	40	716	360	952	3 160	99 192
2007-11	0	0	1 400	2 580	40	108	0	0	1 440	2 688
2008-02	200	130 564	1 600	3 480	120	276	2 920	7 812	4 840	142 132
2008-05	200	53 348	1 000	3 196	0	0	0	0	1 200	56 544
2008-08	160	129 128	920	2 984	0	0	400	944	1 480	133 056
2008-11	200	162 812	80	756	320	660	1 080	3 216	1 680	167 444
2009-02	120	126 306	620	1 458	100	234	820	5 370	1 660	133 368
2009-05	150	107 290	2 275	7 488	100	520	825	1 408	3 350	116 706
2009-08	350	178 880	350	1 175	0	0	50	215	750	180 270
2009-11	320	233 904	720	2 448	40	180	0	0	1 080	236 532
2010-02	200	103 688	1 520	2 960	40	708	400	1 484	2 160	108 840
2010-05	160	50 488	4 080	8 276	0	0	280	1 268	4 520	60 032
2010-08	280	38 052	960	1 972	0	0	40	164	1 280	40 188
2010-11	200	163 700	760	2 432	80	324	0	0	1 040	166 456
2011-02	440	222 296	3 760	9 280	0	0	0	0	4 200	231 576
2011-05	520	357 592	3 840	5 076	0	0	40	1 488	4 400	364 156
2011-08	200	164 812	280	324	0	0	80	364	560	165 500
2011-11	680	320 044	560	3 620	0	0	160	524	1 400	324 188
2012-02	680	590 488	480	1 032	0	0	40	564	1 200	592 084
2012-05	760	625 808	40	716	0	0	40	1 456	840	627 980
2012-08	200	190 732	320	412	0	0	40	356	560	191 500
2012-11	320	614 496	40	1 060	0	0	40	888	400	616 444
2013-02	1 220	1 437 442	140	548	40	256	0	0	1 400	1 438 246
2013-05	120	218 158	20	264	0	0	20	46	160	218 468
2013-08	0	0	440	714	0	0	20	236	460	950
2013-11	140	329 644	220	148	0	0	380	1 338	740	331 130
2014-02	60	256 646	20	6	0	0	980	3 856	1 060	260 508
2014-05	120	410 640	40	40	0	0	140	546	300	411 226
2014-08	120	303 520	20	68	0	0	20	426	160	304 014
2014-11	20	78 530	80	720	0	0	100	562	200	79 812
2015-02	147	301 560	413	399	93	573	173	738	826	303 270
2015-05	60	626	760	206	20	3	120	312	960	1 147
2015-08	40	67 294	1 400	1 034	100	96	0	0	1 540	68 424
2015-11	60	120 316	1 500	954	820	80	40	42	2 420	121 392

THL04 观测站底栖动物相关数据见表 3 - 22。

表 3 - 22　THL04 观测站底栖动物相关数据

时间 （年-月）	软体动物 数量/ (ind. /m²)	软体动物 生物量/ (mg/m²)	水生环节 动物数量/ (ind. /m²)	水生环节软体 动物生物量/ (mg/m²)	水生昆虫 数量/ (ind. /m²)	水生昆虫 生物量/ (mg/m²)	其他数量/ (ind. /m²)	其他生物量/ (mg/m²)	底栖动物 总数量/ (ind. /m²)	底栖动物 总生物量/ (mg/m²)
2007 - 02	120	37 600	8 760	14 703	0	0	480	14 960	9 360	67 263
2007 - 05	0	0	480	844	0	0	0	0	480	844
2007 - 08	80	28 048	10 960	6 527	0	0	120	128	11 160	34 703
2007 - 11	40	3 948	1 160	1 304	0	0	680	832	1 880	6 084
2008 - 02	40	1 640	440	3 208	0	0	280	1 140	760	5 988
2008 - 05	120	2 636	1 360	1 564	0	0	1 160	952	2 640	5 152
2008 - 08	240	34 644	1 120	1 804	0	0	360	580	1 720	37 028
2008 - 11	40	4 716	720	2 136	0	0	2 200	9 072	2 960	15 924
2009 - 02	1 600	65 600	2 720	8 420	200	1 408	1 240	5 232	5 760	80 660
2009 - 05	150	49 685	0	0	0	0	125	410	275	50 095
2009 - 08	350	161 750	275	230	25	13	325	875	975	162 868
2009 - 11	40	9 776	960	3 052	0	0	160	632	1 160	13 460
2010 - 02	40	17 244	2 080	7 936	0	0	480	1 852	2 600	27 032
2010 - 05	80	524	3 960	9 288	0	0	0	0	4 040	9 812
2010 - 08	120	187 724	200	404	0	0	40	164	360	188 292
2010 - 11	80	19 164	2 280	4 184	40	12	200	564	2 600	23 924
2011 - 02	600	641 744	840	1 324	40	36	2 240	5 680	3 720	648 784
2011 - 05	440	126 804	2 720	3 168	0	0	680	1 132	3 840	131 104
2011 - 08	320	23 764	40	52	0	0	40	564	400	24 380
2011 - 11	240	39 552	520	1 332	0	0	80	112	840	40 996
2012 - 02	480	312 560	0	0	0	0	0	0	480	312 560
2012 - 05	120	44 368	120	1 332	0	0	0	0	240	45 700
2012 - 08	120	169 344	120	1 028	0	0	0	0	240	170 372
2012 - 11	200	120 252	600	2 628	0	0	120	136	920	123 016
2013 - 02	140	120 348	100	530	0	0	20	40	260	120 918
2013 - 05	240	255 356	180	1 324	0	0	260	904	680	257 584
2013 - 08	180	1 694	320	3 960	0	0	160	10 150	660	15 804
2013 - 11	380	639 518	320	1 116	0	0	1 120	5 564	1 820	646 198
2014 - 02	40	31 072	80	770	0	0	500	2008	620	33 850
2014 - 05	320	371 992	540	926	0	0	700	1 264	1 560	374 182
2014 - 08	200	333 810	340	120	0	0	340	1 746	880	335 676
2014 - 11	120	277 784	100	398	0	0	520	1 730	740	279 912
2015 - 02	401	13 524	173	188	54	20	333	1 207	961	14 939
2015 - 05	340	3 727	1 500	820	40	7	320	1 278	2 200	5 832
2015 - 08	20	186	700	378	0	0	0	0	720	564
2015 - 11	40	67 300	340	994	260	30	160	514	800	68 838

THL05 观测站底栖动物相关数据见表 3 - 23。

表 3 - 23 THL05 观测站底栖动物相关数据

时间 （年-月）	软体动物 数量/ (ind. /m²)	软体动物 生物量/ (mg/m²)	水生环节 动物数量/ (ind. /m²)	水生环节软体 动物生物量/ (mg/m²)	水生昆虫 数量/ (ind. /m²)	水生昆虫 生物量/ (mg/m²)	其他数量/ (ind. /m²)	其他生物量/ (mg/m²)	底栖动物 总数量/ (ind. /m²)	底栖动物 总生物量/ (mg/m²)
2007 - 02	80	59 384	4 080	6 558	40	272	120	340	4 320	66 554
2007 - 05	80	1 452	2 880	6 368	80	644	0	0	3 040	8 464
2007 - 08	80	26 004	2 160	2 556	0	0	160	244	2 400	28 804
2007 - 11	120	48 564	1 080	2 832	40	124	1 600	2 840	2 840	54 360
2008 - 02	280	358 768	1 280	2 592	80	740	280	1 320	1 920	363 420
2008 - 05	80	908	1 280	1 764	0	0	0	0	1 360	2 672
2008 - 08	0	0	1 400	1 660	40	568	440	1 096	1 880	3 324
2008 - 11	0	0	520	340	40	36	560	1 728	1 120	2 104
2009 - 02	120	1 892	380	1 156	80	560	1 360	5 584	1 940	9 192
2009 - 05	175	63 060	2 325	6 422.5	0	0	850	847.5	3 350	70 330
2009 - 08	700	319 000	375	925	0	0	1 075	2 855	2 150	322 780
2009 - 11	40	4 612	720	1 252	0	0	2 400	14 580	3 160	20 444
2010 - 02	160	19 524	880	1 852	0	0	2 640	8 164	3 680	29 540
2010 - 05	80	37 120	1 880	2 408	0	0	120	348	2 080	39 876
2010 - 08	40	41 124	520	1 332	0	0	40	476	600	42 932
2010 - 11	80	38 404	920	3 028	0	0	1 000	3 060	2 000	44 492
2011 - 02	120	13 004	2 160	2 432	0	0	1 000	4 556	3 280	19 992
2011 - 05	600	12 324	2 600	2 948	0	0	120	244	3 320	15 516
2011 - 08	840	66 684	40	44	0	0	40	564	920	67 292
2011 - 11	320	48 592	360	2 572	0	0	240	768	920	51 932
2012 - 02	640	94 492	560	2 260	0	0	120	992	1 320	97 744
2012 - 05	200	78 960	280	3 664	0	0	0	0	480	82 624
2012 - 08	40	12 764	280	1 128	0	0	0	0	320	13 892
2012 - 11	120	165 820	200	1 776	0	0	80	236	400	167 832
2013 - 02	0	0	280	2 134	0	0	60	258	340	2 392
2013 - 05	80	67 432	80	250	0	0	120	102	280	67 784
2013 - 08	20	31 992	120	258	0	0	20	36	160	32 286
2013 - 11	520	906 918	100	518	0	0	340	1 648	960	909 084
2014 - 02	340	622 318	40	142	0	0	1 160	3 452	1 540	625 912
2014 - 05	120	5 618	0	0	0	0	360	2 224	480	7 842
2014 - 08	120	16 668	160	508	0	0	260	1 354	540	18 530
2014 - 11	80	9 132	80	718	0	0	1 740	6 310	1 900	16 160
2015 - 02	186	8 720	187	93	13	3	453	2 082	839	10 898
2015 - 05	260	3 969	180	670	40	7	660	1 835	1 140	6 481
2015 - 08	0	0	980	514	0	0	0	0	980	514
2015 - 11	60	7 068	400	2 214	80	8	20	24	560	9 314

THL06 观测站底栖动物相关数据见表 3-24。

表 3-24　THL06 观测站底栖动物相关数据

时间 (年-月)	软体动物 数量/ (ind./m²)	软体动物 生物量/ (mg/m²)	水生环节 动物数量/ (ind./m²)	水生环节软体 动物生物量/ (mg/m²)	水生昆虫 数量/ (ind./m²)	水生昆虫 生物量/ (mg/m²)	其他数量/ (ind./m²)	其他生物量/ (mg/m²)	底栖动物 总数量/ (ind./m²)	底栖动物 总生物量/ (mg/m²)
2007-02	0	0	19 360	43 640	0	0	0	0	19 360	43 640
2007-05	0	0	6 320	27 008	0	0	0	0	6 320	27 008
2007-08	0	0	11 480	17 648.4	120	84	0	0	11 600	17 732.4
2007-11	0	0	11 200	9 796	0	0	0	0	11 200	9 796
2008-02	120	52 608	5 640	14 992	0	0	0	0	5 760	67 600
2008-05	0	0	6 320	14 060	0	0	40	76	6 360	14 136
2008-08	320	80 308	4 920	6 852	40	32	0	0	5 280	87 192
2008-11	0	0	200	84	0	0	80	216	280	300
2009-02	1 600	11 200	1 280	992	120	224	0	0	3 000	12 416
2009-05	575	497 100	2 725	3 872	25	33	25	33 565	3 350	534 570
2009-08	0	0	975	5 500	75	28	25	66 750	1 075	72 278
2009-11	0	0	3 840	4 216	0	0	0	0	3 840	4 216
2010-02	80	162 444	8 360	17 964	0	0	0	0	8 440	180 408
2010-05	160	106 072	3 320	13 844	0	0	360	1 884	3 840	121 800
2010-08	40	11 684	1 720	1 612	160	100	40	388	1 960	13 784
2010-11	120	162 048	1 480	2 100	40	28	2 520	6 804	4 160	170 980
2011-02	200	25 948	880	2 376	160	20	360	1 064	1 600	29 408
2011-05	400	95 684	1 720	2 680	0	0	800	2 924	2 920	101 288
2011-08	120	20 768	40	44	0	0	0	0	160	20 812
2011-11	1 400	957 504	240	220	40	76	40	52	1 720	957 852
2012-02	760	559 092	200	652	80	8	0	0	1 040	559 752
2012-05	80	169 696	80	1 668	40	92	80	208	280	171 664
2012-08	120	273 072	0	0	0	0	0	0	120	273 072
2012-11	80	135 276	120	100	40	4	0	0	240	135 380
2013-02	0	0	420	656	640	2 714	0	0	1 060	3 370
2013-05	0	0	1 080	1 468	120	268	20	32	1 220	1 768
2013-08	0	0	940	992	0	0	0	0	940	992
2013-11	40	31 700	420	82	0	0	20	24	480	31 806
2014-02	40	64 184	120	58	200	242	300	910	660	65 394
2014-05	160	39 744	20	16	20	38	480	2 300	680	42 098
2014-08	20	69 878	940	228	0	0	0	0	960	70 106
2014-11	0	0	0	0	60	698	80	258	140	956
2015-02	80	105 617	53	16	480	1 008	694	2 288	1 307	108 929
2015-05	40	230	180	42	320	64	20	26.4	560	362
2015-08	60	22 632	800	602	320	324	0	0	1 180	23 558
2015-11	40	91 086	6 540	2 274	1 620	2 314	0	0	8 200	95 674

THL07 观测站底栖动物相关数据见表 3-25。

表 3-25　THL07 观测站底栖动物相关数据

时间 （年-月）	软体动物 数量/ (ind./m²)	软体动物 生物量/ (mg/m²)	水生环节 动物数量/ (ind./m²)	水生环节软体 动物生物量/ (mg/m²)	水生昆虫 数量/ (ind./m²)	水生昆虫 生物量/ (mg/m²)	其他数量/ (ind./m²)	其他生物量/ (mg/m²)	底栖动物 总数量/ (ind./m²)	底栖动物 总生物量/ (mg/m²)
2007-02	0	0	40	64	0	0	40	0	40	64
2007-05	80	48 560	40	304	0	0	0	0	120	48 864
2007-08	520	396 036	0	0	0	0	0	0	520	396 036
2007-11	120	15 008	160	228	0	0	240	168	520	15 404
2008-02	0	0	1 360	2 370	0	0	280	1 136	1 640	3 506
2008-05	80	36 104	720	756	40	32	0	0	840	36 892
2008-08	600	382 596	0	0	0	0	80	392	680	382 988
2008-11	40	15 192	540	464	20	56	380	1 060	980	16 772
2009-02	240	29 256	160	104	0	0	1 080	5 140	1 480	34 500
2009-05	150	86 960	50	42.5	0	0	175	597.5	375	87 600
2009-08	225	41 250	0	0	0	0	450	2 050	675	43 300
2009-11	120	115 240	40	560 000	40	204	200	712	400	676 156
2010-02	80	11 616	760	3 388	0	0	520	1 976	1 360	16 980
2010-05	80	16 404	160	692	0	0	0	0	240	17 096
2010-08	40	448	320	2 192	0	0	80	140	440	2 780
2010-11	760	719 164	40	468	0	0	40	992	840	720 624
2011-02	0	0	560	1 672	0	0	80	148	640	1 820
2011-05	0	0	640	2 228	0	0	0	0	640	2 228
2011-08	80	11 204	800	1 564	0	0	40	164	920	12 932
2011-11	120	16 400	1 360	3 936	0	0	200	716	1 680	21 052
2012-02	800	812 060	0	0	0	0	120	124	920	812 184
2012-05	320	413 224	0	0	0	0	0	0	320	413 224
2012-08	40	448	720	5 480	0	0	120	668	880	6 596
2012-11	120	7 160	480	2 664	0	0	160	1 396	760	11 220
2013-02	40	43 700	160	2 226	0	0	40	142	240	46 068
2013-05	0	0	360	2 134	0	0	60	118	420	2 252
2013-08	140	11 540	360	2 968	0	0	100	388	600	14 896
2013-11	120	28 970	140	1 100	40	14	640	1 878	940	31 962
2014-02	40	77 366	60	596	0	0	560	2 242	660	80 204
2014-05	160	5 432	80	652	0	0	40	226	280	6 310
2014-08	160	165 700	20	16	0	0	20	122	200	165 838
2014-11	280	6 834	140	1 128	0	0	420	2 220	840	10 182
2015-02	186	74 175	26	5	0	0	520	1 007	732	75 187
2015-05	60	370	100	155	0	0	120	513	280	1 038
2015-08	140	1 312	0	0	0	0	40	218	180	1 530
2015-11	20	31 150	60	590	20	0	0	0	100	31 740

THL08 观测站底栖动物相关数据见表 3-26。

表 3-26　THL08 观测站底栖动物相关数据

时间 （年-月）	软体动物 数量/ (ind. /m²)	软体动物 生物量/ (mg/m²)	水生环节 动物数量/ (ind. /m²)	水生环节软体 动物生物量/ (mg/m²)	水生昆虫 数量/ (ind. /m²)	水生昆虫 生物量/ (mg/m²)	其他数量/ (ind. /m²)	其他生物量/ (mg/m²)	底栖动物 总数量/ (ind. /m²)	底栖动物 总生物量/ (mg/m²)
2007 - 02	40	7 800	0	0	0	0	0	0	40	7 800
2007 - 05	0	0	0	0	0	0	0	0	0	0
2007 - 08	280	97 496	0	0	0	0	0	0	280	97 496
2007 - 11	840	242 844	320	1 236	0	0	0	0	1 160	244 080
2008 - 02	40	11 776	0	0	0	0	160	264	200	12 040
2008 - 05	160	49 952	20	52	0	0	0	0	180	50 004
2008 - 08	80	36 936	0	0	80	64	0	0	160	37 000
2008 - 11	520	229 408	200	764	0	0	80	80	800	230 252
2009 - 02	200	177 624	120	92	0	0	40	136	360	177 852
2009 - 05	550	427 478	0	0	0	0	300	2 480	850	429 958
2009 - 08	675	256 250	0	0	0	0	125	688	800	256 938
2009 - 11	520	432 420	0	0	0	0	240	1 828	760	434 248
2010 - 02	280	212 448	120	324	0	0	160	1 284	560	214 056
2010 - 05	160	114 284	160	1 428	0	0	0	0	320	115 712
2010 - 08	560	263 948	280	1 768	0	0	40	384	880	266 100
2010 - 11	280	210 328	80	64	0	0	760	1 308	1 120	211 700
2011 - 02	400	312 760	240	1 812	0	0	80	116	720	314 688
2011 - 05	160	223 172	40	844	0	0	40	44	240	224 060
2011 - 08	200	138 164	0	0	0	0	0	0	200	138 164
2011 - 11	480	116 004	200	23 884	0	0	0	0	680	139 888
2012 - 02	0	0	40	432	0	0	0	0	40	432
2012 - 05	440	683 200	520	1 144	0	0	0	0	960	684 344
2012 - 08	680	472 948	240	2 256	0	0	40	52	960	475 256
2012 - 11	160	118 396	160	1 448	0	0	0	0	320	119 844
2013 - 02	200	148 336	200	1 470	0	0	60	188	460	149 994
2013 - 05	40	48 246	40	70	0	0	0	0	80	48 316
2013 - 08	80	93 546	100	838	0	0	20	74	200	94 458
2013 - 11	260	307 042	100	766	0	0	140	768	500	308 576
2014 - 02	220	156 174	160	436	20	14	160	632	560	157 256
2014 - 05	80	92 340	0	0	0	0	0	0	80	92 340
2014 - 08	940	344 258	0	0	20	6	20	24	980	344 288
2014 - 11	0	0	0	0	0	0	0	0	0	0
2015 - 02	200	66 691	0	0	0	0	93	67	293	66 758
2015 - 05	400	298 499	40	3	0	0	40	116	480	298 618
2015 - 08	60	38 162	0	0	0	0	0	0	60	38 162
2015 - 11	200	138 786	0	0	0	0	0	0	200	138 786

3.1.4 细菌数据集

3.1.4.1 概述

水体中的细菌是一些水生动物的食物成分，并参与水中物质循环。其现存量受生活污水和工业废水影响很大，特别是一些富营养型湖泊，藻类等水生生物死亡后就为异养细菌的繁殖创造了良好的营养条件。因此，水体中细菌的现存量与营养水平关系十分密切。本数据集为太湖站 8 个长期常规监测站点 2007—2015 年的季度尺度细菌总数（ind./mL）以及荧光法低值（ind./mL）和荧光法高值（ind./mL）。

3.1.4.2 数据采集和处理方法

（1）数据采集

本数据集中 8 个常规监测站点分别为 THL00、THL01、THL03、THL04、THL05、THL06、THL07 和 THL08，采样时间为 2 月、5 月、8 月和 11 月，每季度一次。

（2）数据测定

①采集。将装样品用的 20 mL 小圆瓶酸洗、烘干、灭菌，每瓶加入 1 mL 甲醛，再采集水样。

②染色。提取样品，进行稀释（冬季样品稀释 10 倍，夏季样品稀释 20 倍，总共 5 mL），在 7 mL 离心管中避光加入 100 μL DAPI（100 μg/mL）和 250 μL 1×SCB，振荡 2 min，避光染色 10 min。

③抽滤。将垫膜平铺于滤斗中央，用少量无菌水润湿垫膜，抽滤以排出水，保证垫膜中央不能有气泡；然后在垫膜上轻轻盖上黑膜，黑膜光面朝上，搭好抽滤装置。将染色结束后的样品加到抽滤瓶中抽滤。

④制片。抽滤完成后将黑膜用镊子取下置于载玻片上，不能有气泡。在膜中心滴一滴浸镜油，盖上盖玻片，用镊子尾端从左往右压片，将油全部压去，写上标签。

⑤镜检。打开显微镜开关，滤光片调至 DAPI，物镜转至 100×，在盖玻片上滴一滴浸镜油，往外拉光源至合适位置。先粗调显微镜至物镜刚好接触到浸镜油，然后微调，直至看到蓝色亮斑。每一个样品数 20 个视野。

3.1.4.3 数据质量控制和评估

（1）数据获取过程的质量控制

DAPI、SCB 的配制须使用无菌三蒸水，并储存于暗、冷处（遮光后冰箱冷藏）；稀释样品须使用无菌三蒸水；装样品用的小圆瓶、离心管及所有提取样品、DAPI、SCB 用的枪头均要酸洗、烘干、灭菌后才能使用；盖玻片、载玻片先用 75% 酒精浸泡，擦干净后再用；除了采集以外的其他所有操作过程均要避光进行；镜检计数须在亮斑淬灭前完成。

（2）数据质量评估

同浮游植物数据集。

3.1.4.4 数据

THL00 观测站细菌数据见表 3-27。

表 3-27 THL00 观测站细菌数据

时间（年-月）	细菌总数/（ind./mL）	荧光法低值/（ind./mL）	荧光法高值/（ind./mL）
2007-02	$1.97×10^6$	$1.79×10^6$	$2.17×10^6$
2007-05	$1.54×10^6$	$1.38×10^6$	$1.72×10^6$
2007-08	$2.52×10^6$	$2.31×10^6$	$2.74×10^6$

（续）

时间（年-月）	细菌总数/（ind./mL）	荧光法低值/（ind./mL）	荧光法高值/（ind./mL）
2007 - 11	2.51×10^6	2.30×10^6	2.74×10^6
2008 - 02	4.88×10^6	4.48×10^6	5.31×10^6
2008 - 05	6.99×10^6	6.31×10^6	7.72×10^6
2008 - 08	9.81×10^6	9.00×10^6	1.07×10^7
2008 - 11	6.04×10^6	5.20×10^6	6.98×10^6
2009 - 02	3.76×10^6	3.41×10^6	4.14×10^6
2009 - 05	1.14×10^7	1.05×10^7	1.23×10^7
2009 - 08	1.46×10^7	1.36×10^7	1.56×10^7
2009 - 11	4.78×10^6	4.38×10^6	5.20×10^6
2010 - 02	1.80×10^6	1.62×10^6	1.98×10^6
2010 - 05	4.89×10^6	4.60×10^6	5.20×10^6
2010 - 08	4.53×10^6	4.25×10^6	4.82×10^6
2010 - 11	2.69×10^6	2.48×10^6	2.92×10^6
2011 - 02	2.80×10^6	2.64×10^6	2.97×10^6
2011 - 05	6.73×10^6	6.37×10^6	7.09×10^6
2011 - 08	1.07×10^7	9.99×10^6	1.14×10^7
2011 - 11	4.49×10^6	4.20×10^6	4.79×10^6
2012 - 02	3.39×10^6	3.24×10^6	3.55×10^6
2012 - 05	4.21×10^6	3.97×10^6	4.46×10^6
2012 - 08	1.08×10^7	1.02×10^7	1.15×10^7
2012 - 11	4.51×10^6	4.26×10^6	4.76×10^6
2013 - 02	3.20×10^6	3.03×10^6	3.38×10^6
2013 - 05	5.09×10^6	4.72×10^6	5.48×10^6
2013 - 08	9.22×10^6	8.66×10^6	9.80×10^6
2013 - 11	3.70×10^6	3.47×10^6	3.93×10^6
2014 - 02	1.08×10^6	9.58×10^5	1.21×10^6
2014 - 05	3.84×10^6	3.52×10^6	4.18×10^6
2014 - 08	5.29×10^6	4.92×10^6	5.69×10^6
2014 - 11	1.98×10^6	1.75×10^6	2.23×10^6
2015 - 02	4.11×10^6	3.52×10^6	4.70×10^6
2015 - 05	8.66×10^6	7.57×10^6	9.75×10^6
2015 - 08	4.13×10^6	3.46×10^6	4.79×10^6
2015 - 11	2.63×10^6	2.13×10^6	3.13×10^6

THL01 观测站细菌数据见表 3 - 28。

表 3 - 28　THL01 观测站细菌数据

时间（年-月）	细菌总数/（ind. /mL）	荧光法低值/（ind. /mL）	荧光法高值/（ind. /mL）
2007 - 02	1.96×10^6	1.83×10^6	2.10×10^6
2007 - 05	2.52×10^6	2.31×10^6	2.75×10^6
2007 - 08	4.16×10^6	3.89×10^6	4.44×10^6
2007 - 11	2.77×10^6	2.55×10^6	3.01×10^6
2008 - 02	3.31×10^6	2.98×10^6	3.67×10^6
2008 - 05	2.90×10^6	2.59×10^6	3.23×10^6
2008 - 08	1.00×10^7	9.19×10^6	1.09×10^7
2008 - 11	4.54×10^6	3.82×10^6	5.36×10^6
2009 - 02	4.70×10^6	4.30×10^6	5.12×10^6
2009 - 05	9.41×10^6	8.62×10^6	1.03×10^7
2009 - 08	1.21×10^7	1.12×10^7	1.31×10^7
2009 - 11	3.89×10^6	3.53×10^6	4.27×10^6
2010 - 02	1.62×10^6	1.46×10^6	1.80×10^6
2010 - 05	2.70×10^6	2.48×10^6	2.92×10^6
2010 - 08	3.03×10^6	2.80×10^6	3.27×10^6
2010 - 11	1.74×10^6	1.57×10^6	1.92×10^6
2011 - 02	3.08×10^6	2.91×10^6	3.25×10^6
2011 - 05	5.42×10^6	5.10×10^6	5.75×10^6
2011 - 08	1.02×10^7	9.52×10^6	1.09×10^7
2011 - 11	5.21×10^6	4.90×10^6	5.54×10^6
2012 - 02	3.78×10^6	3.62×10^6	3.94×10^6
2012 - 05	2.66×10^6	2.47×10^6	2.86×10^6
2012 - 08	7.23×10^6	6.74×10^6	7.75×10^6
2012 - 11	3.67×10^6	3.45×10^6	3.91×10^6
2013 - 02	3.52×10^6	3.30×10^6	3.74×10^6
2013 - 05	3.45×10^6	3.15×10^6	3.78×10^6
2013 - 08	7.63×10^6	7.13×10^6	8.17×10^6
2013 - 11	2.14×10^6	1.97×10^6	2.32×10^6
2014 - 02	1.11×10^6	9.89×10^5	1.24×10^6
2014 - 05	6.59×10^6	6.17×10^6	7.03×10^6
2014 - 08	5.55×10^6	5.16×10^6	5.95×10^6
2014 - 11	3.26×10^6	2.96×10^6	3.57×10^6
2015 - 02	4.48×10^6	3.81×10^6	5.14×10^6
2015 - 05	5.64×10^6	5.32×10^6	5.97×10^6
2015 - 08	4.62×10^6	3.83×10^6	5.41×10^6
2015 - 11	1.92×10^6	1.54×10^6	2.30×10^6

THL03 观测站细菌数据见表 3-29。

表 3-29　THL03 观测站细菌数据

时间（年-月）	细菌总数/ (ind. /mL)	荧光法低值/ (ind. /mL)	荧光法高值/ (ind. /mL)
2007-02	$1.60×10^6$	$1.48×10^6$	$1.73×10^6$
2007-05	$2.21×10^6$	$2.02×10^6$	$2.42×10^6$
2007-08	$3.83×10^6$	$3.57×10^6$	$4.10×10^6$
2007-11	$2.37×10^6$	$2.16×10^6$	$2.58×10^6$
2008-02	$4.06×10^6$	$3.69×10^6$	$4.45×10^6$
2008-05	$3.92×10^6$	$3.56×10^6$	$4.31×10^6$
2008-08	$1.33×10^7$	$1.23×10^7$	$1.42×10^7$
2008-11	$3.20×10^6$	$2.60×10^6$	$3.90×10^6$
2009-02	$4.27×10^6$	$3.89×10^6$	$4.67×10^6$
2009-05	$1.16×10^7$	$1.07×10^7$	$1.25×10^7$
2009-08	$1.21×10^7$	$1.12×10^7$	$1.30×10^7$
2009-11	$3.86×10^6$	$3.50×10^6$	$4.24×10^6$
2010-02	$1.70×10^6$	$1.54×10^6$	$1.89×10^6$
2010-05	$4.34×10^6$	$4.07×10^6$	$4.63×10^6$
2010-08	$2.50×10^6$	$2.30×10^6$	$2.72×10^6$
2010-11	$1.68×10^6$	$1.51×10^6$	$1.86×10^6$
2011-02	$2.25×10^6$	$2.10×10^6$	$2.40×10^6$
2011-05	$6.66×10^6$	$6.30×10^6$	$7.02×10^6$
2011-08	$1.24×10^7$	$1.16×10^7$	$1.32×10^7$
2011-11	$7.47×10^6$	$7.10×10^6$	$7.86×10^6$
2012-02	$3.95×10^6$	$3.75×10^6$	$4.15×10^6$
2012-05	$4.85×10^6$	$4.59×10^6$	$5.11×10^6$
2012-08	$5.48×10^6$	$5.06×10^6$	$5.94×10^6$
2012-11	$2.59×10^6$	$2.41×10^6$	$2.79×10^6$
2013-02	$3.55×10^6$	$3.37×10^6$	$3.73×10^6$
2013-05	$3.38×10^6$	$3.08×10^6$	$3.70×10^6$
2013-08	$5.59×10^6$	$5.16×10^6$	$6.05×10^6$
2013-11	$2.10×10^6$	$1.93×10^6$	$2.28×10^6$
2014-02	$2.07×10^6$	$1.90×10^6$	$2.24×10^6$
2014-05	$5.75×10^6$	$5.36×10^6$	$6.16×10^6$
2014-08	$4.34×10^6$	$4.00×10^6$	$4.71×10^6$
2014-11	$3.86×10^6$	$3.54×10^6$	$4.20×10^6$
2015-02	$3.56×10^6$	$2.96×10^6$	$4.17×10^6$
2015-05	$7.82×10^6$	$6.58×10^6$	$9.05×10^6$
2015-08	$3.00×10^6$	$2.53×10^6$	$3.47×10^6$
2015-11	$2.43×10^6$	$2.00×10^6$	$2.86×10^6$

THL04 观测站细菌数据见表 3-30。

表 3-30　THL04 观测站细菌数据

时间（年-月）	细菌总数/ (ind. /mL)	荧光法低值/ (ind. /mL)	荧光法高值/ (ind. /mL)
2007 - 02	1.31×10^6	1.21×10^6	1.43×10^6
2007 - 05	2.42×10^6	2.22×10^6	2.64×10^6
2007 - 08	3.52×10^6	3.27×10^6	3.78×10^6
2007 - 11	3.37×10^6	3.12×10^6	3.63×10^6
2008 - 02	2.34×10^6	2.07×10^6	2.65×10^6
2008 - 05	3.44×10^6	3.10×10^6	3.80×10^6
2008 - 08	1.12×10^7	1.04×10^7	1.21×10^7
2008 - 11	3.30×10^6	2.69×10^6	4.01×10^6
2009 - 02	4.74×10^6	4.35×10^6	5.16×10^6
2009 - 05	1.08×10^7	1.00×10^7	1.17×10^7
2009 - 08	9.46×10^6	8.67×10^6	1.03×10^7
2009 - 11	4.09×10^6	3.73×10^6	4.49×10^6
2010 - 02	1.71×10^6	1.54×10^6	1.89×10^6
2010 - 05	4.33×10^6	4.06×10^6	4.62×10^6
2010 - 08	3.07×10^6	2.84×10^6	3.31×10^6
2010 - 11	1.70×10^6	1.53×10^6	1.88×10^6
2011 - 02	2.60×10^6	2.45×10^6	2.76×10^6
2011 - 05	5.43×10^6	5.11×10^6	5.76×10^6
2011 - 08	1.07×10^7	9.97×10^6	1.14×10^7
2011 - 11	6.95×10^6	6.59×10^6	7.33×10^6
2012 - 02	3.85×10^6	3.66×10^6	4.04×10^6
2012 - 05	3.86×10^6	3.63×10^6	4.10×10^6
2012 - 08	8.91×10^6	8.36×10^6	9.49×10^6
2012 - 11	4.02×10^6	3.78×10^6	4.26×10^6
2013 - 02	2.62×10^6	2.43×10^6	2.82×10^6
2013 - 05	5.17×10^6	4.80×10^6	5.56×10^6
2013 - 08	6.35×10^6	5.89×10^6	6.84×10^6
2013 - 11	1.83×10^6	1.68×10^6	2.00×10^6
2014 - 02	2.58×10^6	2.40×10^6	2.78×10^6
2014 - 05	5.69×10^6	5.29×10^6	6.10×10^6
2014 - 08	4.27×10^6	3.93×10^6	4.63×10^6
2014 - 11	2.87×10^6	2.60×10^6	3.17×10^6
2015 - 02	4.37×10^6	3.84×10^6	4.89×10^6
2015 - 05	8.36×10^6	7.28×10^6	9.45×10^6
2015 - 08	5.96×10^6	5.46×10^6	6.45×10^6
2015 - 11	1.77×10^6	1.33×10^6	2.21×10^6

THL05 观测站细菌数据见表 3 - 31。

表 3 - 31　THL05 观测站细菌数据

时间（年-月）	细菌总数/（ind. /mL）	荧光法低值/（ind. /mL）	荧光法高值/（ind. /mL）
2007 - 02	1.71×10^6	1.59×10^6	1.84×10^6
2007 - 05	2.40×10^6	2.20×10^6	2.62×10^6
2007 - 08	3.03×10^6	2.80×10^6	3.28×10^6
2007 - 11	3.32×10^6	3.08×10^6	3.58×10^6
2008 - 02	2.92×10^6	2.61×10^6	3.25×10^6
2008 - 05	2.66×10^6	2.36×10^6	2.98×10^6
2008 - 08	9.16×10^6	8.38×10^6	9.99×10^6
2008 - 11	3.13×10^6	2.54×10^6	3.83×10^6
2009 - 02	5.78×10^6	5.34×10^6	6.25×10^6
2009 - 05	1.05×10^7	9.65×10^6	1.14×10^7
2009 - 08	1.06×10^7	9.81×10^6	1.15×10^7
2009 - 11	4.56×10^6	4.17×10^6	4.98×10^6
2010 - 02	1.95×10^6	1.77×10^6	2.15×10^6
2010 - 05	3.18×10^6	2.95×10^6	3.43×10^6
2010 - 08	2.75×10^6	2.53×10^6	2.98×10^6
2010 - 11	1.98×10^6	1.80×10^6	2.18×10^6
2011 - 02	2.65×10^6	2.49×10^6	2.81×10^6
2011 - 05	4.52×10^6	4.23×10^6	4.82×10^6
2011 - 08	1.21×10^7	1.14×10^7	1.29×10^7
2011 - 11	6.96×10^6	6.60×10^6	7.33×10^6
2012 - 02	3.50×10^6	3.32×10^6	3.69×10^6
2012 - 05	4.76×10^6	4.51×10^6	5.03×10^6
2012 - 08	5.51×10^6	5.08×10^6	5.97×10^6
2012 - 11	2.95×10^6	2.75×10^6	3.16×10^6
2013 - 02	3.47×10^6	3.30×10^6	3.66×10^6
2013 - 05	3.54×10^6	3.23×10^6	3.87×10^6
2013 - 08	6.21×10^6	5.75×10^6	6.69×10^6
2013 - 11	2.05×10^6	1.89×10^6	2.23×10^6
2014 - 02	3.20×10^6	2.99×10^6	3.42×10^6
2014 - 05	4.80×10^6	4.44×10^6	5.18×10^6
2014 - 08	3.65×10^6	3.34×10^6	3.99×10^6
2014 - 11	2.98×10^6	2.70×10^6	3.28×10^6
2015 - 02	6.84×10^6	6.12×10^6	7.56×10^6
2015 - 05	6.66×10^6	5.36×10^6	7.96×10^6
2015 - 08	4.73×10^6	4.07×10^6	5.38×10^6
2015 - 11	2.99×10^6	2.24×10^6	3.73×10^6

THL06 观测站细菌数据见表 3 - 32。

表 3 - 32　THL06 观测站细菌数据

时间（年-月）	细菌总数/（ind./mL）	荧光法低值/（ind./mL）	荧光法高值/（ind./mL）
2007 - 02	1.65×10^6	1.53×10^6	1.78×10^6
2007 - 05	1.52×10^6	1.35×10^6	1.69×10^6
2007 - 08	2.83×10^6	2.61×10^6	3.07×10^6
2007 - 11	2.94×10^6	2.71×10^6	3.18×10^6
2008 - 02	2.12×10^6	1.86×10^6	2.41×10^6
2008 - 05	2.97×10^6	2.66×10^6	3.31×10^6
2008 - 08	9.27×10^6	8.48×10^6	1.01×10^7
2008 - 11	3.95×10^6	3.28×10^6	4.72×10^6
2009 - 02	5.14×10^6	4.72×10^6	5.58×10^6
2009 - 05	9.16×10^6	8.38×10^6	9.99×10^6
2009 - 08	9.79×10^6	8.98×10^6	1.06×10^7
2009 - 11	3.95×10^6	3.59×10^6	4.34×10^6
2010 - 02	2.07×10^6	1.88×10^6	2.27×10^6
2010 - 05	1.98×10^6	1.80×10^6	2.18×10^6
2010 - 08	5.56×10^6	5.25×10^6	5.88×10^6
2010 - 11	2.52×10^6	2.31×10^6	2.74×10^6
2011 - 02	2.48×10^6	2.33×10^6	2.64×10^6
2011 - 05	5.40×10^6	5.08×10^6	5.73×10^6
2011 - 08	1.21×10^7	1.14×10^7	1.29×10^7
2011 - 11	5.84×10^6	5.51×10^6	6.19×10^6
2012 - 02	4.53×10^6	4.32×10^6	4.74×10^6
2012 - 05	4.03×10^6	3.79×10^6	4.27×10^6
2012 - 08	7.80×10^6	7.29×10^6	8.34×10^6
2012 - 11	4.01×10^6	3.77×10^6	4.25×10^6
2013 - 02	3.75×10^6	3.57×10^6	3.95×10^6
2013 - 05	3.04×10^6	2.75×10^6	3.34×10^6
2013 - 08	6.66×10^6	6.19×10^6	7.16×10^6
2013 - 11	2.16×10^6	1.99×10^6	2.35×10^6
2014 - 02	2.57×10^6	2.38×10^6	2.77×10^6
2014 - 05	4.64×10^6	4.29×10^6	5.01×10^6
2014 - 08	5.44×10^6	5.06×10^6	5.84×10^6
2014 - 11	3.41×10^6	3.11×10^6	3.73×10^6
2015 - 02	4.71×10^6	3.79×10^6	5.63×10^6
2015 - 05	6.56×10^6	5.76×10^6	7.35×10^6
2015 - 08	4.52×10^6	3.60×10^6	5.43×10^6
2015 - 11	3.81×10^6	3.50×10^6	4.12×10^6

THL07 观测站细菌数据见表 3-33。

表 3-33 THL07 观测站细菌数据

时间（年-月）	细菌总数/（ind./mL）	荧光法低值/（ind./mL）	荧光法高值/（ind./mL）
2007-02	1.86×10^6	1.73×10^6	2.00×10^6
2007-05	1.95×10^6	1.76×10^6	2.15×10^6
2007-08	2.21×10^6	2.02×10^6	2.42×10^6
2007-11	2.90×10^6	2.68×10^6	3.14×10^6
2008-02	2.11×10^6	1.85×10^6	2.40×10^6
2008-05	3.21×10^6	2.88×10^6	3.56×10^6
2008-08	1.01×10^7	9.24×10^6	1.09×10^7
2008-11	2.45×10^6	1.93×10^6	3.07×10^6
2009-02	5.36×10^6	4.94×10^6	5.81×10^6
2009-05	9.57×10^6	8.71×10^6	1.05×10^7
2009-08	1.02×10^7	9.34×10^6	1.10×10^7
2009-11	4.45×10^6	4.07×10^6	4.86×10^6
2010-02	1.57×10^6	1.41×10^6	1.74×10^6
2010-05	1.88×10^6	1.70×10^6	2.07×10^6
2010-08	2.53×10^6	2.32×10^6	2.75×10^6
2010-11	1.85×10^6	1.67×10^6	2.04×10^6
2011-02	2.47×10^6	2.32×10^6	2.63×10^6
2011-05	4.91×10^6	4.61×10^6	5.23×10^6
2011-08	1.15×10^7	1.07×10^7	1.22×10^7
2011-11	4.49×10^6	4.20×10^6	4.79×10^6
2012-02	1.62×10^6	1.52×10^6	1.73×10^6
2012-05	3.48×10^6	3.26×10^6	3.70×10^6
2012-08	5.28×10^6	4.86×10^6	5.72×10^6
2012-11	4.26×10^6	4.02×10^6	4.51×10^6
2013-02	2.60×10^6	2.45×10^6	2.76×10^6
2013-05	7.32×10^6	6.87×10^6	7.78×10^6
2013-08	3.24×10^6	2.92×10^6	3.60×10^6
2013-11	2.77×10^6	2.57×10^6	2.97×10^6
2014-02	2.80×10^6	2.61×10^6	3.01×10^6
2014-05	4.91×10^6	4.55×10^6	5.29×10^6
2014-08	3.42×10^6	3.12×10^6	3.75×10^6
2014-11	3.04×10^6	2.75×10^6	3.34×10^6
2015-02	4.68×10^6	3.93×10^6	5.43×10^6
2015-05	5.81×10^6	4.78×10^6	6.84×10^6
2015-08	3.09×10^6	2.86×10^6	3.32×10^6
2015-11	1.58×10^6	1.10×10^6	2.05×10^6

THL08 观测站细菌数据见表 3 - 34。

表 3 - 34 THL08 观测站细菌数据

时间（年-月）	细菌总数/（ind./mL）	荧光法低值/（ind./mL）	荧光法高值/（ind./mL）
2007 - 02	$1.56×10^6$	$1.44×10^6$	$1.68×10^6$
2007 - 05	$2.23×10^6$	$2.03×10^6$	$2.44×10^6$
2007 - 08	$3.62×10^6$	$3.37×10^6$	$3.89×10^6$
2007 - 11	$2.91×10^6$	$2.69×10^6$	$3.15×10^6$
2008 - 02	$1.99×10^6$	$1.74×10^6$	$2.27×10^6$
2008 - 05	$3.99×10^6$	$3.62×10^6$	$4.38×10^6$
2008 - 08	$1.14×10^7$	$1.05×10^7$	$1.23×10^7$
2008 - 11	$2.19×10^6$	$1.70×10^6$	$2.78×10^6$
2009 - 02	$5.69×10^6$	$5.26×10^6$	$6.15×10^6$
2009 - 05	$8.56×10^6$	$7.74×10^6$	$9.43×10^6$
2009 - 08	$9.99×10^6$	$9.17×10^6$	$1.09×10^7$
2009 - 11	$3.57×10^6$	$3.23×10^6$	$3.94×10^6$
2010 - 02	$2.66×10^6$	$2.44×10^6$	$2.88×10^6$
2010 - 05	$2.58×10^6$	$2.37×10^6$	$2.81×10^6$
2010 - 08	$2.66×10^6$	$2.44×10^6$	$2.88×10^6$
2010 - 11	$2.42×10^6$	$2.22×10^6$	$2.64×10^6$
2011 - 02	$2.46×10^6$	$2.31×10^6$	$2.62×10^6$
2011 - 05	$5.60×10^6$	$5.28×10^6$	$5.94×10^6$
2011 - 08	$8.88×10^6$	$8.24×10^6$	$9.56×10^6$
2011 - 11	$4.94×10^6$	$4.64×10^6$	$5.26×10^6$
2012 - 02	$2.82×10^6$	$2.68×10^6$	$2.96×10^6$
2012 - 05	$3.59×10^6$	$3.37×10^6$	$3.82×10^6$
2012 - 08	$5.72×10^6$	$5.28×10^6$	$6.18×10^6$
2012 - 11	$4.62×10^6$	$4.37×10^6$	$4.88×10^6$
2013 - 02	$2.73×10^6$	$2.54×10^6$	$2.93×10^6$
2013 - 05	$4.13×10^6$	$3.80×10^6$	$4.49×10^6$
2013 - 08	$3.10×10^6$	$2.78×10^6$	$3.45×10^6$
2013 - 11	$1.91×10^6$	$1.75×10^6$	$2.08×10^6$
2014 - 02	$2.20×10^6$	$2.03×10^6$	$2.38×10^6$
2014 - 05	$3.14×10^6$	$2.85×10^6$	$3.45×10^6$
2014 - 08	$1.25×10^6$	$1.07×10^6$	$1.45×10^6$
2014 - 11	$2.06×10^6$	$1.83×10^6$	$2.31×10^6$
2015 - 02	$4.70×10^6$	$3.68×10^6$	$5.71×10^6$
2015 - 05	$4.45×10^6$	$3.53×10^6$	$5.37×10^6$
2015 - 08	$2.37×10^6$	$1.67×10^6$	$3.08×10^6$
2015 - 11	$2.57×10^6$	$2.07×10^6$	$3.07×10^6$

3.1.5　叶绿素 a 数据集

3.1.5.1　概述

所有绿色植物都含有色素以进行光合作用，因而测定水样中色素的含量是对浮游植物的一种定量测定方法。各门藻类虽具有不同的色素组成，但都含有叶绿素 a。叶绿素 a 不仅含量高，而且是整个光合作用过程中的能量传递中心。因此，一般以叶绿素 a 含量值作为浮游植物现存量的一个指标。同时，叶绿素 a 含量值通过一定换算，也可指示初级生产量的大小。本数据集为太湖站 8 个长期常规监测站点 2007—2015 年的月尺度叶绿素 a 含量（mg/m³）数据。

3.1.5.2　数据采集和处理方法

（1）数据采集

本数据集中 8 个常规监测站点分别为 THL00、THL01、THL03、THL04、THL05、THL06、THL07 和 THL08，采样频率为 1 次/月。

（2）数据测定

取上、中、下 3 层水样混合后用 GF/F 滤膜过滤，将过滤后的滤膜放到冰箱冷冻，48 h 后把滤膜放入 10 mL 具盖玻璃管中，加入 7～8 mL 90% 乙醇，在 85℃ 水中水浴 2 min 后放于阴暗处提取 3～4 h，再经 GF/C 滤膜过滤，提取液用 1 cm 比色皿在 665 nm 及 750 nm 处测定吸光度，加 1 滴 1 mol/L 盐酸于比色皿中混匀，再次在 665 nm 与 750 nm 处测定吸光度。

水样中叶绿素 a 的含量计算公式如下：

$$Chla = \frac{(E_b - E_a) \times R \times K \times V_e}{(R-1) \times V \times 1}$$

式中：$Chla$——水样中叶绿素 a 的含量，mg/m³；

　　　　E_b——提取液酸化前波长 665 nm 和 750 nm 处的吸光度之差；

　　　　E_a——提取液酸化后波长 665 nm 和 750 nm 处的吸光度之差；

　　　　R——最大酸比，$R = E_b/E_a$，目前采用 R 值为 1.7；

　　　　V_e——提取液的总体积，此处采用 V_e 值为 10 mL；

　　　　V——抽滤的水样体积，L；

　　　　I——比色皿的光程，cm；

　　　　K——叶绿素 a 在 665 nm 处的比吸光系数的倒数乘以 1 000，在乙醇提取液中比吸光系数为 89，故 $K = 1/89 \times 1 000 = 11.49$。

3.1.5.3　数据质量控制和评估

（1）数据获取过程的质量控制

水样过滤时负压应不大于 50 kPa，过滤后用镊子小心取下滤膜，有浮游植物样品的一面朝里对折，用普通滤纸吸干滤膜上的水分，放入带盖玻璃管中。过滤水样量以 665 nm 测定时吸光度为 0.1～0.8 为宜。

（2）数据质量评估

同浮游植物数据集。

3.1.5.4　数据

THL00 观测站叶绿素 a 含量见表 3-35。

表 3-35　THL00 观测站叶绿素 a 含量

时间（年-月）	叶绿素 a 含量/（mg/m³）	时间（年-月）	叶绿素 a 含量/（mg/m³）
2007 - 01	15.6	2010 - 01	15.3
2007 - 02	41.1	2010 - 02	17.4
2007 - 03	9.8	2010 - 03	14.6
2007 - 04	12.5	2010 - 04	20.5
2007 - 05	173.0	2010 - 05	14.5
2007 - 06	30.4	2010 - 06	11.1
2007 - 07	52.2	2010 - 07	5.3
2007 - 08	12.5	2010 - 08	31.2
2007 - 09	19.3	2010 - 09	35.7
2007 - 10	6.2	2010 - 10	8.0
2007 - 11	9.8	2010 - 11	64.7
2007 - 12	11.2	2010 - 12	19.6
2008 - 01	8.1	2011 - 01	10.0
2008 - 02	15.6	2011 - 02	9.2
2008 - 03	2.0	2011 - 03	9.5
2008 - 04	5.5	2011 - 04	20.6
2008 - 05	3 952.5（水华很多）	2011 - 05	1.8
2008 - 06	17.9	2011 - 06	8.5
2008 - 07	74.2	2011 - 07	13.7
2008 - 08	94.9	2011 - 08	287.0
2008 - 09	36.8	2011 - 09	212.0
2008 - 10	527.3	2011 - 10	14.1
2008 - 11	37.9	2011 - 11	10.2
2008 - 12	25.0	2011 - 12	5.6
2009 - 01	19.9	2012 - 01	6.0
2009 - 02	22.9	2012 - 02	4.9
2009 - 03	48.2	2012 - 03	5.2
2009 - 04	23.4	2012 - 04	2.0
2009 - 05	3.2	2012 - 05	5.9
2009 - 06	17.9	2012 - 06	67.3
2009 - 07	267.8	2012 - 07	116.3
2009 - 08	36.8	2012 - 08	270.6
2009 - 09	98.8	2012 - 09	33.7
2009 - 10	18.7	2012 - 10	50.2
2009 - 11	22.5	2012 - 11	16.9
2009 - 12	14.3	2012 - 12	10.4

（续）

时间（年-月）	叶绿素 a 含量/（mg/m³）	时间（年-月）	叶绿素 a 含量/（mg/m³）
2013 - 01	3.2	2014 - 07	40.2
2013 - 02	9.9	2014 - 08	52.7
2013 - 03	15.7	2014 - 09	62.5
2013 - 04	4.7	2014 - 10	53.6
2013 - 05	18.4	2014 - 11	77.0
2013 - 06	23.6	2014 - 12	14.0
2013 - 07	101.6	2015 - 01	17.9
2013 - 08	75.9	2015 - 02	6.7
2013 - 09	85.4	2015 - 03	9.2
2013 - 10	115.5	2015 - 04	10.5
2013 - 11	16.5	2015 - 05	44.1
2013 - 12	8.6	2015 - 06	19.2
2014 - 01	11.7	2015 - 07	100.4
2014 - 02	7.2	2015 - 08	93.1
2014 - 03	16.7	2015 - 09	31.3
2014 - 04	9.4	2015 - 10	89.4
2014 - 05	20.1	2015 - 11	13.1
2014 - 06	40.5	2015 - 12	32.7

THL01 观测站叶绿素 a 含量见表 3 - 36。

表 3 - 36　THL01 观测站叶绿素 a 含量

时间（年-月）	叶绿素 a 含量/（mg/m³）	时间（年-月）	叶绿素 a 含量/（mg/m³）
2007 - 01	10.0	2008 - 05	58.0
2007 - 02	4.5	2008 - 06	46.0
2007 - 03	1.8	2008 - 07	89.3
2007 - 04	19.6	2008 - 08	35.0
2007 - 05	17.9	2008 - 09	60.7
2007 - 06	33.9	2008 - 10	95.6
2007 - 07	53.4	2008 - 11	54.5
2007 - 08	27.1	2008 - 12	15.2
2007 - 09	11.6	2009 - 01	17.8
2007 - 10	6.6	2009 - 02	23.8
2007 - 11	17.0	2009 - 03	30.2
2007 - 12	9.8	2009 - 04	50.2
2008 - 01	7.6	2009 - 05	4.6
2008 - 02	50.8	2009 - 06	24.7
2008 - 03	10.9	2009 - 07	491.2
2008 - 04	4.5	2009 - 08	37.4

（续）

时间（年-月）	叶绿素 a 含量/（mg/m³）	时间（年-月）	叶绿素 a 含量/（mg/m³）
2009 - 09	25.0	2012 - 11	12.9
2009 - 10	29.8	2012 - 12	23.3
2009 - 11	22.1	2013 - 01	3.6
2009 - 12	12.5	2013 - 02	8.9
2010 - 01	17.6	2013 - 03	7.1
2010 - 02	7.1	2013 - 04	7.0
2010 - 03	10.5	2013 - 05	13.3
2010 - 04	13.7	2013 - 06	40.7
2010 - 05	12.7	2013 - 07	42.7
2010 - 06	13.9	2013 - 08	65.3
2010 - 07	14.7	2013 - 09	102.7
2010 - 08	29.3	2013 - 10	107.5
2010 - 09	52.7	2013 - 11	20.1
2010 - 10	17.4	2013 - 12	18.0
2010 - 11	49.1	2014 - 01	12.3
2010 - 12	17.0	2014 - 02	7.8
2011 - 01	11.7	2014 - 03	15.7
2011 - 02	7.7	2014 - 04	2.9
2011 - 03	20.1	2014 - 05	30.1
2011 - 04	11.9	2014 - 06	13.7
2011 - 05	3.9	2014 - 07	209.3
2011 - 06	6.9	2014 - 08	85.4
2011 - 07	8.0	2014 - 09	54.7
2011 - 08	84.4	2014 - 10	37.2
2011 - 09	290.2	2014 - 11	36.6
2011 - 10	16.9	2014 - 12	16.6
2011 - 11	8.5	2015 - 01	13.4
2011 - 12	5.5	2015 - 02	4.6
2012 - 01	6.3	2015 - 03	7.5
2012 - 02	5.3	2015 - 04	6.7
2012 - 03	9.1	2015 - 05	298.8
2012 - 04	0.6	2015 - 06	37.6
2012 - 05	8.0	2015 - 07	61.8
2012 - 06	41.3	2015 - 08	199.8
2012 - 07	58.6	2015 - 09	25.4
2012 - 08	39.2	2015 - 10	112.7
2012 - 09	37.7	2015 - 11	18.8
2012 - 10	20.1	2015 - 12	31.6

THL03 观测站叶绿素 a 含量见表 3 - 37。

表 3 - 37　THL03 观测站叶绿素 a 含量

时间（年-月）	叶绿素 a 含量/（mg/m³）	时间（年-月）	叶绿素 a 含量/（mg/m³）
2007 - 01	7.8	2010 - 02	9.4
2007 - 02	1.8	2010 - 03	15.7
2007 - 03	2.7	2010 - 04	8.0
2007 - 04	20.5	2010 - 05	12.4
2007 - 05	27.6	2010 - 06	11.2
2007 - 06	25.7	2010 - 07	3.5
2007 - 07	21.6	2010 - 08	40.2
2007 - 08	28.6	2010 - 09	39.3
2007 - 09	22.6	2010 - 10	98.2
2007 - 10	13.3	2010 - 11	48.0
2007 - 11	20.1	2010 - 12	17.0
2007 - 12	7.8	2011 - 01	9.9
2008 - 01	11.0	2011 - 02	7.0
2008 - 02	51.3	2011 - 03	26.1
2008 - 03	13.3	2011 - 04	9.2
2008 - 04	8.0	2011 - 05	9.8
2008 - 05	53.6	2011 - 06	6.5
2008 - 06	24.6	2011 - 07	16.1
2008 - 07	113.8	2011 - 08	126.2
2008 - 08	102.3	2011 - 09	26.3
2008 - 09	42.4	2011 - 10	17.7
2008 - 10	55.8	2011 - 11	7.1
2008 - 11	42.0	2011 - 12	53.6
2008 - 12	27.7	2012 - 01	6.4
2009 - 01	25.4	2012 - 02	5.5
2009 - 02	20.8	2012 - 03	16.5
2009 - 03	38.4	2012 - 04	0.9
2009 - 04	22.3	2012 - 05	8.0
2009 - 05	14.8	2012 - 06	70.3
2009 - 06	15.1	2012 - 07	61.5
2009 - 07	415.7	2012 - 08	37.2
2009 - 08	50.2	2012 - 09	149.3
2009 - 09	42.0	2012 - 10	7.4
2009 - 10	54.7	2012 - 11	65.8
2009 - 11	10.9	2012 - 12	8.6
2009 - 12	8.4	2013 - 01	6.7
2010 - 01	16.9	2013 - 02	19.5

（续）

时间（年-月）	叶绿素 a 含量/（mg/m³）	时间（年-月）	叶绿素 a 含量/（mg/m³）
2013 - 03	15.2	2014 - 08	44.2
2013 - 04	10.7	2014 - 09	68.1
2013 - 05	15.6	2014 - 10	29.7
2013 - 06	23.4	2014 - 11	20.3
2013 - 07	78.1	2014 - 12	26.1
2013 - 08	37.1	2015 - 01	10.9
2013 - 09	37.5	2015 - 02	9.5
2013 - 10	75.3	2015 - 03	20.4
2013 - 11	75.9	2015 - 04	9.7
2013 - 12	39.1	2015 - 05	23.2
2014 - 01	8.9	2015 - 06	92.5
2014 - 02	27.8	2015 - 07	78.1
2014 - 03	17.8	2015 - 08	39.6
2014 - 04	22.9	2015 - 09	93.5
2014 - 05	60.3	2015 - 10	136.4
2014 - 06	11.0	2015 - 11	110.0
2014 - 07	174.4	2015 - 12	21.3

THL04 观测站叶绿素 a 含量见表 3 - 38。

表 3 - 38　THL04 观测站叶绿素 a 含量

时间（年-月）	叶绿素 a 含量/（mg/m³）	时间（年-月）	叶绿素 a 含量/（mg/m³）
2007 - 01	3.3	2008 - 06	23.2
2007 - 02	1.8	2008 - 07	34.6
2007 - 03	1.8	2008 - 08	70.7
2007 - 04	12.5	2008 - 09	40.2
2007 - 05	6.0	2008 - 10	49.1
2007 - 06	390.6	2008 - 11	88.2
2007 - 07	23.1	2008 - 12	43.7
2007 - 08	10.5	2009 - 01	27.0
2007 - 09	18.7	2009 - 02	21.6
2007 - 10	13.7	2009 - 03	35.7
2007 - 11	37.4	2009 - 04	24.0
2007 - 12	7.4	2009 - 05	4.2
2008 - 01	5.0	2009 - 06	25.0
2008 - 02	55.8	2009 - 07	51.2
2008 - 03	9.8	2009 - 08	55.8
2008 - 04	9.8	2009 - 09	22.3
2008 - 05	16.7	2009 - 10	96.4

（续）

时间（年-月）	叶绿素 a 含量/（mg/m³）	时间（年-月）	叶绿素 a 含量/（mg/m³）
2009 - 11	27.0	2012 - 12	14.3
2009 - 12	7.3	2013 - 01	4.8
2010 - 01	21.2	2013 - 02	14.0
2010 - 02	20.1	2013 - 03	10.0
2010 - 03	18.3	2013 - 04	8.3
2010 - 04	4.8	2013 - 05	20.9
2010 - 05	7.2	2013 - 06	46.6
2010 - 06	20.1	2013 - 07	152.7
2010 - 07	21.0	2013 - 08	38.1
2010 - 08	19.2	2013 - 09	113.8
2010 - 09	39.3	2013 - 10	165.1
2010 - 10	60.3	2013 - 11	22.3
2010 - 11	23.4	2013 - 12	50.2
2010 - 12	14.3	2014 - 01	11.0
2011 - 01	13.3	2014 - 02	25.7
2011 - 02	9.1	2014 - 03	16.9
2011 - 03	16.5	2014 - 04	3.1
2011 - 04	9.2	2014 - 05	20.1
2011 - 05	12.1	2014 - 06	9.7
2011 - 06	6.0	2014 - 07	60.0
2011 - 07	11.6	2014 - 08	37.2
2011 - 08	47.4	2014 - 09	69.2
2011 - 09	61.5	2014 - 10	22.6
2011 - 10	26.3	2014 - 11	21.1
2011 - 11	9.9	2014 - 12	17.0
2011 - 12	70.3	2015 - 01	12.5
2012 - 01	7.3	2015 - 02	13.2
2012 - 02	8.9	2015 - 03	21.5
2012 - 03	25.7	2015 - 04	19.9
2012 - 04	0.8	2015 - 05	25.9
2012 - 05	7.0	2015 - 06	55.1
2012 - 06	21.2	2015 - 07	69.5
2012 - 07	43.0	2015 - 08	121.6
2012 - 08	14.8	2015 - 09	46.3
2012 - 09	40.3	2015 - 10	174.8
2012 - 10	10.4	2015 - 11	87.0
2012 - 11	68.4	2015 - 12	21.4

THL05 观测站叶绿素 a 含量见表 3‒39。

表 3‒39　THL05 观测站叶绿素 a 含量

时间（年-月）	叶绿素 a 含量/（mg/m³）	时间（年-月）	叶绿素 a 含量/（mg/m³）
2007 ‒ 01	7.2	2010 ‒ 02	18.8
2007 ‒ 02	2.7	2010 ‒ 03	7.0
2007 ‒ 03	2.7	2010 ‒ 04	6.9
2007 ‒ 04	8.9	2010 ‒ 05	5.7
2007 ‒ 05	3.1	2010 ‒ 06	10.0
2007 ‒ 06	35.7	2010 ‒ 07	18.3
2007 ‒ 07	21.4	2010 ‒ 08	9.3
2007 ‒ 08	19.5	2010 ‒ 09	37.5
2007 ‒ 09	59.8	2010 ‒ 10	22.3
2007 ‒ 10	10.5	2010 ‒ 11	24.4
2007 ‒ 11	9.8	2010 ‒ 12	9.1
2007 ‒ 12	5.9	2011 ‒ 01	10.2
2008 ‒ 01	5.6	2011 ‒ 02	9.8
2008 ‒ 02	69.8	2011 ‒ 03	8.2
2008 ‒ 03	13.3	2011 ‒ 04	13.4
2008 ‒ 04	6.4	2011 ‒ 05	10.0
2008 ‒ 05	33.5	2011 ‒ 06	6.5
2008 ‒ 06	25.7	2011 ‒ 07	10.9
2008 ‒ 07	17.4	2011 ‒ 08	35.8
2008 ‒ 08	163.7	2011 ‒ 09	73.7
2008 ‒ 09	44.6	2011 ‒ 10	26.9
2008 ‒ 10	22.3	2011 ‒ 11	17.8
2008 ‒ 11	34.0	2011 ‒ 12	11.3
2008 ‒ 12	18.7	2012 ‒ 01	10.8
2009 ‒ 01	19.6	2012 ‒ 02	9.1
2009 ‒ 02	12.8	2012 ‒ 03	11.8
2009 ‒ 03	7.3	2012 ‒ 04	0.8
2009 ‒ 04	23.4	2012 ‒ 05	5.4
2009 ‒ 05	3.3	2012 ‒ 06	10.4
2009 ‒ 06	19.6	2012 ‒ 07	39.2
2009 ‒ 07	12.5	2012 ‒ 08	41.2
2009 ‒ 08	30.1	2012 ‒ 09	72.5
2009 ‒ 09	27.7	2012 ‒ 10	17.7
2009 ‒ 10	130.6	2012 ‒ 11	6.7
2009 ‒ 11	21.8	2012 ‒ 12	14.7
2009 ‒ 12	4.5	2013 ‒ 01	4.5
2010 ‒ 01	23.2	2013 ‒ 02	15.2

（续）

时间（年-月）	叶绿素 a 含量/（mg/m³）	时间（年-月）	叶绿素 a 含量/（mg/m³）
2013 - 03	11.7	2014 - 08	65.8
2013 - 04	9.4	2014 - 09	58.0
2013 - 05	23.8	2014 - 10	20.1
2013 - 06	30.4	2014 - 11	23.4
2013 - 07	107.4	2014 - 12	30.1
2013 - 08	45.6	2015 - 01	11.7
2013 - 09	39.8	2015 - 02	11.6
2013 - 10	107.1	2015 - 03	21.0
2013 - 11	25.9	2015 - 04	8.3
2013 - 12	15.6	2015 - 05	164.1
2014 - 01	14.0	2015 - 06	58.6
2014 - 02	21.9	2015 - 07	122.4
2014 - 03	19.8	2015 - 08	79.9
2014 - 04	7.0	2015 - 09	47.3
2014 - 05	17.0	2015 - 10	132.2
2014 - 06	16.9	2015 - 11	57.7
2014 - 07	37.7	2015 - 12	19.3

THL06 观测站叶绿素 a 含量见表 3 - 40。

表 3 - 40　THL06 观测站叶绿素 a 含量

时间（年-月）	叶绿素 a 含量/（mg/m³）	时间（年-月）	叶绿素 a 含量/（mg/m³）
2007 - 01	3.9	2008 - 06	56.0
2007 - 02	6.2	2008 - 07	103.2
2007 - 03	5.4	2008 - 08	53.6
2007 - 04	16.1	2008 - 09	26.8
2007 - 05	5.5	2008 - 10	21.4
2007 - 06	44.6	2008 - 11	76.4
2007 - 07	17.9	2008 - 12	12.5
2007 - 08	22.3	2009 - 01	14.8
2007 - 09	139.5	2009 - 02	7.8
2007 - 10	6.2	2009 - 03	8.2
2007 - 11	8.5	2009 - 04	13.4
2007 - 12	3.3	2009 - 05	4.2
2008 - 01	4.3	2009 - 06	99.9
2008 - 02	19.5	2009 - 07	28.1
2008 - 03	18.4	2009 - 08	71.6
2008 - 04	16.5	2009 - 09	205.5
2008 - 05	28.6	2009 - 10	67.5

（续）

时间（年-月）	叶绿素 a 含量/（mg/m³）	时间（年-月）	叶绿素 a 含量/（mg/m³）
2009 - 11	6.4	2012 - 12	5.6
2009 - 12	4.1	2013 - 01	5.3
2010 - 01	16.5	2013 - 02	12.8
2010 - 02	12.6	2013 - 03	20.6
2010 - 03	4.9	2013 - 04	12.4
2010 - 04	7.5	2013 - 05	14.8
2010 - 05	7.0	2013 - 06	13.6
2010 - 06	22.9	2013 - 07	51.8
2010 - 07	5.3	2013 - 08	66.5
2010 - 08	122.4	2013 - 09	120.5
2010 - 09	57.0	2013 - 10	36.0
2010 - 10	43.0	2013 - 11	29.5
2010 - 11	10.6	2013 - 12	32.1
2010 - 12	17.4	2014 - 01	13.9
2011 - 01	8.2	2014 - 02	22.9
2011 - 02	13.1	2014 - 03	21.4
2011 - 03	22.5	2014 - 04	34.6
2011 - 04	13.4	2014 - 05	24.6
2011 - 05	3.2	2014 - 06	34.6
2011 - 06	15.6	2014 - 07	29.1
2011 - 07	8.7	2014 - 08	143.7
2011 - 08	363.4	2014 - 09	62.5
2011 - 09	139.5	2014 - 10	64.2
2011 - 10	20.9	2014 - 11	48.0
2011 - 11	11.2	2014 - 12	21.2
2011 - 12	3.6	2015 - 01	75.9
2012 - 01	8.2	2015 - 02	16.7
2012 - 02	10.6	2015 - 03	15.3
2012 - 03	18.2	2015 - 04	43.1
2012 - 04	1.4	2015 - 05	17.4
2012 - 05	8.3	2015 - 06	16.9
2012 - 06	55.8	2015 - 07	207.6
2012 - 07	35.2	2015 - 08	101.2
2012 - 08	52.2	2015 - 09	303.3
2012 - 09	8.5	2015 - 10	46.1
2012 - 10	36.8	2015 - 11	101.8
2012 - 11	6.0	2015 - 12	20.5

THL07 观测站叶绿素 a 含量见表 3-41。

表 3-41　THL07 观测站叶绿素 a 含量

时间（年-月）	叶绿素 a 含量/（mg/m³）	时间（年-月）	叶绿素 a 含量/（mg/m³）
2007-01	5.5	2010-02	10.3
2007-02	3.6	2010-03	3.1
2007-03	4.5	2010-04	5.8
2007-04	7.0	2010-05	7.6
2007-05	5.5	2010-06	6.3
2007-06	42.4	2010-07	3.4
2007-07	26.1	2010-08	7.5
2007-08	5.7	2010-09	32.2
2007-09	17.0	2010-10	8.5
2007-10	10.9	2010-11	13.6
2007-11	6.2	2010-12	9.8
2007-12	2.4	2011-01	3.9
2008-01	6.7	2011-02	17.9
2008-02	9.4	2011-03	4.8
2008-03	3.8	2011-04	5.2
2008-04	7.4	2011-05	6.0
2008-05	5.1	2011-06	7.7
2008-06	7.1	2011-07	7.0
2008-07	6.3	2011-08	20.6
2008-08	10.7	2011-09	14.0
2008-09	13.4	2011-10	6.2
2008-10	11.6	2011-11	22.1
2008-11	17.0	2011-12	3.0
2008-12	8.0	2012-01	5.4
2009-01	8.0	2012-02	7.9
2009-02	4.8	2012-03	21.8
2009-03	5.8	2012-04	4.2
2009-04	3.7	2012-05	6.4
2009-05	5.5	2012-06	8.3
2009-06	6.7	2012-07	21.2
2009-07	21.2	2012-08	15.1
2009-08	10.1	2012-09	82.3
2009-09	12.5	2012-10	10.6
2009-10	32.4	2012-11	16.5
2009-11	7.8	2012-12	19.2
2009-12	4.9	2013-01	2.8
2010-01	15.2	2013-02	10.7

（续）

时间（年-月）	叶绿素a含量/（mg/m³）	时间（年-月）	叶绿素a含量/（mg/m³）
2013 - 03	12.9	2014 - 08	18.4
2013 - 04	10.8	2014 - 09	18.7
2013 - 05	8.5	2014 - 10	40.5
2013 - 06	19.8	2014 - 11	78.1
2013 - 07	12.5	2014 - 12	21.1
2013 - 08	31.8	2015 - 01	14.1
2013 - 09	27.7	2015 - 02	13.8
2013 - 10	21.6	2015 - 03	10.5
2013 - 11	32.1	2015 - 04	46.9
2013 - 12	19.5	2015 - 05	12.9
2014 - 01	15.9	2015 - 06	17.0
2014 - 02	19.0	2015 - 07	462.3
2014 - 03	13.1	2015 - 08	27.3
2014 - 04	11.3	2015 - 09	19.7
2014 - 05	26.4	2015 - 10	14.1
2014 - 06	42.4	2015 - 11	29.5
2014 - 07	69.2	2015 - 12	17.2

THL08 观测站叶绿素 a 含量见表 3 - 42。

表 3 - 42　THL08 观测站叶绿素 a 含量

时间（年-月）	叶绿素a含量/（mg/m³）	时间（年-月）	叶绿素a含量/（mg/m³）
2007 - 01	9.8	2008 - 07	4.7
2007 - 02	6.2	2008 - 08	5.4
2007 - 03	3.9	2008 - 09	10.0
2007 - 04	5.5	2008 - 10	10.7
2007 - 05	3.1	2008 - 11	13.8
2007 - 06	20.5	2008 - 12	4.9
2007 - 07	6.7	2009 - 01	4.0
2007 - 08	6.2	2009 - 02	7.3
2007 - 09	9.8	2009 - 03	3.5
2007 - 10	3.9	2009 - 04	4.0
2007 - 11	93.7	2009 - 05	5.2
2007 - 12	5.4	2009 - 06	8.7
2008 - 01	6.8	2009 - 07	8.3
2008 - 02	10.2	2009 - 08	14.8
2008 - 03	4.7	2009 - 09	8.6
2008 - 04	4.7	2009 - 10	24.1
2008 - 05	11.6	2009 - 11	4.6
2008 - 06	7.1	2009 - 12	4.2

（续）

时间（年-月）	叶绿素 a 含量/（mg/m³）	时间（年-月）	叶绿素 a 含量/（mg/m³）
2010 - 01	8.2	2013 - 01	2.9
2010 - 02	2.2	2013 - 02	4.6
2010 - 03	2.7	2013 - 03	10.7
2010 - 04	3.7	2013 - 04	5.7
2010 - 05	7.2	2013 - 05	6.8
2010 - 06	7.5	2013 - 06	8.3
2010 - 07	3.3	2013 - 07	12.1
2010 - 08	3.9	2013 - 08	24.4
2010 - 09	26.3	2013 - 09	18.7
2010 - 10	8.3	2013 - 10	17.0
2010 - 11	9.3	2013 - 11	16.1
2010 - 12	3.8	2013 - 12	12.0
2011 - 01	7.4	2014 - 01	17.0
2011 - 02	16.9	2014 - 02	11.0
2011 - 03	15.2	2014 - 03	11.7
2011 - 04	6.0	2014 - 04	9.8
2011 - 05	5.5	2014 - 05	11.9
2011 - 06	3.7	2014 - 06	9.4
2011 - 07	11.6	2014 - 07	24.1
2011 - 08	25.4	2014 - 08	9.5
2011 - 09	9.1	2014 - 09	12.3
2011 - 10	5.8	2014 - 10	15.1
2011 - 11	5.1	2014 - 11	21.9
2011 - 12	3.6	2014 - 12	31.4
2012 - 01	4.9	2015 - 01	11.7
2012 - 02	20.9	2015 - 02	23.4
2012 - 03	13.3	2015 - 03	10.9
2012 - 04	3.0	2015 - 04	8.3
2012 - 05	5.1	2015 - 05	7.0
2012 - 06	5.4	2015 - 06	1.8
2012 - 07	29.9	2015 - 07	28.7
2012 - 08	33.6	2015 - 08	20.8
2012 - 09	39.1	2015 - 09	24.3
2012 - 10	7.0	2015 - 10	26.3
2012 - 11	3.9	2015 - 11	20.9
2012 - 12	20.0	2015 - 12	23.0

3.1.6　浮游植物初级生产力数据集

3.1.6.1　概述

　　浮游植物是水域中主要初级生产者，它的光合作用在水体物质循环和能量传递中起着关键作用，无机物通过光合作用变为有机物，太阳的辐射能通过光合作用被储藏于植物体内。积累在植物体内的这部分物质与能量将直接或间接为次级生产者生物利用。陆地上植物合成的有机物有一部分进入水体，但在大多数湖泊、池塘和水库中，主要由水体中浮游植物制造有机物，进行初级生产。因此，测定浮游植物初级生产力，对了解水体的特点和生产性能具有重要意义。

浮游植物初级生产量可分为毛生产量和净生产量。毛生产量是指浮游植物在单位时间，单位空间内合成的全部有机物量。净生产量是指浮游植物毛生产量扣除浮游植物本身呼吸作用消耗后所剩余的生产量。太湖站浮游植物初级生产力数据集为太湖站 2 个长期常规监测站点 2007—2015 年的月尺度数据，包括日毛生产量 [mg/ （L·d）]、日呼吸量 [mg/ （L·d）] 以及日净生产量 [mg/ （L·d）] 数据。

3.1.6.2　数据采集和处理方法

（1）数据采集

本数据集中 2 个常规监测站点分别为 THL04 和 THL08，采样频率为 1 次/月。

（2）数据测定

取上、中、下层三层水样混合后分别灌满 2 个白瓶和 1 个黑瓶。其中 1 个白瓶用于测定初始溶解氧，其余瓶灌满水后悬挂于水面下 20 cm 处进行曝光。24 h 后将黑白瓶从水中取出，用硫酸锰及碱性碘化钾固定黑白瓶中的溶解氧。用碘量法《水质溶解氧的测定碘量法》（GB 7489—87）测定初始瓶、白瓶、黑瓶中的溶解氧。

白瓶中不仅有浮游植物光合作用，而且还包括了所有群落中生物（细菌、浮游植物、浮游动物）的呼吸作用；黑瓶中只有呼吸作用，无光合作用。因此，一般将白瓶中曝光前后溶氧量的变化作为净生产量；黑瓶中曝光前后溶氧量的变化作为呼吸作用的耗氧量，即呼吸量。

计算公式如下：

$$P_N = L_B - I_B$$
$$R = I_B - D_B$$
$$P_G = L_B - D_B$$

式中：P_N——净生产量，mg/（L·d）；

$\quad$ R——呼吸作用的耗氧量，即呼吸量，mg/L；

$\quad$ P_G——毛生产量，mg/（L·d）；

$\quad$ L_B——白瓶曝光后溶氧量，mg/L；

$\quad$ I_B——白瓶初始溶氧量，mg/L；

$\quad$ D_B——黑瓶曝光后溶氧量，mg/L。

如果曝光时间为 24 h，则上述溶氧值（单位为 mg/L）就成为单位体积日生产量 [单位为 mg/（L·d）]。如果曝光时间为半天，溶氧值可乘以 2，得到日毛生产量。

3.1.6.3　数据质量控制和评估

（1）数据获取过程的质量控制

白瓶选厚薄均匀、无色透明的；黑瓶用棕色瓶外包铝箔，外面再套一个黑红双层布袋。灌瓶时，作为测定初始溶氧量用的白色水样瓶应立即固定，其余水样瓶盖上瓶塞，瓶不应有任何气泡，已灌满水样尚未放入水中的瓶应放在阴暗处，避免日光直射。曝光结束后，将黑白瓶从水中取出，立即固定溶解氧，将瓶置于暗处带回实验室。如发现瓶中有气泡，在固定溶氧时应将瓶倾斜，小心取出瓶塞，不使气泡逸出，再加入固定剂。每次用硫代硫酸钠滴定溶解氧时都标定其浓度。

（2）数据质量评估

同浮游植物数据集。

3.1.6.4　数据

THL04 观测站初级生产力见表 3 - 43。

表 3 - 43　THL04 观测站初级生产力

时间（年-月）	日毛生产量/ [mg/(L·d)]	日呼吸量/ [mg/(L·d)]	日净生产量/ [mg/(L·d)]
2007 - 01	0.07	0.02	0.05
2007 - 02	0.17	0.19	−0.02
2007 - 03	0.17	0.09	0.08
2007 - 04	1.07	0.68	0.39
2007 - 05	1.97	1.48	0.49
2007 - 06	6.22	3.02	3.20
2007 - 07	3.46	2.30	1.16
2007 - 08	1.81	0.78	1.03
2007 - 09	6.04	2.12	3.92
2007 - 10	2.60	0.53	2.07
2007 - 11	1.95	0.76	1.19
2007 - 12	0.51	0.19	0.32
2008 - 01	0.11	0.02	0.09
2008 - 02	2.30	0.25	2.05
2008 - 03	0.27	0.18	0.09
2008 - 04	0.57	0.16	0.41
2008 - 05	2.34	1.53	0.81
2008 - 06	2.07	0.86	1.21
2008 - 07	4.24	1.86	2.38
2008 - 08	2.92	2.29	0.63
2008 - 09	3.97	1.05	2.92
2008 - 10	2.43	1.32	1.11
2008 - 11	2.72	0.83	1.89
2008 - 12	2.47	0.51	1.96
2009 - 01	0.82	0.29	0.53
2009 - 02	1.19	0.68	0.51
2009 - 03	4.16	0.56	3.60
2009 - 04	1.81	0.55	1.27
2009 - 05	1.03	0.49	0.54
2009 - 06	4.43	2.16	2.27
2009 - 07	10.29	1.75	8.53
2009 - 08	9.24	1.61	7.64
2009 - 09	0.87	0.76	0.11
2009 - 10	8.19	2.62	5.57
2009 - 11	0.47	0.14	0.33

（续）

时间（年-月）	日毛生产量/ [mg/(L·d)]	日呼吸量/ [mg/(L·d)]	日净生产量/ [mg/(L·d)]
2009 - 12	0.20	0.10	0.10
2010 - 01	0.73	0.43	0.30
2010 - 02	1.44	0.42	1.02
2010 - 03	2.48	0.70	1.78
2010 - 04	0.19	0.06	0.13
2010 - 05	1.57	0.48	1.09
2010 - 06	3.56	1.52	2.04
2010 - 07	3.61	1.30	2.31
2010 - 08	2.81	1.32	1.49
2010 - 09	3.66	2.03	1.62
2010 - 10	5.74	0.88	4.86
2010 - 11	1.97	0.24	1.73
2010 - 12	0.28	0.03	0.25
2011 - 01	0.63	0.13	0.49
2011 - 02	0.79	0.43	0.36
2011 - 03	2.54	0.47	2.07
2011 - 04	1.12	0.72	0.40
2011 - 05	3.70	1.29	2.40
2011 - 06	1.01	0.97	0.04
2011 - 07	1.42	0.68	0.74
2011 - 08	4.78	1.77	3.01
2011 - 09	13.81	4.17	9.65
2011 - 10	2.56	1.24	1.32
2011 - 11	1.27	0.39	0.88
2011 - 12	3.50	0.81	2.69
2012 - 01	0.51	0.36	0.15
2012 - 02	0.47	0.38	0.09
2012 - 03	1.58	0.96	0.62
2012 - 04	0.07	0.17	−0.10
2012 - 05	1.68	0.65	1.02
2012 - 06	1.55	1.23	0.32
2012 - 07	7.58	1.88	5.70
2012 - 08	1.07	1.41	−0.34
2012 - 09	2.31	1.62	0.69
2012 - 10	2.28	0.77	1.51
2012 - 11	0.30	0.76	−0.46
2012 - 12	0.62	0.10	0.53
2013 - 01	0.56	0.26	0.30
2013 - 02	1.49	0.56	0.92
2013 - 03	1.62	0.57	1.05
2013 - 04	0.61	0.30	0.30

（续）

时间（年-月）	日毛生产量/ [mg/(L·d)]	日呼吸量/ [mg/(L·d)]	日净生产量/ [mg/(L·d)]
2013 - 05	2.16	2.14	0.02
2013 - 06	2.98	1.83	1.15
2013 - 07	19.18	6.26	12.92
2013 - 08	2.06	1.71	0.34
2013 - 09	6.88	4.00	2.87
2013 - 10	14.73	2.79	11.93
2013 - 11	0.95	0.36	0.59
2013 - 12	1.46	0.26	1.20
2014 - 01	0.65	0.19	0.46
2014 - 02	1.35	0.21	1.14
2014 - 03	0.88	0.97	−0.09
2014 - 04	0.21	0.39	−0.19
2014 - 05	1.74	0.52	1.22
2014 - 06	1.26	1.03	0.23
2014 - 07	5.61	2.04	3.57
2014 - 08	4.57	1.47	3.11
2014 - 09	4.47	1.68	2.79
2014 - 10	0.75	0.57	0.17
2014 - 11	1.49	0.55	0.94
2014 - 12	0.33	0.29	0.04
2015 - 01	0.68	0.41	0.27
2015 - 02	0.84	0.14	0.70
2015 - 03	2.24	0.70	1.54
2015 - 04	1.82	0.51	1.31
2015 - 05	3.77	1.44	2.33
2015 - 06	4.60	1.21	3.39
2015 - 07	2.87	1.11	1.76
2015 - 08	2.40	1.48	0.92
2015 - 09	2.44	0.72	1.72
2015 - 10	5.74	3.80	1.94
2015 - 11	0.44	0.24	0.20
2015 - 12	1.35	0.47	0.88

THL08 观测站初级生产力见表 3 - 44。

表 3 - 44　THL08 观测站初级生产力

时间（年-月）	日毛生产量/ [mg/(L·d)]	日呼吸量/ [mg/(L·d)]	日净生产量/ [mg/(L·d)]
2007 - 01	0.27	0.08	0.19
2007 - 02	0.34	0.11	0.23
2007 - 03	0.35	0.15	0.20
2007 - 04	0.66	0.31	0.35

（续）

时间（年-月）	日毛生产量/ [mg/(L·d)]	日呼吸量/ [mg/(L·d)]	日净生产量/ [mg/(L·d)]
2007 - 05	1.55	0.96	0.59
2007 - 06	2.62	1.12	1.50
2007 - 07	0.88	0.74	0.14
2007 - 08	1.61	0.62	0.99
2007 - 09	2.32	0.96	1.36
2007 - 10	1.08	0.45	0.63
2007 - 11	3.09	0.67	2.42
2007 - 12	0.34	0.17	0.17
2008 - 01	0.11	0.05	0.06
2008 - 02	0.51	0.05	0.46
2008 - 03	0.25	0.21	0.04
2008 - 04	0.23	0.17	0.06
2008 - 05	2.44	0.50	1.94
2008 - 06	0.95	0.34	0.61
2008 - 07	0.66	0.60	0.06
2008 - 08	0.63	0.47	0.16
2008 - 09	1.22	0.23	0.99
2008 - 10	2.03	0.45	1.58
2008 - 11	1.03	0.96	0.07
2008 - 12	0.35	0.06	0.29
2009 - 01	0.16	0.04	0.12
2009 - 02	0.42	0.35	0.07
2009 - 03	0.31	0.09	0.22
2009 - 04	0.67	0.27	0.39
2009 - 05	0.38	0.10	0.28
2009 - 06	3.08	0.79	2.29
2009 - 07	1.12	0.33	0.79
2009 - 08	1.78	0.65	1.13
2009 - 09	0.34	0.32	0.02
2009 - 10	1.61	1.57	0.04
2009 - 11	0.33	0.10	0.23
2009 - 12	0.21	0.10	0.11
2010 - 01	0.14	0.11	0.03
2010 - 02	0.23	0.04	0.19
2010 - 03	0.38	0.17	0.21
2010 - 04	0.22	0.05	0.16
2010 - 05	1.01	0.46	0.54
2010 - 06	2.46	0.69	1.77
2010 - 07	0.89	0.22	0.67

（续）

时间（年-月）	日毛生产量/ [mg/(L·d)]	日呼吸量/ [mg/(L·d)]	日净生产量/ [mg/(L·d)]
2010 - 08	0.84	0.24	0.60
2010 - 09	2.79	0.64	2.15
2010 - 10	1.36	0.61	0.75
2010 - 11	0.83	0.35	0.47
2010 - 12	0.35	0.06	0.29
2011 - 01	0.17	0.08	0.09
2011 - 02	1.32	0.21	1.11
2011 - 03	1.62	0.28	1.34
2011 - 04	0.94	0.41	0.53
2011 - 05	1.58	0.90	0.68
2011 - 06	0.57	0.52	0.04
2011 - 07	1.21	0.48	0.73
2011 - 08	1.32	1.01	0.31
2011 - 09	2.67	1.30	1.37
2011 - 10	0.64	0.51	0.13
2011 - 11	0.55	0.29	0.26
2011 - 12	0.40	0.33	0.07
2012 - 01	0.45	0.40	0.05
2012 - 02	0.88	0.24	0.64
2012 - 03	1.45	0.66	0.79
2012 - 04	0.47	0.28	0.19
2012 - 05	2.48	0.89	1.58
2012 - 06	0.63	0.54	0.09
2012 - 07	8.91	2.28	6.62
2012 - 08	1.56	3.19	−1.63
2012 - 09	2.44	1.58	0.87
2012 - 10	1.64	0.95	0.70
2012 - 11	0.18	0.32	−0.14
2012 - 12	0.97	0.18	0.80
2013 - 01	0.26	0.16	0.10
2013 - 02	0.58	0.40	0.18
2013 - 03	1.13	0.55	0.57
2013 - 04	0.57	0.23	0.33
2013 - 05	1.21	0.81	0.40
2013 - 06	2.64	0.66	1.98
2013 - 07	4.18	1.58	2.60
2013 - 08	0.88	1.61	−0.72
2013 - 09	2.21	1.29	0.92
2013 - 10	2.66	1.46	1.19

（续）

时间（年-月）	日毛生产量/[mg/(L·d)]	日呼吸量/[mg/(L·d)]	日净生产量/[mg/(L·d)]
2013 - 11	0.56	0.36	0.20
2013 - 12	0.52	0.26	0.26
2014 - 01	0.74	0.17	0.57
2014 - 02	0.68	0.28	0.40
2014 - 03	0.95	0.66	0.29
2014 - 04	0.83	0.48	0.35
2014 - 05	0.93	0.60	0.33
2014 - 06	0.60	1.18	−0.58
2014 - 07	3.59	1.45	2.14
2014 - 08	2.22	0.73	1.49
2014 - 09	1.33	0.89	0.44
2014 - 10	0.59	0.63	−0.04
2014 - 11	1.21	0.32	0.89
2014 - 12	0.33	0.06	0.27
2015 - 01	0.41	0.15	0.27
2015 - 02	2.06	0.06	2.00
2015 - 03	0.39	0.39	0.00
2015 - 04	0.75	0.32	0.43
2015 - 05	2.70	0.76	1.93
2015 - 06	0.14	0.27	−0.12
2015 - 07	0.87	0.51	0.36
2015 - 08	0.23	0.64	−0.41
2015 - 09	1.52	0.84	0.68
2015 - 10	1.99	1.43	0.56
2015 - 11	0.15	0.26	−0.11
2015 - 12	0.97	0.54	0.43

3.2 土壤观测数据

3.2.1 概述

沉积物是湖泊生态与环境系统的重要组成部分之一，是湖泊中有关生物地球化学循环过程的重要发生场所，同时受自然和人类活动的影响。沉积物在湖泊生源性要素的地球化学循环过程中扮演着重要的角色，沉积物中营养盐类物质的沉积归藏及迁移释放对湖泊上覆水体的物质循环和环境质量有直接的影响。因此，监测沉积物的基本理化参数对全面了解湖泊的污染情况具有重要意义。

沉积物理化要素数据集为太湖站8个长期常规监测站点2007—2015年的数据，包括含水率（%）、全磷（mg/kg）、全氮（mg/kg）、砾石百分比（%）、沙土百分比（%）、粉沙土百分比（%）和黏土百分比（%）。

3.2.2　数据采集和处理方法

（1）数据采集

本数据集中 8 个常规监测站点分别为 THL00、THL01、THL03、THL04、THL05、THL06、THL07 和 THL08，采样频率为 1 次/年。

（2）数据测定

太湖沉积物理化要素中，含水率通过热重法测定（105℃）；全磷、全氮含量的测定则采用水体悬浮颗粒物的测定方法来估算，即称取 100 mg 以下烘干研碎沉积物样品，加入 25 mL 去离子水，然后按照水体总氮、总磷的测定方法估算沉积物颗粒中氮、磷的含量。全磷含量使用过硫酸钾消解——钼酸铵分光光度法测定；全氮含量使用过硫酸钾消解——紫外分光光度法测定；粒度分级（砾石、沙土、粉沙土和黏土百分比）使用激光粒度分析仪进行测定。太湖沉积物理化要素监测使用仪器及质量控制见表 3 - 45。

表 3 - 45　太湖沉积物理化要素监测使用仪器及质量控制

项目	分析方法	使用仪器	参考国标
含水率	热重法	烘箱、天平	GB/T 11901—1989
全磷含量	过硫酸钾消解——钼酸铵分光光度法	UV - 2450PC 紫外分光光度计	GB/T 11893—1989
全氮含量	过硫酸钾消解——紫外分光光度法	UV - 2450PC 紫外分光光度计	GB/T 11894—1989
粒度分级	激光衍射法	激光粒度分析仪	GB/T 19077—2016

3.2.3　数据质量控制和评估

（1）数据获取过程的质量控制

样品采集阶段，采集底泥 3 次，把每次所采的表层 5 cm 底泥剥去少许与采样器接触部分，剩余部分混合作为此点底泥样品；采集的样品应尽可能迅速地进行分析测定，不能立即分析时，应该按照分析目的的要求进行妥善的保存；含水率分析前需校准天平，分析时要准确记录坩埚、湿泥和干泥质量；全磷、全氮分析时带标样控制分析结果；粒度分级需要控制数据残差在 2% 之内。

（2）数据质量评估

同浮游植物数据集。

3.2.4　数据

太湖湖泊底质数据见表 3 - 46。

表 3 - 46　太湖湖泊底质数据

时间 （年-月）	观测站代码	含水率/%	全磷含量/ （mg/kg）	全氮含量/ （mg/kg）	砾石 百分比/%	沙土 百分比/%	粉沙土 百分比/%	黏土 百分比/%
2007 - 05	THL00	60.2	1 204.1	1 754.2	0.0	3.4	74.1	22.6
2008 - 05	THL00	42.5	1 472.0	2 312.0	0.0	3.2	73.6	23.1
2009 - 05	THL00	67.4	594.4	2 790.5	0.0	1.0	76.7	22.4
2010 - 05	THL00	62.5	613.4	2 127.7	0.0	10.5	74.7	14.8
2011 - 05	THL00	63.9	1 152.6	3 077.2	0.0	8.6	73.4	18.0
2012 - 05	THL00	63.3	703.4	2 965.1	—	—	—	—

（续）

时间 （年-月）	观测站 代码	含水率/%	全磷含量/ （mg/kg）	全氮含量/ （mg/kg）	砾石 百分比/%	沙土 百分比/%	粉沙土 百分比/%	黏土 百分比/%
2013 - 05	THL00	63.6	833.3	3 436.9	0.0	1.1	80.4	18.5
2014 - 05	THL00	66.4	808.3	3 290.0	0.0	2.5	79.5	18.1
2015 - 11	THL00	49.6	531.1	1 894.1	0.0	4.1	76.8	19.1
2007 - 05	THL01	46.9	620.2	1 427.5	0.0	9.4	64.5	26.0
2008 - 05	THL01	56.2	537.2	2 454.8	0.0	10.4	74.5	15.1
2009 - 05	THL01	59.6	437.2	2 353.3	0.0	0.3	70.2	29.5
2010 - 05	THL01	44.3	411.2	1 927.7	0.0	9.3	75.0	15.7
2011 - 05	THL01	52.1	452.6	1 972.4	0.0	7.5	75.9	16.5
2012 - 05	THL01	58.1	431.4	2 225.7	0.0	2.5	80.6	16.9
2013 - 05	THL01	52.1	437.9	2 585.8	0.0	1.7	81.4	16.9
2014 - 05	THL01	48.2	385.9	2 668.1	0.0	1.4	80.0	18.6
2015 - 11	THL01	45.8	540.2	1 923.1	0.0	3.2	76.5	20.3
2007 - 05	THL03	60.2	339.7	1 017.5	0.0	16.5	60.4	23.0
2008 - 05	THL03	53.9	382.3	1 932.9	0.0	14.7	69.3	16.1
2009 - 05	THL03	52.8	349.8	1 795.4	0.0	0.2	76.7	23.1
2010 - 05	THL03	53.8	457.2	1 998.8	0.0	5.8	79.1	15.1
2011 - 05	THL03	51.1	444.0	2 284.7	0.0	8.7	75.5	15.9
2012 - 05	THL03	51.9	395.3	2 142.3	0.0	0.8	79.9	19.3
2013 - 05	THL03	50.5	376.7	2 148.3	0.0	1.0	79.7	19.3
2014 - 05	THL03	50.4	343.4	2 308.0	0.0	2.5	79.1	18.3
2015 - 11	THL03	49.3	503.5	1 518.5	0.0	1.3	79.2	19.5
2007 - 05	THL04	51.2	355.2	625.8	0.0	14.7	68.7	16.6
2008 - 05	THL04	64.7	356.0	1 747.7	0.0	12.7	72.8	14.6
2009 - 05	THL04	47.9	288.2	1 818.6	0.0	1.4	69.1	29.5
2010 - 05	THL04	54.7	329.8	1 634.4	0.0	7.5	76.5	16.0
2011 - 05	THL04	48.9	403.4	1 911.8	0.0	9.3	73.5	17.2
2012 - 05	THL04	55.0	382.5	1 969.6	0.0	1.0	77.6	21.4
2013 - 05	THL04	56.0	313.2	2 036.6	0.0	0.4	78.0	21.6
2014 - 05	THL04	43.5	295.5	2 210.3	0.0	3.2	78.2	18.6
2015 - 11	THL04	51.8	338.1	1 440.6	0.0	2.1	80.0	18.0
2007 - 05	THL05	59.2	240.0	918.3	0.0	5.0	74.5	20.5
2008 - 05	THL05	47.8	267.9	1 234.1	0.0	7.2	77.4	15.5
2009 - 05	THL05	52.6	266.3	1 418.6	0.0	0.1	78.1	21.8
2010 - 05	THL05	53.0	279.4	1 236.8	0.0	3.9	77.9	18.2
2011 - 05	THL05	50.6	440.1	1 982.5	0.0	3.5	79.7	16.8
2012 - 05	THL05	49.9	318.5	1 810.2	0.0	1.9	79.3	18.8

（续）

时间 （年-月）	观测站 代码	含水率/%	全磷含量/ （mg/kg）	全氮含量/ （mg/kg）	砾石 百分比/%	沙土 百分比/%	粉沙土 百分比/%	黏土 百分比/%
2013 - 05	THL05	47.2	282.1	1 692.2	0.0	0.9	78.4	20.7
2014 - 05	THL05	49.9	470.2	1 890.9	0.0	2.7	78.5	18.9
2015 - 11	THL05	44.7	228.5	1 290.2	0.0	0.4	80.4	19.2
2007 - 05	THL06	35.0	812.8	908.0	0.0	14.4	61.8	23.8
2008 - 05	THL06	47.9	742.6	1 177.8	0.0	18.2	67.1	14.7
2009 - 05	THL06	49.1	485.2	1 817.6	0.0	0.3	80.9	18.8
2010 - 05	THL06	47.6	584.4	1 248.9	0.0	5.0	82.4	12.6
2011 - 05	THL06	39.7	998.2	1 550.8	0.0	6.6	78.0	15.4
2012 - 05	THL06	33.4	637.3	956.2	0.0	7.4	79.0	13.6
2013 - 05	THL06	48.6	549.9	1 648.5	0.0	3.5	81.4	15.1
2014 - 05	THL06	40.6	656.6	1 848.2	0.0	0.5	80.0	19.5
2015 - 11	THL06	52.9	617.2	1 380.8	0.0	0.2	83.1	16.7
2007 - 05	THL07	47.0	284.8	1 032.6	0.0	8.5	54.5	37.0
2008 - 05	THL07	44.9	336.4	1 948.5	0.0	8.1	59.7	32.1
2009 - 05	THL07	48.8	298.8	1 667.0	0.0	1.1	79.5	19.4
2010 - 05	THL07	42.7	269.2	1 257.3	0.0	6.6	75.0	18.4
2011 - 05	THL07	50.6	512.0	1 702.0	0.0	7.0	77.0	16.0
2012 - 05	THL07	60.7	323.2	1 791.4	0.0	0.4	76.9	22.7
2013 - 05	THL07	52.8	300.3	1 551.6	0.0	0.5	76.1	23.3
2014 - 05	THL07	52.0	385.3	1 751.2	0.0	0.9	77.3	21.9
2015 - 11	THL07	50.1	462.7	1 379.6	0.0	0.4	82.1	17.5
2007 - 05	THL08	32.8	122.9	223.7	0.0	4.5	57.3	38.1
2008 - 05	THL08	38.6	244.2	743.7	0.0	7.3	64.9	27.8
2009 - 05	THL08	48.2	315.3	1 463.7	0.0	0.4	77.4	22.2
2010 - 05	THL08	47.4	318.1	1 189.7	0.0	3.7	77.9	18.4
2011 - 05	THL08	50.6	282.0	1 523.8	0.0	2.4	84.4	13.2
2012 - 05	THL08	48.4	302.6	1 574.3	0.0	0.7	77.0	22.3
2013 - 05	THL08	58.8	413.7	1 997.1	0.0	1.1	80.7	18.2
2014 - 05	THL08	49.9	369.5	2 175.1	0.0	3.8	79.7	16.6
2015 - 11	THL08	53.4	223.8	1 368.0	0.0	0.1	83.4	16.5

注："—"为数据缺测。

3.3　水分观测数据

长时间序列的湖泊观测数据可为研究富营养化湖泊物质转换与能量流动，湖泊物理、化学过程对蓝藻水华暴发的作用机理，探索湖泊富营养化和水环境污染机理，揭示湖泊富营养化、沼泽化和生态灾变等关键科学问题发挥重要的作用。

3.3.1　水体化学要素数据集

3.3.1.1　概述

太湖水体化学要素数据集为太湖站 8 个长期常规监测站点 2007—2015 年的月尺度数据，包括溶解氧（mg/L）、pH、硅酸盐（mg/L）、磷酸盐（mg/L）、亚硝酸盐氮（mg/L）、硝酸盐氮（mg/L）、氨态氮（mg/L）、化学需氧量（mg/L）、总磷（mg/L）、总氮（mg/L）、溶解总有机碳（mg/L）。

3.3.1.2　数据采集和处理方法

（1）数据采集

本数据集中 8 个常规监测站点分别为 THL00、THL01、THL03、THL04、THL05、THL06、THL07 和 THL08，采样频率为 1 次/月。

（2）数据测定

太湖水体化学要素中的各项指标按照《湖泊生态调查观测与分析》（黄祥飞等，2000）中的标准方法进行测定。其中，溶解氧、化学需氧量使用 10 mL 微量滴定管进行测定，使用前需进行浓度标定；磷酸盐、亚硝酸盐氮、硝酸盐氮、氨氮、总磷、总氮的含量使用紫外分光光度计进行测定，分析时需带标样控制分析结果；硅酸盐的含量使用 SKALAR 营养盐流动注射分析仪进行测定，溶解性总有机碳的含量使用 TOC-VCPC 进行测定，分析时均需要带标样控制分析结果。太湖站水体化学要素监测使用仪器及质量控制见表 3 - 47。

表 3 - 47　太湖站水体化学要素监测使用仪器及质量控制

项目	分析方法	使用仪器	质量控制
溶解氧	碘量法	10 mL 微量滴定管	每次标定硫代硫酸钠使用液浓度
pH	pH 复合电极法	PHS - 3TC	每年更换电极，每次使用前用标准缓冲液校准
硅酸盐	硅钼蓝自动比色法	SKALAR 流动分析仪	分析时带标样控制分析结果
磷酸盐	钼锑抗分光光度法	UV - 2450PC 紫外分光光度计	分析时带标样控制分析结果
亚硝酸盐氮	N -（1-萘基）-乙二胺光度法	UV - 2450PC 紫外分光光度计	分析时带标样控制分析结果
硝酸盐氮	酚二磺酸光度法	UV - 2450PC 紫外分光光度计	分析时带标样控制分析结果
氨态氮	纳氏试剂光度法	UV - 2450PC 紫外分光光度计	分析时带标样控制分析结果
化学需氧量	酸性法	10 mL 微量滴定管	每次标定高锰酸钾使用液浓度
总磷	钼锑抗分光光度法	UV - 2450PC 紫外分光光度计	分析时带标样控制分析结果
总氮	紫外分光光度法	UV - 2450PC 紫外分光光度计	分析时带标样控制分析结果
溶解性总有机碳	燃烧法	TOC-VCPN	分析时带标样控制分析结果

3.3.1.3　数据质量控制和评估

（1）数据获取过程的质量控制

太湖站仪器分析数据中使用的仪器设备由专人负责使用，并要求厂商定期上门维护。分析仪器由省计量局标定，分析时带标样控制分析结果。所有监测分析项目，由专人长期严格按照 CERN 统一制定的《陆地水环境观测规范》（中国生态系统研究网络科学委员会，2007）、《湖泊生态调查观测与分析》（黄祥飞等，2000）以及《陆地生态系统水环境观测质量保证与质量控制》（袁国富等，2012）来开展相关工作，要求做到数据真实，记录规范，书写清晰，数据及辅助信息完整等。

（2）数据质量评估

同浮游植物数据集。

3.3.1.4 数据

THL00 观测站水体化学要素相关数据见表 3－48。

表 3－48　THL00 观测站水体化学要素相关数据

时间 (年-月)	溶解氧/ (mg/L)	pH	硅酸盐/ (mg/L)	磷酸盐/ (mg/L)	亚硝酸盐氮/ (mg/L)	硝酸盐氮/ (mg/L)	氨态氮/ (mg/L)	化学需氧量/ (mg/L)	总磷/ (mg/L)	总氮/ (mg/L)	溶解性总有 机碳/ (mg/L)
2007－01	9.97	8.11	1.89	0.011	0.054	1.57	3.26	5.48	0.123	6.75	851.953
2007－02	10.08	7.64	1.12	0.030	0.099	1.81	4.79	6.17	0.214	8.80	12.220
2007－03	9.32	8.16	1.34	0.028	0.090	3.01	2.32	5.61	0.160	6.91	9.918
2007－04	7.76	7.79	1.33	0.014	0.105	2.36	0.89	5.51	0.171	5.53	8.852
2007－05	0.00	7.27	2.24	0.005	0.014	0.11	6.02	34.59	0.717	18.73	17.914
2007－06	8.27	8.04	0.95	0.021	0.093	0.73	1.02	5.63	0.139	3.06	8.341
2007－07	6.72	8.76	1.73	0.063	0.025	0.11	0.18	6.83	0.317	2.71	8.775
2007－08	5.77	7.69	2.63	0.093	0.086	0.11	0.43	5.81	0.218	1.90	6.641
2007－09	5.44	7.94	2.38	0.043	0.053	0.16	0.31	6.12	0.170	2.00	8.113
2007－10	7.14	7.62	2.50	0.045	0.049	0.48	0.42	4.63	0.114	1.56	8.357
2007－11	9.50	8.44	2.47	0.012	0.013	0.38	0.42	4.36	0.081	1.71	7.271
2007－12	10.52	8.05	1.80	0.004	0.050	2.01	1.54	5.51	0.092	4.18	11.910
2008－01	12.01	8.04	1.14	0.008	0.033	1.36	0.81	4.66	0.081	3.86	4.608
2008－02	12.59	8.16	1.66	0.005	0.018	0.46	0.41	4.61	0.089	2.79	5.176
2008－03	9.29	7.89	0.90	0.050	0.082	2.37	1.74	5.59	0.183	6.73	6.882
2008－04	8.00	7.92	1.56	0.024	0.091	2.56	0.49	4.85	0.107	5.68	5.417
2008－05	10.48	6.81	1.69	0.015	0.015	0.35	0.61	140.25	6.478	86.27	14.996
2008－06	5.93	7.97	1.64	0.020	0.033	0.61	0.39	4.77	0.160	3.13	3.613
2008－07	10.21	9.26	2.00	0.014	0.046	0.21	0.39	6.88	0.226	3.02	6.588
2008－08	9.81	8.79	2.44	0.023	0.006	0.08	0.23	7.11	0.261	2.42	5.606
2008－09	7.35	8.09	2.26	0.062	0.037	0.12	0.36	5.61	0.191	1.91	7.452
2008－10	10.50	8.76	3.20	0.009	0.015	0.12	0.39	24.58	1.252	12.55	8.326
2008－11	9.92	8.21	2.78	0.009	0.032	0.59	0.21	5.46	0.126	2.22	7.360
2008－12	11.21	8.13	2.75	0.004	0.035	0.95	0.33	5.43	0.083	2.55	2.806
2009－01	12.60	8.23	1.20	0.008	0.019	0.89	0.46	5.10	0.080	2.47	3.574
2009－02	10.52	8.01	0.57	0.005	0.027	0.94	0.76	5.21	0.095	2.86	5.258
2009－03	11.83	8.04	0.33	0.007	0.065	1.98	0.66	5.50	0.123	4.45	5.287
2009－04	7.83	8.21	0.47	0.036	0.048	1.58	0.59	4.59	0.196	4.36	4.845
2009－05	4.68	7.60	1.04	0.022	0.114	1.32	0.94	4.57	0.092	4.10	4.989
2009－06	7.67	8.28	1.13	0.004	0.095	1.35	0.30	3.74	0.093	3.20	4.021
2009－07	6.80	9.20	1.80	0.012	0.055	0.78	0.21	12.87	0.443	6.01	4.298
2009－08	9.28	8.96	2.58	0.009	0.036	0.25	0.61	4.74	0.113	1.68	2.010
2009－09	5.18	7.84	2.10	0.063	0.019	0.19	0.42	7.66	0.245	2.31	4.380
2009－10	6.63	8.11	2.96	0.019	0.058	0.61	0.42	6.30	0.089	1.99	3.645
2009－11	10.58	7.80	2.26	0.027	0.050	0.74	0.84	5.71	0.148	2.75	4.885

（续）

时间 （年-月）	溶解氧/ （mg/L）	pH	硅酸盐/ （mg/L）	磷酸盐/ （mg/L）	亚硝酸盐氮/ （mg/L）	硝酸盐氮/ （mg/L）	氨态氮/ （mg/L）	化学需氧量/ （mg/L）	总磷/ （mg/L）	总氮/ （mg/L）	溶解性总有 机碳/（mg/L）
2009 - 12	9.95	7.65	2.69	0.013	0.055	0.84	1.39	5.39	0.098	2.99	5.803
2010 - 01	12.76	7.86	2.25	0.007	0.042	1.45	0.49	5.24	0.077	3.84	5.301
2010 - 02	12.37	7.79	0.80	0.004	0.015	1.46	0.34	5.80	0.164	3.19	3.115
2010 - 03	10.46	7.45	0.54	0.006	0.031	1.68	0.47	4.74	0.078	4.41	4.182
2010 - 04	9.22	8.12	1.81	0.010	0.062	1.43	0.62	3.81	0.077	4.72	3.743
2010 - 05	7.63	7.71	1.31	0.009	0.030	2.17	0.44	3.60	0.082	3.98	5.115
2010 - 06	8.71	8.04	1.37	0.005	0.041	1.83	0.22	3.44	0.057	3.16	4.277
2010 - 07	5.73	7.72	1.34	0.020	0.024	0.69	0.66	3.64	0.082	2.05	4.395
2010 - 08	10.45	7.71	2.79	0.008	0.011	0.22	0.21	4.37	0.105	1.52	4.749
2010 - 09	6.54	8.08	2.28	0.089	0.025	0.10	0.52	5.30	0.222	1.86	5.642
2010 - 10	6.09	7.45	2.18	0.039	0.013	0.13	0.51	3.97	0.108	1.25	5.115
2010 - 11	8.83	8.08	2.54	0.005	0.008	0.17	0.35	7.16	0.196	2.55	5.845
2010 - 12	10.56	8.09	2.70	0.007	0.005	0.37	0.53	5.45	0.097	2.06	5.829
2011 - 01	12.64	7.73	1.68	0.004	0.007	0.93	0.30	4.49	0.061	1.94	6.643
2011 - 02	11.05	7.62	1.74	0.005	0.014	0.73	0.62	4.55	0.056	2.57	4.776
2011 - 03	9.08	7.96	1.01	0.001	0.019	1.18	0.45	4.80	0.075	2.96	5.479
2011 - 04	13.16	8.71	0.24	0.003	0.027	0.84	0.22	5.43	0.064	2.61	6.046
2011 - 05	6.47	7.84	1.07	0.015	0.036	0.61	0.36	3.71	0.060	2.46	4.489
2011 - 06	7.02	8.01	1.74	0.010	0.020	0.46	0.28	3.53	0.057	1.66	3.566
2011 - 07	4.63	7.96	1.87	0.023	0.090	0.82	0.56	4.00	0.093	2.56	3.765
2011 - 08	8.37	7.45	2.41	0.032	0.008	0.13	0.36	13.29	0.681	6.86	5.511
2011 - 09	13.11	8.14	1.17	0.004	0.002	0.08	0.28	15.07	0.557	5.96	5.821
2011 - 10	6.97	7.94	2.16	0.039	0.012	0.17	0.20	5.09	0.126	1.43	5.887
2011 - 11	8.53	7.83	3.77	0.016	0.035	0.17	0.44	4.65	0.104	1.42	4.285
2011 - 12	10.58	7.83	3.11	0.013	0.005	0.21	0.43	4.25	0.059	1.12	3.476
2012 - 01	10.74	8.15	2.58	0.003	0.009	0.79	0.24	3.87	0.053	2.37	3.826
2012 - 02	10.54	7.87	1.67	0.004	0.014	0.64	0.50	4.44	0.061	2.09	3.834
2012 - 03	10.74	8.15	0.84	0.003	0.015	0.79	0.24	4.03	0.053	2.37	3.022
2012 - 04	7.83	7.69	0.58	0.000	0.029	1.50	0.40	3.86	0.072	3.11	3.750
2012 - 05	7.17	7.74	1.01	0.008	0.031	0.97	0.65	3.71	0.051	2.51	3.230
2012 - 06	7.40	8.05	2.23	0.005	0.041	0.72	0.28	8.14	0.204	4.67	3.513
2012 - 07	13.06	9.14	2.02	0.025	0.003	0.10	0.31	14.14	0.438	4.39	6.003
2012 - 08	9.18	8.14	2.84	0.005	0.115	0.19	0.58	14.01	0.634	6.56	7.064
2012 - 09	10.17	9.07	0.43	0.012	0.003	0.11	0.22	5.79	0.139	1.39	5.573
2012 - 10	9.74	7.92	0.09	0.014	0.002	0.09	0.16	6.21	0.175	1.77	5.904
2012 - 11	8.34	7.75	1.65	0.017	0.035	0.12	0.61	4.77	0.103	1.64	5.593
2012 - 12	11.42	7.65	1.47	0.005	0.013	0.12	0.24	4.92	0.081	1.34	5.192
2013 - 01	11.76	7.64	0.53	0.004	0.015	0.73	0.29	3.76	0.041	1.62	3.635

（续）

时间 （年-月）	溶解氧/ （mg/L）	pH	硅酸盐/ （mg/L）	磷酸盐/ （mg/L）	亚硝酸盐氮/ （mg/L）	硝酸盐氮/ （mg/L）	氨态氮/ （mg/L）	化学需氧量/ （mg/L）	总磷/ （mg/L）	总氮/ （mg/L）	溶解性总有 机碳/（mg/L）
2013 - 02	10.27	7.34	1.65	0.002	0.018	0.71	0.60	4.06	0.063	2.47	3.944
2013 - 03	9.75	7.90	0.42	0.005	0.025	0.75	0.49	7.01	0.072	2.72	4.710
2013 - 04	8.41	7.27	0.78	0.009	0.048	1.14	0.25	4.46	0.070	3.55	5.211
2013 - 05	9.60	7.83	1.02	0.003	0.053	0.76	0.30	4.64	0.094	2.83	6.259
2013 - 06	7.86	7.83	2.37	0.019	0.040	0.30	0.55	3.89	0.078	1.75	5.024
2013 - 07	8.10	8.69	4.85	0.029	0.094	0.33	0.51	7.54	0.282	3.35	5.714
2013 - 08	5.43	8.09	4.47	0.071	0.012	0.13	0.39	5.96	0.261	2.25	6.447
2013 - 09	7.85	8.19	1.57	0.022	0.003	0.09	0.28	6.15	0.225	2.15	6.145
2013 - 10	8.30	8.63	2.35	0.037	0.011	0.07	0.27	6.87	0.241	2.28	5.327
2013 - 11	9.28	7.42	3.08	0.016	0.044	0.23	0.53	4.22	0.097	1.76	5.866
2013 - 12	9.00	7.91	2.58	0.011	0.008	0.23	0.52	4.09	0.048	1.18	4.543
2014 - 01	10.42	7.94	1.08	0.002	0.007	0.38	0.40	4.60	0.057	1.78	4.683
2014 - 02	9.90	7.75	1.24	0.003	0.010	0.63	0.38	4.18	0.075	2.09	3.496
2014 - 03	11.25	7.58	1.02	0.005	0.008	0.64	0.37	4.13	0.056	2.17	2.184
2014 - 04	9.66	8.16	0.55	0.001	0.011	0.57	0.24	4.05	0.101	2.45	4.186
2014 - 05	9.06	7.90	0.47	0.004	0.016	0.60	0.46	4.11	0.081	1.90	2.628
2014 - 06	7.88	8.22	2.02	0.004	0.038	0.53	0.28	7.05	0.155	3.69	4.326
2014 - 07	8.13	8.93	1.26	0.004	0.024	0.29	0.32	5.23	0.098	1.89	3.889
2014 - 08	6.31	8.24	2.99	0.015	0.034	0.08	0.31	5.16	0.132	1.45	4.277
2014 - 09	7.81	8.48	2.33	0.049	0.022	0.06	0.19	5.34	0.169	1.35	4.441
2014 - 10	5.83	8.38	2.64	0.018	0.009	0.08	0.30	5.41	0.140	1.50	5.246
2014 - 11	8.51	8.28	3.46	0.019	0.004	0.06	0.30	6.14	0.178	1.91	4.962
2014 - 12	8.64	8.29	2.85	0.012	0.004	0.07	0.46	4.41	0.078	1.11	4.718
2015 - 01	10.88	8.39	2.41	0.004	0.008	0.07	0.41	4.58	0.071	1.00	4.862
2015 - 02	9.54	8.13	1.50	0.003	0.010	0.29	0.15	4.02	0.057	1.51	4.234
2015 - 03	7.04	8.30	1.56	0.006	0.006	0.25	0.06	4.24	0.052	1.35	4.258
2015 - 04	9.24	8.35	0.98	0.008	0.011	0.32	0.20	3.60	0.071	1.68	4.119
2015 - 05	8.00	8.62	1.43	0.005	0.019	0.59	0.12	5.29	0.113	2.69	4.090
2015 - 06	4.65	7.99	3.20	0.053	0.095	1.95	1.15	4.14	0.148	4.72	2.857
2015 - 07	5.96	8.16	2.14	0.003	0.091	0.15	0.00	5.23	0.124	1.91	3.830
2015 - 08	7.12	8.06	3.78	0.028	0.032	0.17	0.08	6.25	0.207	2.44	4.530
2015 - 09	2.30	7.93	4.49	0.100	0.015	0.21	0.31	5.08	0.207	1.57	4.665
2015 - 10	6.53	8.25	4.46	0.074	0.009	0.09	0.17	6.91	0.265	2.38	5.600
2015 - 11	4.65	7.82	3.60	0.028	0.027	0.24	0.27	4.67	0.110	1.52	5.000
2015 - 12	10.59	8.09	3.07	0.012	0.005	0.13	0.18	4.96	0.093	1.36	4.158

THL01 观测站水体化学要素相关数据见表 3-49。

表 3-49　THL01 观测站水体化学要素相关数据

时间 （年-月）	溶解氧/ （mg/L）	pH	硅酸盐/ （mg/L）	磷酸盐/ （mg/L）	亚硝酸盐氮/ （mg/L）	硝酸盐氮/ （mg/L）	氨态氮/ （mg/L）	化学需氧量/ （mg/L）	总磷/ （mg/L）	总氮/ （mg/L）	溶解性总有 机碳/（mg/L）
2007-01	10.60	8.20	1.28	0.004	0.042	2.27	2.66	5.52	0.105	6.20	16.459
2007-02	9.19	7.88	2.16	0.010	0.079	1.76	3.86	5.24	0.122	7.65	10.075
2007-03	9.75	8.16	1.86	0.031	0.101	2.91	3.04	5.02	0.103	7.40	8.289
2007-04	9.18	8.19	1.92	0.005	0.147	2.76	1.13	6.21	0.150	6.51	8.271
2007-05	6.92	7.56	2.69	0.005	0.207	2.17	1.18	7.34	0.215	7.32	8.401
2007-06	10.63	8.78	1.44	0.005	0.047	0.73	0.36	7.06	0.140	3.74	7.975
2007-07	7.76	8.98	2.37	0.052	0.006	0.11	0.12	9.07	0.342	2.96	8.554
2007-08	6.44	7.90	3.17	0.075	0.097	0.16	0.32	6.50	0.238	1.09	6.791
2007-09	7.91	8.52	2.26	0.037	0.018	0.18	0.24	5.20	0.127	1.51	6.990
2007-10	7.59	7.94	2.52	0.056	0.055	0.32	0.61	4.68	0.121	1.76	8.987
2007-11	8.92	8.25	2.29	0.012	0.079	0.66	1.44	5.48	0.133	3.86	6.566
2007-12	10.48	8.12	1.88	0.004	0.058	1.72	1.83	5.40	0.109	4.55	9.915
2008-01	11.79	8.11	1.17	0.008	0.035	1.47	0.97	4.72	0.087	4.04	5.275
2008-02	16.29	8.86	1.14	0.004	0.042	0.58	1.30	6.61	0.132	5.64	5.876
2008-03	9.54	7.88	1.50	0.051	0.089	3.31	1.84	5.74	0.186	7.17	7.563
2008-04	8.74	8.06	1.75	0.017	0.089	2.68	0.38	4.55	0.112	5.50	7.702
2008-05	11.40	8.10	1.97	0.011	0.029	1.93	0.19	6.95	0.244	5.29	8.859
2008-06	8.32	8.81	1.85	0.005	0.008	0.68	0.18	6.18	0.158	3.42	4.323
2008-07	11.57	9.64	2.15	0.005	0.010	0.13	0.44	6.38	0.168	2.33	4.924
2008-08	10.06	8.98	1.66	0.025	0.009	0.09	0.24	5.42	0.175	1.52	6.632
2008-09	8.17	8.78	1.54	0.050	0.005	0.08	0.24	7.12	0.232	2.34	8.194
2008-10	11.40	8.87	2.76	0.019	0.023	0.22	0.49	7.90	0.236	3.08	7.404
2008-11	11.19	8.33	3.17	0.007	0.058	0.94	0.20	6.29	0.132	3.06	3.922
2008-12	11.15	8.16	2.77	0.004	0.009	0.51	0.10	4.81	0.073	1.79	3.734
2009-01	13.09	8.21	1.71	0.006	0.070	1.16	1.25	5.62	0.111	3.98	4.938
2009-02	9.58	8.14	1.06	0.005	0.032	1.07	0.45	4.80	0.110	3.34	7.119
2009-03	11.30	8.11	1.58	0.033	0.148	3.43	1.85	5.07	0.153	7.32	5.415
2009-04	10.03	8.62	0.55	0.006	0.089	2.03	0.87	5.07	0.159	5.02	5.480
2009-05	6.27	7.78	1.04	0.020	0.073	1.50	0.57	4.37	0.128	4.27	4.903
2009-06	8.52	8.51	0.95	0.004	0.071	1.72	0.20	4.10	0.085	3.11	4.107
2009-07	6.56	9.23	2.42	0.011	0.033	0.51	0.24	19.67	0.676	9.83	4.996
2009-08	9.26	9.01	2.70	0.011	0.045	0.40	0.20	4.75	0.126	2.06	2.256
2009-09	7.09	8.31	2.03	0.076	0.018	0.14	0.48	5.93	0.190	1.70	4.068
2009-10	7.80	8.49	3.21	0.022	0.009	0.21	0.30	6.61	0.100	1.42	3.959
2009-11	10.99	7.90	1.98	0.040	0.070	0.92	0.99	5.32	0.151	3.15	5.030
2009-12	10.46	7.76	3.07	0.018	0.064	0.88	1.15	5.20	0.100	3.19	5.735
2010-01	12.92	7.88	2.22	0.007	0.037	1.63	0.74	5.25	0.086	3.93	5.194
2010-02	12.58	7.85	0.08	0.003	0.017	2.14	0.56	4.23	0.040	3.34	4.013

（续）

时间 （年-月）	溶解氧/ （mg/L）	pH	硅酸盐/ （mg/L）	磷酸盐/ （mg/L）	亚硝酸盐氮/ （mg/L）	硝酸盐氮/ （mg/L）	氨态氮/ （mg/L）	化学需氧量/ （mg/L）	总磷/ （mg/L）	总氮/ （mg/L）	溶解性总有 机碳/（mg/L）
2010 - 03	10.79	7.68	1.26	0.019	0.045	2.08	1.31	4.20	0.078	4.77	4.213
2010 - 04	9.53	8.12	1.87	0.013	0.054	1.40	0.61	3.39	0.059	4.62	2.977
2010 - 05	8.05	7.79	1.48	0.006	0.015	2.17	0.41	3.86	0.094	3.90	4.760
2010 - 06	9.48	8.34	1.25	0.005	0.045	1.94	0.29	3.67	0.054	3.31	4.532
2010 - 07	8.09	8.02	1.89	0.011	0.014	0.47	0.51	4.19	0.093	2.29	4.659
2010 - 08	14.15	8.17	2.86	0.005	0.002	0.10	0.12	4.41	0.068	1.30	4.121
2010 - 09	7.70	8.47	1.91	0.087	0.010	0.13	0.29	5.99	0.261	2.31	6.084
2010 - 10	6.97	8.11	2.10	0.045	0.007	0.13	0.42	4.30	0.124	1.35	5.326
2010 - 11	9.14	8.05	2.57	0.008	0.005	0.21	0.34	6.51	0.160	2.22	5.789
2010 - 12	11.75	8.10	2.94	0.014	0.004	0.60	0.50	5.22	0.090	2.16	5.743
2011 - 01	13.11	7.98	1.30	0.007	0.015	1.81	0.44	4.94	0.075	2.71	6.719
2011 - 02	11.99	7.92	1.76	0.005	0.022	0.95	0.53	4.73	0.069	3.14	4.749
2011 - 03	10.70	8.46	0.76	0.005	0.024	1.71	0.37	5.57	0.086	3.53	5.710
2011 - 04	9.43	8.36	0.95	0.006	0.016	1.16	0.22	4.03	0.073	2.80	6.150
2011 - 05	6.99	8.05	0.94	0.015	0.035	0.37	0.44	3.66	0.065	2.39	4.215
2011 - 06	7.10	8.04	2.17	0.017	0.017	0.58	0.22	3.26	0.053	1.59	3.424
2011 - 07	5.98	8.04	2.26	0.014	0.045	1.08	0.28	3.21	0.063	2.50	3.709
2011 - 08	8.45	7.84	2.67	0.009	0.004	0.10	0.15	6.21	0.216	2.70	4.379
2011 - 09	12.87	8.21	1.63	0.009	0.003	0.11	0.24	15.82	0.681	8.03	6.250
2011 - 10	7.52	8.12	1.87	0.024	0.003	0.09	0.35	4.98	0.112	1.21	5.578
2011 - 11	8.64	8.08	3.61	0.024	0.005	0.14	0.26	4.06	0.080	0.90	4.409
2011 - 12	11.08	7.99	3.18	0.008	0.006	0.27	0.36	4.36	0.043	1.24	3.856
2012 - 01	11.44	8.39	2.68	0.003	0.008	1.17	0.22	3.93	0.054	2.98	3.767
2012 - 02	11.78	7.92	1.24	0.002	0.014	0.68	0.38	4.16	0.048	1.92	3.744
2012 - 03	11.44	8.39	0.72	0.003	0.021	1.17	0.22	4.44	0.054	2.98	3.319
2012 - 04	6.64	7.80	1.00	0.010	0.039	3.11	0.36	3.57	0.044	3.78	4.067
2012 - 05	8.03	8.03	1.42	0.004	0.026	0.73	0.54	3.91	0.054	2.52	3.887
2012 - 06	8.37	8.17	2.51	0.004	0.037	0.63	0.36	5.84	0.119	3.47	3.430
2012 - 07	8.30	8.83	2.52	0.047	0.005	0.26	0.45	7.82	0.268	2.89	4.884
2012 - 08	10.20	8.52	2.99	0.014	0.223	0.37	0.32	5.86	0.153	2.49	5.047
2012 - 09	10.94	8.95	0.41	0.007	0.012	0.11	0.17	5.50	0.130	1.52	5.850
2012 - 10	8.58	7.98	0.94	0.020	0.001	0.10	0.15	5.25	0.119	1.10	5.362
2012 - 11	9.08	7.79	1.89	0.016	0.013	0.13	0.50	4.78	0.088	1.47	6.372
2012 - 12	12.30	8.42	1.68	0.005	0.013	0.13	0.33	5.89	0.144	2.07	5.000
2013 - 01	12.08	7.76	0.68	0.004	0.011	0.72	0.23	3.55	0.058	1.58	4.233
2013 - 02	11.36	7.97	1.34	0.003	0.012	0.78	0.58	4.20	0.052	2.37	4.104
2013 - 03	10.02	8.01	0.66	0.003	0.030	0.76	0.22	3.90	0.051	3.09	4.547
2013 - 04	9.85	7.73	0.73	0.003	0.029	0.94	0.19	4.22	0.050	3.00	4.793

（续）

时间 （年-月）	溶解氧/ （mg/L）	pH	硅酸盐/ （mg/L）	磷酸盐/ （mg/L）	亚硝酸盐氮/ （mg/L）	硝酸盐氮/ （mg/L）	氨态氮/ （mg/L）	化学需氧量/ （mg/L）	总磷/ （mg/L）	总氮/ （mg/L）	溶解性总有 机碳/（mg/L）
2013 - 05	9.27	8.01	1.35	0.002	0.044	0.74	0.27	3.89	0.067	2.48	5.827
2013 - 06	7.88	8.11	2.63	0.017	0.039	0.39	0.52	5.60	0.162	3.21	4.653
2013 - 07	7.34	8.65	4.79	0.020	0.074	0.30	0.43	5.31	0.158	2.40	4.575
2013 - 08	6.98	8.14	4.89	0.060	0.005	0.11	0.29	5.47	0.230	1.99	6.238
2013 - 09	7.42	8.25	2.03	0.050	0.003	0.09	0.33	6.71	0.271	2.63	6.263
2013 - 10	8.50	8.85	2.36	0.047	0.003	0.05	0.23	6.77	0.227	2.05	5.949
2013 - 11	8.92	7.55	3.00	0.016	0.016	0.25	0.49	4.00	0.082	1.44	5.252
2013 - 12	10.72	7.94	0.67	0.003	0.007	0.25	0.42	4.23	0.046	1.28	4.912
2014 - 01	11.14	7.95	1.04	0.001	0.005	0.23	0.36	4.42	0.049	1.30	4.485
2014 - 02	11.11	7.75	1.20	0.002	0.010	0.51	0.58	3.86	0.043	1.93	3.249
2014 - 03	12.00	7.57	0.52	0.005	0.009	1.26	0.29	4.30	0.050	2.34	3.551
2014 - 04	9.01	8.19	0.61	0.008	0.013	0.88	0.28	3.66	0.067	2.73	4.260
2014 - 05	9.77	8.30	0.51	0.002	0.023	0.91	0.42	4.27	0.065	2.67	2.221
2014 - 06	7.55	8.24	2.23	0.005	0.033	0.74	0.32	3.84	0.067	2.38	3.845
2014 - 07	8.19	8.95	2.00	0.007	0.029	0.46	0.35	8.35	0.251	4.76	4.172
2014 - 08	6.73	8.33	3.39	0.023	0.003	0.07	0.30	6.39	0.181	1.84	4.603
2014 - 09	8.30	8.58	2.08	0.049	0.012	0.06	0.31	4.79	0.153	1.11	4.359
2014 - 10	7.55	8.39	2.69	0.024	0.016	0.13	0.34	4.93	0.128	1.41	5.157
2014 - 11	9.17	8.39	3.30	0.023	0.004	0.09	0.33	5.44	0.138	1.46	5.293
2014 - 12	9.78	8.32	2.76	0.009	0.007	0.14	0.41	4.22	0.084	1.38	4.621
2015 - 01	11.46	8.45	2.51	0.003	0.002	0.05	0.34	4.27	0.069	0.89	4.932
2015 - 02	10.30	8.19	1.42	0.003	0.008	0.34	0.18	3.89	0.043	1.49	4.397
2015 - 03	6.20	8.31	1.39	0.005	0.005	0.32	0.03	3.83	0.056	1.56	3.951
2015 - 04	9.04	8.36	0.88	0.010	0.018	0.63	0.25	3.84	0.081	2.46	4.263
2015 - 05	11.34	8.55	1.92	0.003	0.013	0.45	0.13	17.07	0.341	5.68	4.486
2015 - 06	5.80	8.37	2.44	0.025	0.035	0.62	0.64	4.54	0.141	2.82	3.537
2015 - 07	4.93	8.18	2.47	0.005	0.089	0.22	0.02	4.66	0.126	1.94	3.674
2015 - 08	7.08	8.45	4.15	0.025	0.018	0.19	0.07	8.08	0.271	3.17	4.698
2015 - 09	5.28	8.02	4.83	0.114	0.028	0.19	0.15	4.86	0.216	1.51	5.048
2015 - 10	7.49	8.65	4.32	0.068	0.013	0.09	0.32	7.35	0.296	2.76	5.861
2015 - 11	5.59	7.85	3.61	0.030	0.024	0.29	0.29	4.52	0.092	1.48	5.087
2015 - 12	10.98	9.20	3.28	0.006	0.010	0.14	0.13	4.69	0.080	1.41	4.222

THL03 观测站水体化学要素相关数据见表 3 - 50。

表 3 - 50　THL03 观测站水体化学要素相关数据

时间 （年-月）	溶解氧/ （mg/L）	pH	硅酸盐/ （mg/L）	磷酸盐/ （mg/L）	亚硝酸盐氮/ （mg/L）	硝酸盐氮/ （mg/L）	氨态氮/ （mg/L）	化学需氧量/ （mg/L）	总磷/ （mg/L）	总氮/ （mg/L）	溶解性总有 机碳/（mg/L）
2007 - 01	11.11	8.28	3.49	0.002	0.033	3.30	1.50	5.06	0.096	5.43	12.967

（续）

时间 （年-月）	溶解氧/ （mg/L）	pH	硅酸盐/ （mg/L）	磷酸盐/ （mg/L）	亚硝酸盐氮/ （mg/L）	硝酸盐氮/ （mg/L）	氨态氮/ （mg/L）	化学需氧量/ （mg/L）	总磷/ （mg/L）	总氮/ （mg/L）	溶解性总有 机碳/（mg/L）
2007 - 02	10.08	8.03	2.26	0.012	0.059	1.36	2.49	4.79	0.078	6.11	10.859
2007 - 03	10.25	8.17	1.82	0.019	0.087	3.20	1.40	4.95	0.081	6.46	7.759
2007 - 04	10.04	8.51	1.16	0.000	0.046	3.04	0.17	7.16	0.138	6.17	7.664
2007 - 05	9.34	8.26	2.35	0.004	0.048	1.73	0.31	7.15	0.164	5.75	9.224
2007 - 06	10.45	8.79	1.83	0.003	0.006	0.61	0.50	6.72	0.132	3.08	6.459
2007 - 07	6.62	8.53	2.12	0.016	0.003	0.11	0.02	6.34	0.218	2.13	8.542
2007 - 08	6.66	8.01	3.31	0.038	0.032	0.33	0.34	4.95	0.158	2.09	5.055
2007 - 09	6.90	8.59	3.36	0.031	0.004	0.15	0.20	6.37	0.195	1.96	9.552
2007 - 10	7.95	8.12	3.64	0.038	0.017	0.24	0.34	5.01	0.107	1.59	8.591
2007 - 11	10.29	8.67	2.48	0.008	0.006	0.35	0.26	5.14	0.075	1.58	6.295
2007 - 12	10.71	8.20	2.24	0.005	0.040	0.82	0.82	4.64	0.089	3.51	8.504
2008 - 01	12.09	8.16	1.13	0.008	0.026	1.18	0.47	4.72	0.103	3.39	4.867
2008 - 02	15.84	8.77	1.05	0.005	0.043	1.41	1.46	6.49	0.145	5.29	7.166
2008 - 03	10.37	7.99	1.35	0.020	0.061	2.34	1.11	5.53	0.108	5.85	7.075
2008 - 04	9.05	8.11	1.61	0.016	0.086	1.92	0.53	4.56	0.089	5.28	5.642
2008 - 05	11.51	8.21	2.02	0.014	0.024	1.64	0.22	6.49	0.214	4.82	3.398
2008 - 06	7.99	8.64	1.59	0.006	0.007	0.79	0.16	4.64	0.109	2.66	3.797
2008 - 07	12.13	9.53	2.37	0.005	0.008	0.20	0.23	6.72	0.176	2.88	5.182
2008 - 08	11.90	8.81	1.98	0.005	0.003	0.08	0.31	9.07	0.260	2.63	5.692
2008 - 09	7.56	8.83	1.84	0.032	0.009	0.16	0.40	5.90	0.183	2.45	7.331
2008 - 10	6.43	8.67	3.67	0.029	0.037	0.30	0.46	6.60	0.169	2.30	7.818
2008 - 11	10.61	8.25	2.01	0.006	0.028	0.41	0.40	5.85	0.139	2.51	4.756
2008 - 12	11.59	8.32	2.90	0.010	0.016	0.55	0.38	5.55	0.096	2.36	3.256
2009 - 01	12.98	8.21	1.16	0.005	0.053	1.24	1.00	5.87	0.123	3.86	7.511
2009 - 02	9.89	8.12	1.46	0.005	0.040	1.17	0.83	4.91	0.116	3.71	5.578
2009 - 03	11.16	8.16	0.18	0.005	0.022	1.57	0.43	4.75	0.092	3.35	5.402
2009 - 04	8.77	8.38	0.94	0.005	0.044	2.16	0.99	4.44	0.054	3.89	4.871
2009 - 05	6.59	7.71	1.18	0.018	0.035	1.40	0.39	4.58	0.123	4.57	4.898
2009 - 06	8.57	8.42	1.25	0.004	0.031	1.21	0.09	3.78	0.075	2.78	4.151
2009 - 07	6.27	9.31	2.04	0.011	0.008	0.51	0.16	13.67	0.437	6.80	4.552
2009 - 08	10.01	9.13	2.03	0.018	0.122	0.39	0.35	5.52	0.129	2.23	2.590
2009 - 09	6.75	8.17	2.33	0.065	0.005	0.15	0.34	5.77	0.201	1.89	3.981
2009 - 10	7.72	8.70	3.54	0.023	0.003	0.13	0.23	7.21	0.140	1.67	4.123
2009 - 11	11.28	7.89	1.71	0.024	0.014	0.45	0.41	4.93	0.088	1.82	4.837
2009 - 12	10.48	7.85	3.04	0.025	0.054	0.81	0.94	5.17	0.114	3.17	5.660
2010 - 01	12.84	7.89	2.84	0.006	0.035	1.24	0.69	5.29	0.078	3.68	5.582
2010 - 02	13.06	7.93	0.04	0.004	0.023	2.21	1.05	4.71	0.044	3.80	3.811
2010 - 03	11.64	7.87	0.06	0.002	0.019	1.43	0.74	4.56	0.054	3.54	4.326

（续）

时间 （年-月）	溶解氧/ （mg/L）	pH	硅酸盐/ （mg/L）	磷酸盐/ （mg/L）	亚硝酸盐氮/ （mg/L）	硝酸盐氮/ （mg/L）	氨态氮/ （mg/L）	化学需氧量/ （mg/L）	总磷/ （mg/L）	总氮/ （mg/L）	溶解性总有 机碳/（mg/L）
2010 - 04	9.53	8.14	0.97	0.008	0.048	1.60	1.12	3.57	0.040	4.45	3.169
2010 - 05	7.85	7.78	1.63	0.015	0.017	1.87	0.44	3.87	0.115	4.18	4.767
2010 - 06	8.73	8.21	1.46	0.004	0.036	1.06	0.40	3.45	0.043	3.38	4.213
2010 - 07	6.93	7.90	2.03	0.014	0.012	0.41	0.59	3.20	0.084	2.17	4.444
2010 - 08	15.03	8.22	3.01	0.005	0.001	0.11	0.16	5.57	0.080	1.51	4.314
2010 - 09	8.34	8.61	2.16	0.055	0.003	0.08	0.36	5.66	0.171	1.64	5.551
2010 - 10	7.74	8.36	2.25	0.025	0.004	0.11	0.39	7.14	0.314	3.35	5.467
2010 - 11	9.64	8.10	2.86	0.004	0.004	0.13	0.36	7.09	0.112	2.05	5.776
2010 - 12	11.73	8.11	3.08	0.011	0.004	0.46	0.40	5.48	0.115	2.25	5.714
2011 - 01	13.02	8.00	1.30	0.015	0.016	1.51	0.58	4.84	0.093	3.05	6.568
2011 - 02	11.95	7.99	2.16	0.004	0.023	1.07	0.41	4.90	0.064	3.18	4.762
2011 - 03	10.58	8.57	1.16	0.003	0.021	1.72	0.36	5.73	0.085	3.62	5.934
2011 - 04	10.13	8.35	0.73	0.007	0.010	1.11	0.27	3.95	0.048	2.52	5.133
2011 - 05	7.87	8.13	0.85	0.003	0.021	0.57	0.40	3.67	0.059	2.23	4.119
2011 - 06	7.27	8.09	2.23	0.005	0.018	0.62	0.25	3.28	0.048	1.88	3.477
2011 - 07	6.82	8.20	2.16	0.004	0.020	0.56	0.59	4.12	0.062	2.23	3.765
2011 - 08	8.93	7.75	2.72	0.013	0.005	0.11	0.32	7.09	0.316	3.85	4.656
2011 - 09	9.81	8.18	3.25	0.014	0.002	0.11	0.19	5.20	0.094	1.12	4.003
2011 - 10	7.28	8.16	1.92	0.024	0.004	0.10	0.19	5.49	0.110	1.31	5.757
2011 - 11	9.19	8.24	3.34	0.007	0.003	0.16	0.23	4.24	0.062	0.89	5.115
2011 - 12	10.76	8.09	3.15	0.007	0.007	0.37	0.19	7.82	0.210	3.41	3.630
2012 - 01	11.55	8.39	2.87	0.001	0.011	1.81	0.74	3.93	0.070	4.42	3.553
2012 - 02	11.70	7.95	1.77	0.002	0.011	1.07	0.17	4.07	0.044	1.81	3.478
2012 - 03	11.55	8.39	1.08	0.001	0.032	1.81	0.74	5.19	0.070	4.42	3.332
2012 - 04	7.18	7.80	0.81	0.003	0.038	2.03	0.35	3.43	0.036	3.61	4.174
2012 - 05	8.19	8.02	1.44	0.005	0.017	0.81	0.52	3.43	0.052	2.42	3.386
2012 - 06	8.93	8.25	2.22	0.003	0.031	0.58	0.23	7.96	0.172	4.54	3.550
2012 - 07	9.38	8.01	2.22	0.023	0.003	0.12	0.34	6.87	0.175	1.95	4.367
2012 - 08	10.00	8.62	2.72	0.005	0.040	0.11	0.32	5.61	0.106	1.80	4.885
2012 - 09	13.16	9.34	1.52	0.017	0.004	0.08	0.25	11.62	0.407	4.25	6.712
2012 - 10	8.25	8.07	2.67	0.036	0.002	0.10	0.31	4.99	0.106	1.00	5.597
2012 - 11	10.10	7.98	2.15	0.015	0.005	0.09	0.31	6.01	0.220	2.68	6.116
2012 - 12	11.48	8.48	1.99	0.005	0.004	0.05	0.32	4.70	0.049	0.88	5.594
2013 - 01	12.36	7.79	1.18	0.005	0.015	0.85	0.24	3.64	0.049	1.98	4.172
2013 - 02	11.44	8.12	1.66	0.003	0.026	1.00	1.10	4.47	0.069	3.54	4.101
2013 - 03	9.69	8.05	0.81	0.008	0.032	1.07	0.44	4.24	0.082	3.53	4.547
2013 - 04	8.31	7.88	0.75	0.021	0.029	1.20	0.41	5.34	0.153	4.16	4.969
2013 - 05	8.38	8.03	1.84	0.004	0.031	0.82	0.29	4.19	0.075	2.66	5.469

（续）

时间 (年-月)	溶解氧/ (mg/L)	pH	硅酸盐/ (mg/L)	磷酸盐/ (mg/L)	亚硝酸盐氮/ (mg/L)	硝酸盐氮/ (mg/L)	氨态氮/ (mg/L)	化学需氧量/ (mg/L)	总磷/ (mg/L)	总氮/ (mg/L)	溶解性总有 机碳/（mg/L)
2013 - 06	8.44	8.20	3.09	0.014	0.025	0.49	0.70	4.33	0.079	2.10	4.852
2013 - 07	10.12	8.82	4.61	0.027	0.013	0.15	0.36	6.05	0.212	2.56	5.405
2013 - 08	7.11	8.10	4.77	0.063	0.003	0.11	0.40	5.35	0.187	1.52	6.095
2013 - 09	7.44	8.34	1.26	0.025	0.002	0.12	0.28	4.91	0.125	1.28	5.494
2013 - 10	8.69	8.85	2.28	0.043	0.003	0.07	0.32	6.06	0.192	1.86	5.691
2013 - 11	9.28	7.64	2.89	0.009	0.008	0.18	0.42	6.29	0.147	2.24	5.672
2013 - 12	10.68	8.03	2.49	0.005	0.003	0.10	0.40	5.48	0.109	1.69	4.871
2014 - 01	11.43	7.94	0.77	0.001	0.005	0.14	0.33	4.35	0.044	1.21	4.641
2014 - 02	12.28	7.75	1.70	0.003	0.031	1.32	0.70	4.84	0.065	3.39	3.753
2014 - 03	12.66	7.62	0.79	0.004	0.010	1.42	0.40	4.23	0.059	2.63	3.109
2014 - 04	11.40	8.22	0.59	0.001	0.016	0.92	0.11	3.66	0.061	2.77	3.786
2014 - 05	9.13	8.27	1.58	0.009	0.023	1.39	0.61	5.53	0.142	4.46	3.904
2014 - 06	8.26	8.25	2.45	0.005	0.020	0.57	0.29	3.63	0.048	2.20	3.429
2014 - 07	12.35	9.15	1.67	0.006	0.013	0.33	0.24	7.83	0.218	3.41	4.329
2014 - 08	7.79	8.67	3.14	0.023	0.002	0.04	0.31	5.29	0.120	1.26	4.285
2014 - 09	8.90	8.79	3.37	0.061	0.005	0.09	0.40	6.08	0.206	1.72	5.166
2014 - 10	7.34	8.42	2.84	0.040	0.005	0.08	0.42	5.42	0.159	1.50	5.392
2014 - 11	8.36	8.48	3.00	0.025	0.002	0.05	0.27	4.95	0.102	0.97	4.879
2014 - 12	9.41	8.34	2.71	0.008	0.005	0.08	0.32	4.68	0.098	1.34	4.458
2015 - 01	11.73	8.50	1.99	0.004	0.011	0.22	0.51	4.22	0.060	1.51	4.700
2015 - 02	9.96	8.34	1.14	0.003	0.022	0.59	0.12	4.20	0.051	2.02	4.141
2015 - 03	11.80	8.50	0.87	0.006	0.011	0.82	0.06	4.79	0.057	2.37	5.564
2015 - 04	9.20	8.35	1.26	0.009	0.024	0.80	0.29	4.36	0.108	2.92	4.380
2015 - 05	8.11	8.47	2.09	0.004	0.014	0.72	0.12	3.76	0.087	2.64	3.697
2015 - 06	8.41	9.10	2.25	0.005	0.010	0.22	0.16	5.73	0.153	2.45	3.901
2015 - 07	6.12	8.26	3.01	0.004	0.018	0.12	0.00	5.81	0.120	1.88	4.060
2015 - 08	5.74	8.11	4.11	0.036	0.016	0.21	0.08	5.25	0.146	1.59	4.219
2015 - 09	7.94	8.88	4.44	0.137	0.005	0.14	0.17	7.20	0.324	2.23	6.169
2015 - 10	6.84	8.79	4.22	0.054	0.004	0.05	0.14	7.66	0.333	3.26	5.833
2015 - 11	7.47	8.54	3.20	0.021	0.003	0.16	0.25	6.55	0.234	2.59	5.857
2015 - 12	11.60	8.25	2.86	0.009	0.006	0.15	0.11	4.44	0.072	1.29	4.234

THL04 观测站水体化学要素相关数据见表 3-51。

表 3-51 THL04 观测站水体化学要素相关数据

时间 (年-月)	溶解氧/ (mg/L)	pH	硅酸盐/ (mg/L)	磷酸盐/ (mg/L)	亚硝酸盐氮/ (mg/L)	硝酸盐氮/ (mg/L)	氨态氮/ (mg/L)	化学需氧量/ (mg/L)	总磷/ (mg/L)	总氮/ (mg/L)	溶解性总有 机碳/（mg/L)
2007 - 01	11.29	8.27	2.27	0.004	0.039	2.18	0.89	5.13	0.091	4.46	12.943
2007 - 02	10.02	8.09	1.55	0.008	0.060	1.89	2.13	4.80	0.086	5.87	8.501

（续）

时间 （年-月）	溶解氧/ （mg/L）	pH	硅酸盐/ （mg/L）	磷酸盐/ （mg/L）	亚硝酸盐氮/ （mg/L）	硝酸盐氮/ （mg/L）	氨态氮/ （mg/L）	化学需氧量/ （mg/L）	总磷/ （mg/L）	总氮/ （mg/L）	溶解性总有 机碳/（mg/L）
2007 - 03	10. 25	8. 15	1. 74	0. 014	0. 087	2. 42	0. 78	4. 98	0. 078	5. 79	8. 114
2007 - 04	9. 28	8. 30	1. 74	0. 000	0. 106	4. 06	0. 18	5. 58	0. 111	6. 57	8. 118
2007 - 05	8. 34	8. 19	2. 44	0. 004	0. 103	1. 54	0. 45	6. 10	0. 120	5. 01	8. 627
2007 - 06	9. 11	7. 42	1. 95	0. 006	0. 005	0. 43	0. 44	55. 66	1. 010	18. 77	8. 142
2007 - 07	7. 21	8. 81	2. 39	0. 012	0. 003	0. 09	0. 19	6. 21	0. 204	1. 96	7. 933
2007 - 08	6. 44	7. 91	2. 84	0. 040	0. 054	0. 38	0. 52	4. 19	0. 117	1. 55	4. 786
2007 - 09	6. 30	8. 66	3. 15	0. 023	0. 005	0. 14	0. 17	5. 81	0. 120	1. 49	8. 304
2007 - 10	7. 93	8. 42	2. 67	0. 031	0. 030	0. 24	0. 40	5. 15	0. 120	2. 10	9. 011
2007 - 11	9. 83	8. 41	2. 57	0. 012	0. 014	0. 67	0. 27	6. 56	0. 157	3. 08	7. 055
2007 - 12	10. 59	8. 17	1. 92	0. 005	0. 028	0. 72	1. 06	4. 51	0. 084	3. 32	8. 097
2008 - 01	12. 07	8. 12	1. 35	0. 010	0. 014	0. 76	0. 30	4. 90	0. 099	2. 81	3. 807
2008 - 02	15. 18	8. 69	1. 67	0. 007	0. 055	0. 63	1. 90	6. 56	0. 159	5. 85	6. 297
2008 - 03	9. 85	8. 06	1. 07	0. 031	0. 065	2. 55	1. 16	5. 19	0. 127	5. 98	6. 983
2008 - 04	9. 47	8. 12	1. 19	0. 003	0. 029	1. 34	0. 25	4. 90	0. 076	4. 07	4. 344
2008 - 05	8. 99	8. 26	1. 55	0. 017	0. 011	2. 44	0. 21	5. 34	0. 182	4. 40	7. 492
2008 - 06	7. 48	8. 92	1. 88	0. 007	0. 007	0. 42	0. 10	4. 73	0. 103	2. 54	4. 837
2008 - 07	7. 56	9. 38	2. 57	0. 003	0. 009	0. 16	0. 15	5. 50	0. 101	1. 71	5. 276
2008 - 08	11. 09	9. 06	1. 82	0. 005	0. 004	0. 09	0. 06	6. 29	0. 199	1. 96	5. 733
2008 - 09	6. 65	8. 43	1. 09	0. 020	0. 005	0. 11	0. 24	5. 71	0. 142	1. 84	7. 281
2008 - 10	10. 46	8. 67	3. 08	0. 016	0. 005	0. 10	0. 76	6. 54	0. 158	2. 02	6. 972
2008 - 11	9. 72	8. 21	2. 07	0. 010	0. 006	0. 16	0. 49	7. 83	0. 219	2. 87	6. 369
2008 - 12	11. 32	8. 31	2. 97	0. 017	0. 012	0. 57	0. 26	6. 10	0. 112	2. 39	3. 597
2009 - 01	13. 00	8. 22	1. 28	0. 008	0. 031	1. 03	0. 93	5. 47	0. 126	3. 18	5. 136
2009 - 02	9. 25	8. 14	1. 19	0. 006	0. 061	1. 30	1. 54	5. 13	0. 125	4. 48	6. 291
2009 - 03	11. 66	8. 12	0. 62	0. 008	0. 031	1. 61	0. 28	4. 80	0. 104	3. 59	5. 497
2009 - 04	8. 90	8. 47	0. 92	0. 004	0. 030	1. 78	0. 48	4. 45	0. 059	3. 41	3. 410
2009 - 05	6. 75	7. 86	1. 05	0. 012	0. 036	1. 28	0. 37	3. 89	0. 085	4. 11	4. 474
2009 - 06	9. 85	8. 56	1. 39	0. 003	0. 022	0. 95	0. 19	4. 22	0. 077	2. 72	3. 939
2009 - 07	8. 37	9. 04	1. 64	0. 009	0. 011	0. 49	0. 40	4. 85	0. 143	2. 23	3. 311
2009 - 08	10. 14	9. 25	2. 99	0. 013	0. 074	0. 28	0. 28	5. 43	0. 139	2. 23	2. 496
2009 - 09	7. 18	8. 40	2. 31	0. 024	0. 006	0. 13	0. 40	4. 77	0. 102	1. 33	3. 386
2009 - 10	7. 26	8. 97	3. 48	0. 023	0. 002	0. 16	0. 34	7. 15	0. 288	3. 45	4. 679
2009 - 11	11. 12	7. 93	2. 29	0. 030	0. 018	0. 39	0. 41	6. 23	0. 162	2. 23	4. 884
2009 - 12	10. 42	7. 82	3. 07	0. 020	0. 042	0. 65	0. 56	4. 79	0. 083	2. 38	5. 493
2010 - 01	12. 53	7. 89	2. 44	0. 008	0. 036	1. 50	0. 41	5. 66	0. 108	4. 12	5. 597
2010 - 02	13. 05	7. 92	0. 04	0. 003	0. 019	2. 46	0. 50	4. 90	0. 068	3. 91	4. 014
2010 - 03	11. 69	7. 89	0. 31	0. 002	0. 022	1. 57	0. 77	4. 72	0. 066	3. 78	4. 347
2010 - 04	9. 13	8. 08	2. 26	0. 044	0. 060	1. 13	1. 12	3. 57	0. 091	5. 12	3. 322

（续）

时间 （年-月）	溶解氧/ （mg/L）	pH	硅酸盐/ （mg/L）	磷酸盐/ （mg/L）	亚硝酸盐氮/ （mg/L）	硝酸盐氮/ （mg/L）	氨态氮/ （mg/L）	化学需氧量/ （mg/L）	总磷/ （mg/L）	总氮/ （mg/L）	溶解性总有 机碳/（mg/L）
2010 - 05	7.85	7.83	1.52	0.018	0.045	2.09	1.06	3.98	0.098	4.17	5.264
2010 - 06	9.92	8.40	1.59	0.006	0.054	1.46	0.31	3.73	0.050	3.40	4.408
2010 - 07	9.14	8.33	1.83	0.007	0.012	0.47	0.39	5.09	0.088	2.65	4.639
2010 - 08	13.78	8.19	2.91	0.004	0.007	0.43	0.17	3.95	0.046	1.51	3.834
2010 - 09	7.10	8.39	1.37	0.032	0.004	0.08	0.31	5.61	0.174	2.14	5.481
2010 - 10	7.50	8.49	3.41	0.023	0.012	0.31	0.32	6.80	0.199	2.87	6.019
2010 - 11	9.46	8.17	2.76	0.005	0.015	0.44	0.32	5.22	0.092	2.01	5.439
2010 - 12	11.46	8.12	2.73	0.007	0.003	0.28	0.31	6.45	0.127	2.24	5.401
2011 - 01	13.09	8.03	1.33	0.006	0.013	1.24	0.47	4.98	0.089	2.67	6.329
2011 - 02	12.05	8.00	2.36	0.004	0.019	0.88	0.29	5.05	0.054	2.85	4.772
2011 - 03	10.23	8.45	0.76	0.004	0.012	1.28	0.32	5.42	0.094	3.03	5.757
2011 - 04	10.65	8.44	0.45	0.003	0.015	1.06	0.13	4.61	0.064	2.87	6.248
2011 - 05	8.24	8.21	0.87	0.004	0.019	0.87	0.40	3.27	0.069	2.20	3.374
2011 - 06	7.37	8.09	2.25	0.004	0.018	0.69	0.26	3.26	0.043	1.86	3.444
2011 - 07	6.72	8.10	2.31	0.004	0.024	0.62	0.40	3.50	0.061	2.19	3.523
2011 - 08	9.51	8.31	2.64	0.008	0.005	0.08	0.28	5.03	0.164	1.91	3.870
2011 - 09	12.22	8.07	2.87	0.005	0.002	0.09	0.23	7.43	0.172	2.01	4.725
2011 - 10	7.95	8.45	1.90	0.018	0.004	0.11	0.39	6.12	0.131	1.57	6.284
2011 - 11	9.43	8.42	3.23	0.007	0.003	0.13	0.28	4.48	0.080	1.09	4.527
2011 - 12	10.58	8.12	3.08	0.009	0.004	0.27	0.26	8.06	0.247	4.03	3.746
2012 - 01	12.24	8.63	3.08	0.006	0.009	1.84	0.74	4.23	0.095	4.63	3.606
2012 - 02	11.59	7.97	2.29	0.003	0.021	0.63	0.30	4.44	0.057	3.08	3.654
2012 - 03	12.24	8.63	0.86	0.006	0.033	1.84	0.74	5.72	0.095	4.63	3.503
2012 - 04	6.95	7.79	0.62	0.007	0.031	0.83	0.28	3.68	0.036	3.31	4.042
2012 - 05	7.91	8.00	1.66	0.004	0.020	0.99	0.59	3.47	0.044	2.47	3.632
2012 - 06	8.41	8.18	2.53	0.004	0.046	0.75	0.18	4.62	0.085	2.91	3.373
2012 - 07	8.30	8.97	2.46	0.014	0.002	0.11	0.27	6.40	0.153	1.70	4.059
2012 - 08	9.37	8.57	2.70	0.005	0.060	0.13	0.23	4.61	0.075	1.23	4.517
2012 - 09	10.86	9.00	2.43	0.023	0.007	0.10	0.18	5.47	0.151	1.80	5.282
2012 - 10	8.25	8.16	1.78	0.033	0.002	0.07	0.17	4.89	0.098	1.01	5.465
2012 - 11	9.76	8.10	3.00	0.014	0.004	0.06	0.28	6.58	0.228	2.77	5.942
2012 - 12	11.52	8.49	1.88	0.006	0.004	0.04	0.19	5.42	0.093	1.35	5.891
2013 - 01	12.48	7.85	0.63	0.003	0.012	0.71	0.23	4.10	0.046	1.49	4.337
2013 - 02	10.63	8.15	1.63	0.003	0.021	1.05	0.66	4.27	0.069	2.98	3.834
2013 - 03	9.94	8.10	0.55	0.004	0.018	1.41	0.37	3.96	0.058	2.96	4.647
2013 - 04	8.51	7.97	1.27	0.019	0.026	1.33	0.44	4.76	0.112	4.59	4.845
2013 - 05	8.40	8.05	1.75	0.004	0.026	0.85	0.27	4.83	0.094	3.10	5.733
2013 - 06	9.20	8.28	2.45	0.019	0.041	0.43	0.54	5.56	0.133	3.28	4.891

（续）

时间 （年-月）	溶解氧/ （mg/L）	pH	硅酸盐/ （mg/L）	磷酸盐/ （mg/L）	亚硝酸盐氮/ （mg/L）	硝酸盐氮/ （mg/L）	氨态氮/ （mg/L）	化学需氧量/ （mg/L）	总磷/ （mg/L）	总氮/ （mg/L）	溶解性总有 机碳/（mg/L）
2013 - 07	12.44	9.15	5.04	0.041	0.002	0.11	0.28	7.91	0.243	2.49	6.150
2013 - 08	6.67	8.10	4.24	0.038	0.062	0.17	0.31	4.34	0.143	1.46	4.984
2013 - 09	7.91	8.36	2.58	0.030	0.003	0.08	0.34	7.23	0.270	2.82	6.459
2013 - 10	9.30	8.90	2.90	0.033	0.002	0.06	0.35	7.27	0.366	3.05	5.876
2013 - 11	9.14	7.71	2.98	0.018	0.007	0.20	0.39	4.33	0.090	1.63	5.611
2013 - 12	10.44	8.05	2.65	0.006	0.003	0.07	0.39	6.22	0.149	1.99	5.308
2014 - 01	11.60	7.93	1.43	0.001	0.010	0.42	0.23	4.71	0.049	1.70	4.123
2014 - 02	11.64	7.78	2.08	0.005	0.025	1.20	0.61	4.87	0.076	3.29	3.750
2014 - 03	12.88	7.66	0.96	0.005	0.014	1.12	0.33	4.04	0.067	2.89	2.698
2014 - 04	8.85	8.20	0.88	0.005	0.010	1.22	0.25	4.17	0.055	2.70	3.507
2014 - 05	8.88	8.25	2.01	0.013	0.047	1.96	0.46	4.89	0.104	4.29	2.903
2014 - 06	8.15	8.32	2.37	0.007	0.019	0.66	0.23	4.00	0.084	2.10	3.575
2014 - 07	12.29	9.43	1.79	0.005	0.015	0.48	0.31	6.00	0.119	2.28	4.231
2014 - 08	7.31	8.76	3.10	0.022	0.002	0.04	0.30	5.05	0.126	1.22	4.323
2014 - 09	8.67	8.75	3.51	0.099	0.002	0.08	0.36	5.98	0.258	2.01	5.342
2014 - 10	5.74	8.42	2.93	0.074	0.009	0.08	0.33	5.35	0.160	1.38	5.368
2014 - 11	8.91	8.49	3.03	0.020	0.002	0.05	0.26	4.77	0.128	2.18	4.813
2014 - 12	9.91	8.35	2.75	0.014	0.003	0.07	0.23	4.50	0.090	1.22	4.534
2015 - 01	10.53	8.58	2.34	0.003	0.009	0.19	0.27	4.38	0.065	1.43	4.668
2015 - 02	12.72	8.39	0.92	0.003	0.024	1.23	0.14	4.35	0.057	2.35	4.012
2015 - 03	11.57	8.58	0.88	0.007	0.017	1.13	0.09	4.91	0.073	2.93	5.379
2015 - 04	9.18	8.36	1.87	0.008	0.054	1.28	0.28	4.49	0.117	3.97	4.352
2015 - 05	8.19	8.48	1.96	0.003	0.015	0.73	0.10	3.95	0.083	2.48	3.743
2015 - 06	7.21	8.84	2.05	0.005	0.008	0.34	0.38	5.15	0.105	2.28	3.754
2015 - 07	6.44	8.31	2.97	0.003	0.012	0.11	0.00	5.70	0.097	1.66	3.803
2015 - 08	7.22	8.65	3.97	0.046	0.003	0.07	0.15	7.62	0.237	2.24	4.878
2015 - 09	6.62	8.99	4.18	0.136	0.006	0.15	0.18	6.02	0.267	1.79	5.659
2015 - 10	13.36	8.89	3.22	0.037	0.006	0.08	0.15	8.08	0.414	4.39	5.474
2015 - 11	8.68	8.64	3.15	0.017	0.002	0.05	0.11	5.62	0.160	1.89	5.392
2015 - 12	11.82	8.31	2.89	0.008	0.006	0.13	0.09	4.60	0.067	1.16	4.191

THL05 观测站水体化学要素相关数据见表 3 - 52。

表 3 - 52　THL05 观测站水体化学要素相关数据

时间 （年-月）	溶解氧/ （mg/L）	pH	硅酸盐/ （mg/L）	磷酸盐/ （mg/L）	亚硝酸盐氮/ （mg/L）	硝酸盐氮/ （mg/L）	氨态氮/ （mg/L）	化学需氧量/ （mg/L）	总磷/ （mg/L）	总氮/ （mg/L）	溶解性总有 机碳/（mg/L）
2007 - 01	11.55	8.30	2.69	0.005	0.024	2.13	2.94	6.44	0.076	3.82	10.629
2007 - 02	11.31	8.07	2.09	0.006	0.041	2.18	2.34	4.86	0.088	5.92	9.444
2007 - 03	10.37	8.17	1.39	0.013	0.075	3.03	0.62	5.45	0.092	5.99	8.069

（续）

时间 （年-月）	溶解氧/ （mg/L）	pH	硅酸盐/ （mg/L）	磷酸盐/ （mg/L）	亚硝酸盐氮/ （mg/L）	硝酸盐氮/ （mg/L）	氨态氮/ （mg/L）	化学需氧量/ （mg/L）	总磷/ （mg/L）	总氮/ （mg/L）	溶解性总有 机碳/（mg/L）
2007 - 04	9.06	8.43	1.14	0.003	0.044	3.78	0.13	6.10	0.127	5.48	6.503
2007 - 05	7.98	8.17	2.31	0.003	0.013	2.37	0.19	5.08	0.098	4.66	7.773
2007 - 06	8.79	8.32	1.65	0.006	0.007	0.84	0.19	6.93	0.119	3.16	7.423
2007 - 07	8.25	8.99	2.49	0.008	0.003	0.10	0.14	6.19	0.146	1.77	7.526
2007 - 08	7.06	8.03	2.65	0.045	0.021	0.24	0.36	5.38	0.149	1.92	6.010
2007 - 09	8.03	9.06	2.80	0.013	0.003	0.14	0.42	10.11	0.228	2.61	9.098
2007 - 10	7.83	8.24	3.31	0.034	0.036	0.25	0.41	5.08	0.113	1.91	7.766
2007 - 11	9.48	8.24	1.95	0.013	0.033	0.54	0.66	4.67	0.096	3.00	7.068
2007 - 12	10.75	8.16	2.28	0.005	0.007	0.30	0.33	5.18	0.085	2.47	8.947
2008 - 01	11.95	8.15	1.61	0.013	0.022	0.96	0.45	5.21	0.106	3.04	5.136
2008 - 02	16.00	8.83	1.20	0.006	0.059	1.37	1.66	6.62	0.179	5.92	6.330
2008 - 03	9.85	8.07	0.92	0.032	0.066	2.90	1.32	5.33	0.128	5.98	7.058
2008 - 04	9.24	8.05	1.13	0.006	0.030	1.89	0.29	4.26	0.078	3.47	5.248
2008 - 05	12.21	8.36	1.51	0.014	0.013	2.08	0.52	5.95	0.170	4.24	5.418
2008 - 06	7.50	8.50	1.79	0.007	0.007	0.70	0.11	5.06	0.123	2.81	5.141
2008 - 07	8.16	8.77	1.76	0.005	0.014	0.45	0.30	4.15	0.068	1.67	4.422
2008 - 08	8.80	7.83	1.21	0.008	0.003	0.10	0.28	12.95	0.303	3.79	6.818
2008 - 09	6.67	8.25	2.14	0.015	0.005	0.10	0.50	6.41	0.159	2.10	6.798
2008 - 10	10.57	8.67	2.62	0.011	0.014	0.25	0.33	5.64	0.100	1.73	6.557
2008 - 11	10.89	8.16	2.56	0.009	0.008	0.24	0.49	5.70	0.133	1.89	5.816
2008 - 12	10.65	8.24	2.88	0.019	0.022	0.63	0.67	5.48	0.100	2.30	2.351
2009 - 01	13.01	8.18	1.39	0.008	0.008	0.73	0.55	5.72	0.136	2.82	3.987
2009 - 02	9.70	8.13	1.60	0.006	0.028	1.00	0.40	4.74	0.105	3.14	7.468
2009 - 03	10.51	8.15	1.06	0.016	0.020	0.64	0.40	3.74	0.085	2.34	5.575
2009 - 04	8.54	8.47	0.45	0.004	0.026	1.29	0.29	4.47	0.059	3.12	4.161
2009 - 05	7.16	7.87	1.10	0.010	0.028	1.43	0.51	3.50	0.062	3.67	4.321
2009 - 06	9.46	8.50	1.13	0.003	0.017	0.86	0.23	3.80	0.066	2.34	3.481
2009 - 07	7.15	8.29	1.35	0.011	0.011	0.69	0.35	3.21	0.058	1.92	2.744
2009 - 08	9.21	9.09	2.93	0.009	0.079	0.18	0.27	4.78	0.104	1.70	2.364
2009 - 09	7.41	8.27	2.93	0.017	0.004	0.13	0.43	4.74	0.112	1.48	3.229
2009 - 10	8.60	9.00	3.33	0.010	0.014	0.45	0.27	13.49	0.333	4.69	5.132
2009 - 11	11.05	7.90	2.48	0.032	0.018	0.47	0.39	5.76	0.165	2.21	5.119
2009 - 12	10.56	7.82	2.98	0.025	0.026	0.48	0.73	5.16	0.104	2.09	5.276
2010 - 01	12.61	7.83	2.55	0.013	0.029	1.60	1.05	5.33	0.110	5.10	5.712
2010 - 02	12.97	7.83	0.20	0.004	0.018	2.62	0.68	4.76	0.060	4.04	3.649
2010 - 03	10.80	7.75	1.43	0.021	0.027	1.54	1.03	4.14	0.063	3.93	4.143
2010 - 04	9.35	8.10	2.15	0.034	0.037	1.97	1.07	3.43	0.085	4.41	2.942
2010 - 05	7.89	7.86	0.90	0.032	0.085	1.96	0.62	4.31	0.105	4.41	5.879

（续）

时间 （年-月）	溶解氧/ （mg/L）	pH	硅酸盐/ （mg/L）	磷酸盐/ （mg/L）	亚硝酸盐氮/ （mg/L）	硝酸盐氮/ （mg/L）	氨态氮/ （mg/L）	化学需氧量/ （mg/L）	总磷/ （mg/L）	总氮/ （mg/L）	溶解性总有 机碳/（mg/L）
2010 - 06	8.56	8.17	1.48	0.005	0.036	1.33	0.26	3.45	0.043	3.40	4.267
2010 - 07	7.55	7.98	1.72	0.009	0.012	0.69	0.48	4.85	0.089	2.73	4.467
2010 - 08	9.77	8.12	2.35	0.005	0.006	0.39	0.27	3.43	0.037	1.66	3.758
2010 - 09	6.67	8.27	1.70	0.040	0.006	0.09	0.25	5.82	0.181	2.13	6.069
2010 - 10	7.42	8.39	2.50	0.027	0.012	0.22	0.32	4.87	0.116	1.94	5.667
2010 - 11	9.32	8.23	2.70	0.004	0.017	0.62	0.43	5.35	0.074	2.27	5.412
2010 - 12	11.54	8.11	2.20	0.017	0.019	1.70	0.70	5.81	0.138	3.57	5.945
2011 - 01	12.92	8.04	1.52	0.009	0.011	0.88	0.51	5.08	0.099	2.61	6.343
2011 - 02	11.54	8.04	2.16	0.005	0.023	1.02	0.55	5.39	0.078	3.42	5.084
2011 - 03	10.13	8.34	1.79	0.004	0.035	1.58	0.53	4.90	0.077	3.77	5.043
2011 - 04	11.43	8.61	0.29	0.002	0.012	0.87	0.16	5.02	0.057	2.60	5.708
2011 - 05	8.32	8.21	0.81	0.003	0.013	0.69	0.25	3.28	0.054	2.07	3.090
2011 - 06	7.27	8.08	1.94	0.002	0.014	0.49	0.33	3.22	0.047	1.58	3.289
2011 - 07	6.84	8.01	2.42	0.004	0.024	0.67	0.20	3.25	0.050	2.21	3.428
2011 - 08	8.74	8.40	2.86	0.006	0.004	0.08	0.24	4.64	0.139	1.52	3.518
2011 - 09	12.78	8.21	2.86	0.010	0.004	0.12	0.24	7.37	0.223	2.63	4.871
2011 - 10	8.20	8.52	2.89	0.024	0.005	0.10	0.21	5.97	0.142	1.71	6.131
2011 - 11	9.28	8.48	3.38	0.004	0.004	0.12	0.30	5.25	0.099	1.44	4.360
2011 - 12	10.87	8.12	2.89	0.011	0.005	0.23	0.36	4.52	0.066	1.21	4.081
2012 - 01	11.25	8.34	2.85	0.003	0.024	0.73	0.27	4.42	0.057	2.59	4.020
2012 - 02	11.65	7.99	2.04	0.003	0.017	1.10	0.27	4.41	0.058	2.94	4.152
2012 - 03	11.25	8.34	0.67	0.003	0.013	0.73	0.27	4.73	0.057	2.59	3.220
2012 - 04	7.25	7.79	0.53	0.007	0.026	0.77	0.35	3.78	0.054	3.36	4.121
2012 - 05	7.00	8.08	1.53	0.005	0.017	0.58	0.53	3.78	0.040	2.38	3.528
2012 - 06	8.97	8.33	2.39	0.003	0.042	0.72	0.35	3.82	0.053	2.48	3.435
2012 - 07	7.65	8.90	2.37	0.015	0.003	0.12	0.33	6.72	0.178	1.91	4.105
2012 - 08	10.51	8.55	2.80	0.005	0.050	0.13	0.29	6.17	0.115	1.85	5.160
2012 - 09	11.70	8.90	2.59	0.018	0.004	0.09	0.28	6.97	0.208	2.39	5.082
2012 - 10	8.44	8.25	2.64	0.031	0.002	0.10	0.17	5.54	0.115	1.18	5.415
2012 - 11	9.60	8.11	2.46	0.018	0.006	0.11	0.57	4.51	0.096	1.25	5.837
2012 - 12	11.40	8.40	1.89	0.029	0.071	1.12	0.59	4.85	0.128	3.51	4.910
2013 - 01	12.22	7.88	1.01	0.009	0.018	0.67	0.34	3.71	0.068	2.30	3.053
2013 - 02	10.85	8.14	2.02	0.009	0.033	1.26	1.29	4.07	0.082	3.79	3.887
2013 - 03	9.96	8.13	0.41	0.005	0.012	1.34	0.21	3.84	0.080	2.88	4.573
2013 - 04	8.79	8.02	1.31	0.015	0.023	1.38	0.40	4.92	0.110	4.36	4.645
2013 - 05	8.93	8.04	2.00	0.003	0.028	0.79	0.30	5.23	0.099	3.18	5.703
2013 - 06	8.80	8.28	3.50	0.018	0.027	0.77	0.44	4.99	0.107	3.04	5.215
2013 - 07	10.47	8.92	4.39	0.016	0.007	0.16	0.39	7.04	0.250	2.92	5.233

（续）

时间 （年-月）	溶解氧/ (mg/L)	pH	硅酸盐/ (mg/L)	磷酸盐/ (mg/L)	亚硝酸盐氮/ (mg/L)	硝酸盐氮/ (mg/L)	氨态氮/ (mg/L)	化学需氧量/ (mg/L)	总磷/ (mg/L)	总氮/ (mg/L)	溶解性总有 机碳/（mg/L)
2013-08	6.62	8.07	4.30	0.052	0.003	0.13	0.26	5.16	0.194	1.60	5.836
2013-09	7.29	8.46	2.80	0.059	0.003	0.11	0.22	5.52	0.166	1.53	5.693
2013-10	9.20	8.90	2.82	0.030	0.005	0.07	0.44	6.05	0.195	2.00	5.245
2013-11	8.98	7.75	2.97	0.023	0.007	0.18	0.42	4.30	0.101	1.50	5.267
2013-12	10.48	8.08	2.89	0.011	0.005	0.09	0.34	4.69	0.106	1.33	5.100
2014-01	11.48	7.91	1.38	0.001	0.024	0.84	0.35	5.09	0.064	3.02	4.492
2014-02	11.96	7.80	1.85	0.005	0.017	0.89	0.56	4.48	0.079	2.64	3.479
2014-03	13.65	7.72	1.32	0.005	0.020	0.89	0.41	3.96	0.065	3.10	2.493
2014-04	9.14	8.19	0.94	0.005	0.011	0.78	0.15	3.49	0.100	2.87	2.816
2014-05	8.84	8.23	1.43	0.010	0.015	1.27	0.50	3.86	0.079	3.45	2.587
2014-06	8.52	8.29	1.77	0.005	0.015	0.27	0.33	3.87	0.061	1.98	3.373
2014-07	9.63	8.91	1.66	0.006	0.013	0.42	0.32	5.16	0.087	1.95	4.185
2014-08	7.44	8.68	2.99	0.014	0.003	0.08	0.27	5.86	0.137	1.54	4.294
2014-09	8.22	8.79	3.45	0.065	0.006	0.09	0.41	6.16	0.215	1.97	5.550
2014-10	4.82	8.43	2.58	0.050	0.017	0.32	0.30	5.48	0.153	2.07	5.568
2014-11	9.79	8.54	2.83	0.018	0.014	0.33	0.15	4.82	0.114	2.08	4.590
2014-12	8.53	8.34	2.73	0.017	0.003	0.10	0.15	5.05	0.138	1.73	4.320
2015-01	10.03	8.44	2.12	0.004	0.014	0.41	0.41	3.69	0.078	2.11	3.790
2015-02	7.68	8.34	0.77	0.004	0.040	2.06	0.44	4.84	0.093	4.30	4.776
2015-03	11.80	8.51	1.08	0.007	0.018	0.96	0.07	4.68	0.098	3.18	3.970
2015-04	5.06	8.34	1.55	0.015	0.031	0.92	0.30	4.67	0.131	3.35	4.214
2015-05	9.40	8.27	2.45	0.005	0.010	0.81	0.12	10.84	0.293	5.15	3.711
2015-06	12.44	9.02	2.68	0.018	0.011	0.27	0.28	5.48	0.193	3.03	3.606
2015-07	5.76	8.28	2.92	0.003	0.006	0.08	0.00	7.42	0.149	2.57	4.558
2015-08	8.47	8.60	3.80	0.052	0.002	0.08	0.11	6.32	0.205	1.82	4.096
2015-09	3.58	8.66	3.63	0.092	0.074	0.23	0.21	6.59	0.238	2.30	5.616
2015-10	6.37	8.78	3.17	0.038	0.013	0.13	0.14	7.08	0.305	3.44	5.115
2015-11	6.70	8.62	3.13	0.015	0.004	0.11	0.27	4.98	0.117	1.56	5.123
2015-12	11.49	8.25	3.27	0.028	0.054	0.90	0.48	4.32	0.091	3.32	3.807

THL06 观测站水体化学要素相关数据见表 3 - 53。

表 3 - 53　THL06 观测站水体化学要素相关数据

时间 （年-月）	溶解氧/ (mg/L)	pH	硅酸盐/ (mg/L)	磷酸盐/ (mg/L)	亚硝酸盐氮/ (mg/L)	硝酸盐氮/ (mg/L)	氨态氮/ (mg/L)	化学需氧量/ (mg/L)	总磷/ (mg/L)	总氮/ (mg/L)	溶解性总有 机碳/（mg/L)
2007-01	4.93	7.94	1.71	0.027	0.118	0.69	7.47	7.18	0.186	10.81	18.497
2007-02	6.65	7.83	2.21	0.013	0.156	0.85	5.42	6.19	0.154	8.88	12.554
2007-03	3.82	7.78	1.75	0.015	0.270	1.80	5.71	6.85	0.278	10.48	11.471
2007-04	5.03	7.86	1.72	0.019	0.183	1.09	5.14	6.76	0.169	8.44	9.902

（续）

时间 （年-月）	溶解氧/ （mg/L）	pH	硅酸盐/ （mg/L）	磷酸盐/ （mg/L）	亚硝酸盐氮/ （mg/L）	硝酸盐氮/ （mg/L）	氨态氮/ （mg/L）	化学需氧量/ （mg/L）	总磷/ （mg/L）	总氮/ （mg/L）	溶解性总有 机碳/（mg/L）
2007 - 05	3.32	7.75	2.44	0.019	0.289	0.95	5.22	6.10	0.232	9.55	9.149
2007 - 06	4.48	7.69	1.21	0.018	0.085	0.52	2.43	7.65	0.195	5.13	10.784
2007 - 07	6.80	8.45	2.09	0.026	0.067	0.72	0.21	5.39	0.183	2.28	7.551
2007 - 08	6.52	7.80	3.13	0.061	0.183	0.37	0.42	5.91	0.249	2.59	6.756
2007 - 09	4.07	8.52	2.43	0.012	0.048	0.21	0.19	16.52	0.475	5.54	9.665
2007 - 10	6.82	8.04	2.27	0.046	0.044	0.31	0.60	5.06	0.117	2.04	7.692
2007 - 11	5.13	8.22	3.58	0.023	0.179	0.50	4.43	5.61	0.209	7.90	8.970
2007 - 12	7.97	7.97	2.69	0.025	0.191	1.40	3.85	7.71	0.401	8.06	13.346
2008 - 01	11.32	8.13	1.80	0.028	0.042	1.35	2.12	5.47	0.178	5.36	7.051
2008 - 02	6.90	7.80	2.55	0.047	0.183	2.14	5.82	7.55	0.533	10.80	8.496
2008 - 03	10.50	8.06	1.36	0.022	0.059	2.54	0.99	5.46	0.146	5.54	6.458
2008 - 04	8.02	7.94	1.40	0.032	0.106	2.63	1.89	5.67	0.329	5.79	5.862
2008 - 05	10.12	8.20	1.48	0.010	0.018	2.19	0.35	5.87	0.155	4.17	4.043
2008 - 06	0.10	7.57	2.00	0.019	0.051	0.18	3.74	11.28	0.401	8.51	12.366
2008 - 07	7.97	9.17	1.40	0.008	0.086	0.78	0.24	6.99	0.233	3.56	5.710
2008 - 08	4.17	7.72	1.56	0.032	0.093	1.25	0.51	5.47	0.219	3.71	4.910
2008 - 09	5.70	7.81	2.21	0.061	0.403	0.90	0.62	4.32	0.208	3.70	4.824
2008 - 10	6.69	7.82	3.14	0.046	0.244	0.98	1.09	4.88	0.159	3.87	5.702
2008 - 11	4.32	8.04	3.05	0.054	0.273	1.99	4.04	9.09	0.388	8.99	2.647
2008 - 12	7.55	7.90	3.76	0.041	0.226	1.94	2.82	5.77	0.230	6.22	2.781
2009 - 01	12.76	8.16	1.41	0.006	0.010	0.78	0.53	4.90	0.093	2.55	5.567
2009 - 02	6.01	7.99	1.53	0.068	0.147	1.46	3.14	5.56	0.284	6.37	6.262
2009 - 03	10.74	8.13	0.83	0.009	0.030	1.55	0.53	4.07	0.068	3.46	5.598
2009 - 04	7.27	8.01	1.72	0.025	0.209	2.89	2.22	4.96	0.109	6.76	4.980
2009 - 05	7.06	7.79	1.27	0.010	0.032	1.76	0.70	3.85	0.059	3.61	4.456
2009 - 06	11.37	8.65	1.45	0.035	0.413	1.81	0.88	5.72	0.234	5.24	4.148
2009 - 07	3.32	7.94	2.12	0.086	0.357	1.69	1.38	5.66	0.221	4.67	4.367
2009 - 08	8.02	8.70	2.31	0.014	0.093	0.41	0.46	6.05	0.184	2.65	2.818
2009 - 09	5.19	7.79	1.43	0.063	0.170	0.72	0.69	7.44	0.544	6.26	4.006
2009 - 10	6.63	8.62	3.51	0.050	0.147	0.77	1.23	8.23	0.245	4.09	4.555
2009 - 11	6.80	7.64	2.56	0.114	0.190	1.69	2.90	5.99	0.423	6.36	4.925
2009 - 12	6.00	7.53	4.24	0.072	0.245	1.37	4.61	7.79	0.437	8.51	7.095
2010 - 01	12.35	7.72	2.50	0.023	0.025	1.47	1.04	5.71	0.212	4.75	4.975
2010 - 02	12.51	7.84	0.54	0.004	0.023	2.16	0.94	4.42	0.068	4.01	3.768
2010 - 03	10.63	7.72	1.94	0.048	0.049	2.18	1.45	4.46	0.109	5.76	4.412
2010 - 04	9.33	8.09	2.03	0.033	0.073	2.16	0.95	3.61	0.095	5.12	3.243
2010 - 05	7.59	7.77	1.40	0.028	0.050	2.05	0.85	4.63	0.170	4.42	5.088
2010 - 06	9.69	8.32	1.26	0.008	0.095	1.30	0.46	4.27	0.095	4.09	4.849

（续）

时间 （年-月）	溶解氧/ （mg/L）	pH	硅酸盐/ （mg/L）	磷酸盐/ （mg/L）	亚硝酸盐氮/ （mg/L）	硝酸盐氮/ （mg/L）	氨态氮/ （mg/L）	化学需氧量/ （mg/L）	总磷/ （mg/L）	总氮/ （mg/L）	溶解性总有 机碳/（mg/L）
2010 - 07	2.87	7.72	3.75	0.121	0.251	2.84	1.61	4.92	0.229	5.68	4.802
2010 - 08	13.06	8.07	3.11	0.007	0.001	0.11	0.25	7.48	0.272	3.60	4.971
2010 - 09	6.87	8.32	1.14	0.067	0.017	0.11	0.42	6.02	0.231	2.25	5.256
2010 - 10	7.15	8.29	2.67	0.024	0.042	0.63	0.37	6.12	0.166	2.72	5.885
2010 - 11	8.97	8.06	2.79	0.016	0.030	1.06	0.79	4.57	0.104	2.47	5.588
2010 - 12	11.71	8.15	2.96	0.013	0.009	0.87	0.34	5.12	0.107	2.76	5.590
2011 - 01	12.81	8.04	1.91	0.027	0.024	1.50	1.13	4.56	0.128	4.00	6.832
2011 - 02	11.52	8.02	1.18	0.009	0.038	1.38	1.29	5.82	0.145	5.13	5.454
2011 - 03	10.75	8.53	1.43	0.003	0.016	1.67	0.41	5.76	0.087	3.69	5.399
2011 - 04	9.98	8.46	1.00	0.004	0.032	1.23	0.12	4.49	0.080	3.07	5.089
2011 - 05	6.47	8.15	0.78	0.030	0.073	0.82	0.48	3.78	0.092	2.86	4.477
2011 - 06	6.92	8.21	2.19	0.011	0.047	0.83	0.33	4.56	0.101	2.86	4.010
2011 - 07	6.09	8.02	2.38	0.027	0.066	1.13	0.16	3.42	0.092	2.78	3.531
2011 - 08	9.51	8.09	3.02	0.012	0.005	0.10	0.21	14.87	0.713	7.55	5.552
2011 - 09	10.57	8.30	3.30	0.012	0.017	0.19	0.27	12.53	0.433	4.70	6.370
2011 - 10	6.03	8.32	2.56	0.071	0.014	0.19	0.35	5.75	0.197	1.78	6.046
2011 - 11	8.60	8.20	3.35	0.036	0.012	0.28	0.32	4.97	0.183	1.74	4.642
2011 - 12	10.56	8.13	3.00	0.011	0.005	0.29	0.37	4.03	0.040	1.14	3.687
2012 - 01	11.10	8.40	2.75	0.004	0.020	1.45	0.52	4.40	0.085	3.67	4.421
2012 - 02	10.93	8.00	2.20	0.003	0.027	1.49	0.52	4.58	0.080	3.64	4.613
2012 - 03	11.10	8.40	0.67	0.004	0.036	1.45	0.52	4.93	0.085	3.67	3.189
2012 - 04	6.37	7.78	1.26	0.023	0.095	0.79	0.64	4.00	0.064	4.45	4.449
2012 - 05	7.06	7.79	1.88	0.027	0.151	1.08	0.99	4.13	0.092	3.23	3.666
2012 - 06	7.83	8.34	2.61	0.009	0.053	0.64	0.26	6.55	0.251	4.94	3.681
2012 - 07	6.68	8.23	2.70	0.065	0.082	0.42	0.51	7.42	0.284	3.63	5.824
2012 - 08	10.33	8.53	2.99	0.023	0.271	0.37	0.22	6.76	0.214	3.07	5.039
2012 - 09	7.80	8.51	2.58	0.030	0.032	0.18	0.41	3.98	0.106	1.36	4.619
2012 - 10	8.12	8.27	1.99	0.060	0.003	0.08	0.20	6.70	0.233	1.81	6.080
2012 - 11	9.30	8.10	2.56	0.031	0.031	0.20	0.62	4.30	0.121	1.71	5.763
2012 - 12	11.09	8.36	1.58	0.032	0.104	1.53	0.77	4.51	0.120	4.14	5.264
2013 - 01	11.98	7.91	0.91	0.005	0.024	0.83	0.38	4.01	0.057	2.18	3.656
2013 - 02	9.85	8.11	2.23	0.025	0.057	1.98	2.29	4.61	0.113	4.78	4.257
2013 - 03	9.77	8.15	0.94	0.020	0.082	3.07	0.55	4.68	0.117	4.93	4.636
2013 - 04	8.88	8.07	0.79	0.015	0.049	1.04	0.28	5.03	0.127	3.82	4.765
2013 - 05	7.58	8.03	1.92	0.008	0.028	1.27	0.18	3.97	0.102	2.85	5.595
2013 - 06	7.86	8.26	3.22	0.024	0.026	0.66	0.26	4.00	0.106	2.60	4.994
2013 - 07	7.78	8.81	4.25	0.027	0.135	0.44	0.50	5.64	0.202	2.73	4.942
2013 - 08	7.63	8.14	4.36	0.052	0.004	0.11	0.31	5.26	0.356	2.70	5.903

（续）

时间 （年-月）	溶解氧/ （mg/L）	pH	硅酸盐/ （mg/L）	磷酸盐/ （mg/L）	亚硝酸盐氮/ （mg/L）	硝酸盐氮/ （mg/L）	氨态氮/ （mg/L）	化学需氧量/ （mg/L）	总磷/ （mg/L）	总氮/ （mg/L）	溶解性总有 机碳/（mg/L）
2013 - 09	8.13	8.67	3.62	0.088	0.003	0.12	0.19	7.45	0.304	2.54	6.189
2013 - 10	7.44	8.57	2.71	0.081	0.138	2.55	0.50	5.19	0.206	4.08	5.307
2013 - 11	9.18	7.79	2.84	0.019	0.008	0.28	0.40	4.55	0.102	1.82	5.201
2013 - 12	10.92	8.09	1.34	0.004	0.015	0.35	0.51	4.65	0.071	1.66	5.200
2014 - 01	11.29	7.91	0.85	0.002	0.020	0.83	0.46	5.17	0.083	2.50	3.952
2014 - 02	11.51	7.78	2.29	0.013	0.033	1.61	0.97	4.94	0.113	4.65	3.528
2014 - 03	13.22	7.80	0.84	0.005	0.025	0.97	0.40	4.73	0.082	3.42	3.027
2014 - 04	11.85	8.23	0.49	0.002	0.046	1.35	0.68	6.20	0.177	4.48	4.722
2014 - 05	7.44	8.19	1.57	0.030	0.067	2.32	0.88	4.77	0.140	4.75	3.142
2014 - 06	7.84	8.25	2.30	0.043	0.030	0.49	0.46	5.51	0.206	3.22	4.236
2014 - 07	7.55	8.71	2.02	0.028	0.067	1.17	0.34	4.60	0.134	2.69	3.854
2014 - 08	5.40	8.56	2.98	0.019	0.013	0.08	0.28	7.48	0.260	2.85	4.613
2014 - 09	8.57	8.56	2.74	0.078	0.011	0.09	0.25	6.57	0.286	2.22	4.897
2014 - 10	9.39	8.65	2.61	0.033	0.011	0.29	0.25	6.53	0.166	2.20	5.746
2014 - 11	8.87	8.34	2.85	0.011	0.024	0.22	0.13	5.53	0.196	2.50	4.389
2014 - 12	10.01	8.35	2.77	0.010	0.004	0.07	0.16	4.47	0.084	1.19	4.223
2015 - 01	13.16	9.02	0.03	0.004	0.037	0.65	0.41	6.07	0.122	3.59	5.470
2015 - 02	11.22	8.32	1.05	0.004	0.027	0.52	0.13	4.79	0.070	2.54	4.379
2015 - 03	11.12	8.57	0.89	0.007	0.018	0.85	0.05	4.56	0.106	2.55	4.197
2015 - 04	10.76	8.55	1.71	0.004	0.060	1.62	0.14	5.28	0.138	4.30	4.329
2015 - 05	8.74	8.59	2.50	0.008	0.016	0.80	0.11	3.98	0.087	2.33	3.550
2015 - 06	4.32	8.02	3.05	0.286	0.160	4.01	1.31	4.55	0.441	6.59	3.766
2015 - 07	4.77	7.93	3.29	0.044	0.215	0.62	0.10	8.36	0.416	5.39	5.222
2015 - 08	5.91	8.07	3.83	0.034	0.020	0.08	0.14	6.78	0.233	2.18	4.315
2015 - 09	4.30	8.68	4.24	0.138	0.010	0.20	0.27	13.60	0.662	4.80	7.624
2015 - 10	7.60	8.32	2.82	0.033	0.078	0.32	0.11	4.81	0.152	2.03	4.615
2015 - 11	8.35	8.81	2.97	0.014	0.003	0.05	0.08	6.48	0.195	1.95	5.068
2015 - 12	7.80	8.26	3.10	0.010	0.038	0.84	0.37	4.51	0.073	2.70	3.733

THL07 观测站水体化学要素相关数据见表 3-54。

表 3-54　THL07 观测站水体化学要素相关数据

时间 （年-月）	溶解氧/ （mg/L）	pH	硅酸盐/ （mg/L）	磷酸盐/ （mg/L）	亚硝酸盐氮/ （mg/L）	硝酸盐氮/ （mg/L）	氨态氮/ （mg/L）	化学需氧量/ （mg/L）	总磷/ （mg/L）	总氮/ （mg/L）	溶解性总有 机碳/（mg/L）
2007 - 01	11.37	8.23	1.37	0.002	0.041	1.67	0.83	5.73	0.081	4.93	10.563
2007 - 02	10.87	8.12	1.76	0.005	0.032	1.57	0.99	4.94	0.076	4.83	8.704
2007 - 03	10.33	8.06	1.97	0.002	0.039	1.64	0.30	5.19	0.126	4.70	8.573
2007 - 04	8.69	8.15	1.06	0.002	0.008	1.95	0.03	4.11	0.066	3.44	6.633
2007 - 05	8.06	8.08	1.92	0.003	0.013	2.66	0.19	5.23	0.121	4.94	8.343

（续）

时间 （年-月）	溶解氧/ （mg/L）	pH	硅酸盐/ （mg/L）	磷酸盐/ （mg/L）	亚硝酸盐氮/ （mg/L）	硝酸盐氮/ （mg/L）	氨态氮/ （mg/L）	化学需氧量/ （mg/L）	总磷/ （mg/L）	总氮/ （mg/L）	溶解性总有 机碳/（mg/L）
2007 - 06	8.31	8.17	1.88	0.005	0.010	0.70	0.50	8.37	0.185	3.92	7.081
2007 - 07	7.52	8.69	2.33	0.007	0.007	0.25	0.15	5.24	0.089	1.85	6.874
2007 - 08	5.51	7.96	1.61	0.019	0.005	0.45	0.30	3.38	0.084	1.24	5.687
2007 - 09	8.44	8.97	2.21	0.007	0.001	0.11	0.10	5.43	0.089	1.35	7.928
2007 - 10	7.95	8.27	2.42	0.032	0.064	0.45	0.39	4.90	0.121	2.24	7.857
2007 - 11	9.88	8.26	2.42	0.006	0.021	0.40	0.23	4.28	0.077	2.39	6.579
2007 - 12	10.75	8.15	1.90	0.004	0.003	1.18	0.40	4.43	0.085	2.26	8.962
2008 - 01	11.97	8.17	1.12	0.015	0.018	1.30	0.55	5.48	0.112	3.52	5.193
2008 - 02	12.23	8.17	1.02	0.011	0.021	1.26	0.66	4.33	0.074	3.05	5.023
2008 - 03	9.85	8.03	0.98	0.024	0.050	1.58	0.61	4.35	0.091	3.63	5.168
2008 - 04	9.47	8.03	1.07	0.006	0.017	1.89	0.69	4.67	0.089	3.60	4.788
2008 - 05	8.35	8.09	1.31	0.011	0.008	2.83	0.39	4.59	0.072	3.25	4.488
2008 - 06	7.30	8.16	1.54	0.010	0.013	1.35	0.21	2.99	0.057	2.44	4.568
2008 - 07	6.93	8.39	1.87	0.006	0.012	0.81	0.25	2.77	0.048	2.02	3.677
2008 - 08	7.33	8.31	1.08	0.009	0.016	0.22	0.50	3.50	0.081	1.28	3.925
2008 - 09	7.22	8.07	1.63	0.008	0.010	0.16	0.40	3.68	0.067	1.36	5.585
2008 - 10	8.35	8.06	2.41	0.013	0.033	0.42	0.26	4.68	0.070	1.78	5.921
2008 - 11	9.92	8.02	1.40	0.010	0.009	0.55	1.07	3.86	0.092	1.77	5.547
2008 - 12	10.82	8.06	3.13	0.015	0.007	0.47	0.37	3.90	0.098	1.78	3.090
2009 - 01	12.78	8.20	0.97	0.022	0.025	1.52	0.69	5.10	0.148	3.69	4.627
2009 - 02	10.09	8.09	1.16	0.012	0.024	0.93	0.82	4.24	0.108	2.92	7.498
2009 - 03	10.51	8.17	1.44	0.027	0.029	1.08	0.90	4.17	0.125	3.75	5.550
2009 - 04	8.48	8.17	2.06	0.007	0.012	1.09	0.36	3.31	0.050	2.73	4.031
2009 - 05	7.66	7.99	0.95	0.010	0.014	1.54	0.50	3.64	0.074	3.31	4.228
2009 - 06	7.24	8.35	1.15	0.004	0.013	0.84	0.32	2.99	0.047	2.35	3.676
2009 - 07	6.18	8.57	1.11	0.007	0.010	0.60	0.26	3.50	0.075	1.91	2.592
2009 - 08	6.91	8.46	1.56	0.007	0.007	0.49	0.50	3.38	0.044	1.53	1.717
2009 - 09	7.01	8.07	1.35	0.014	0.005	0.15	0.36	4.36	0.066	1.09	3.143
2009 - 10	9.23	8.87	3.31	0.007	0.022	0.43	0.31	6.79	0.086	1.84	4.532
2009 - 11	11.34	7.94	1.88	0.030	0.021	0.64	0.71	4.83	0.105	2.50	4.438
2009 - 12	10.54	7.80	2.93	0.035	0.039	1.18	1.05	4.85	0.114	3.67	5.785
2010 - 01	12.33	7.86	2.14	0.023	0.027	2.42	1.31	5.19	0.153	5.67	5.366
2010 - 02	12.51	7.81	1.79	0.006	0.017	1.83	0.78	4.12	0.063	3.59	3.199
2010 - 03	10.50	7.89	2.19	0.061	0.036	2.18	1.51	4.44	0.121	6.56	4.311
2010 - 04	9.29	8.09	1.49	0.022	0.064	2.51	0.30	3.54	0.074	5.05	3.246
2010 - 05	8.07	7.79	1.28	0.015	0.052	2.79	0.91	3.96	0.115	4.84	5.422
2010 - 06	8.06	8.17	1.21	0.006	0.015	1.86	0.59	2.96	0.039	3.51	4.074
2010 - 07	7.11	7.59	1.67	0.007	0.009	1.36	0.37	2.67	0.042	2.51	4.161

（续）

时间 （年-月）	溶解氧/ (mg/L)	pH	硅酸盐/ (mg/L)	磷酸盐/ (mg/L)	亚硝酸盐氮/ (mg/L)	硝酸盐氮/ (mg/L)	氨态氮/ (mg/L)	化学需氧量/ (mg/L)	总磷/ (mg/L)	总氮/ (mg/L)	溶解性总有 机碳/ (mg/L)
2010－08	7.62	7.90	2.63	0.006	0.006	0.94	0.33	3.27	0.035	2.11	3.392
2010－09	7.76	8.43	1.06	0.005	0.003	0.13	0.23	4.65	0.075	1.32	4.983
2010－10	7.57	8.29	3.15	0.013	0.005	0.10	0.44	4.13	0.071	1.23	5.575
2010－11	9.22	8.09	2.94	0.007	0.008	0.20	0.36	4.92	0.070	1.38	6.025
2010－12	11.58	8.14	3.09	0.020	0.005	0.23	0.56	5.25	0.138	1.96	5.299
2011－01	13.09	8.05	2.06	0.020	0.010	0.80	0.50	4.34	0.111	2.54	6.043
2011－02	12.55	8.06	2.30	0.006	0.015	0.78	0.52	4.81	0.085	3.07	4.465
2011－03	10.62	8.31	1.72	0.004	0.010	0.90	0.26	3.82	0.070	2.43	4.037
2011－04	9.31	8.36	0.67	0.000	0.008	1.20	0.18	3.25	0.045	2.55	5.273
2011－05	7.73	8.29	0.53	0.003	0.010	0.48	0.27	3.11	0.059	2.18	3.682
2011－06	7.49	8.26	1.55	0.004	0.013	0.60	0.25	3.17	0.042	2.02	3.281
2011－07	6.95	8.14	2.15	0.002	0.015	0.72	0.12	2.71	0.059	2.01	2.630
2011－08	7.67	8.72	2.44	0.003	0.006	0.33	0.18	3.86	0.059	1.56	3.074
2011－09	7.22	8.19	2.46	0.005	0.002	0.09	0.24	4.21	0.071	1.00	3.332
2011－10	8.12	8.21	1.31	0.008	0.004	0.13	0.28	3.87	0.063	1.03	4.308
2011－11	9.65	8.67	3.14	0.003	0.004	0.14	0.30	5.29	0.080	1.68	4.654
2011－12	10.75	8.13	3.44	0.015	0.005	0.14	0.26	4.08	0.075	1.49	3.610
2012－01	11.19	8.55	1.62	0.014	0.015	1.43	1.06	3.29	0.669	4.74	2.014
2012－02	11.87	7.99	1.64	0.004	0.009	1.12	0.15	3.15	0.047	2.15	1.930
2012－03	11.19	8.55	0.91	0.014	0.032	1.43	1.06	5.39	0.669	4.74	3.733
2012－04	8.41	8.00	0.63	0.000	0.014	1.07	0.18	3.30	0.035	2.79	3.551
2012－05	7.36	7.95	1.20	0.006	0.012	0.83	0.44	3.60	0.050	2.37	3.158
2012－06	8.80	8.34	1.77	0.004	0.015	0.85	0.27	3.56	0.046	2.50	3.267
2012－07	6.81	8.53	1.16	0.005	0.004	0.27	0.17	4.34	0.086	1.54	3.354
2012－08	7.61	8.30	1.98	0.007	0.012	0.20	0.17	4.23	0.069	1.33	4.047
2012－09	11.23	8.87	2.58	0.009	0.004	0.07	0.13	7.61	0.251	3.03	5.162
2012－10	8.08	8.27	2.58	0.017	0.002	0.08	0.18	4.83	0.084	0.96	4.961
2012－11	10.00	8.19	1.88	0.011	0.007	0.08	0.27	4.82	0.129	1.55	5.692
2012－12	11.29	8.47	1.87	0.025	0.056	1.03	0.38	5.49	0.133	3.31	4.875
2013－01	12.02	7.93	0.85	0.026	0.019	2.01	0.44	3.76	0.102	3.21	3.830
2013－02	10.45	8.17	1.45	0.010	0.012	1.55	0.63	3.68	0.085	2.71	3.733
2013－03	9.57	8.19	1.21	0.022	0.039	1.33	0.35	4.34	0.123	4.20	4.423
2013－04	8.90	8.13	2.40	0.033	0.007	1.10	0.35	5.04	0.127	3.48	3.762
2013－05	7.58	7.90	1.20	0.006	0.012	1.28	0.39	4.23	0.090	3.03	4.894
2013－06	8.31	8.27	2.64	0.012	0.007	0.72	0.85	3.58	0.085	2.83	5.976
2013－07	7.24	8.58	3.93	0.007	0.009	0.46	0.54	2.69	0.058	1.52	4.345
2013－08	8.10	8.04	3.43	0.027	0.003	0.12	0.33	4.34	0.120	1.12	5.883
2013－09	7.23	8.66	2.47	0.034	0.003	0.09	0.29	4.51	0.128	1.20	5.429

（续）

时间 （年-月）	溶解氧/ (mg/L)	pH	硅酸盐/ (mg/L)	磷酸盐/ (mg/L)	亚硝酸盐氮/ (mg/L)	硝酸盐氮/ (mg/L)	氨态氮/ (mg/L)	化学需氧量/ (mg/L)	总磷/ (mg/L)	总氮/ (mg/L)	溶解性总有 机碳/ (mg/L)
2013 - 10	8.24	8.64	3.53	0.059	0.012	0.22	0.64	4.68	0.136	1.76	5.036
2013 - 11	9.34	7.96	3.15	0.006	0.005	0.08	0.43	4.98	0.109	1.44	5.214
2013 - 12	10.88	8.11	2.21	0.012	0.007	0.39	0.34	5.21	0.140	2.44	4.958
2014 - 01	11.98	7.94	1.94	0.003	0.005	0.22	0.35	3.91	0.078	1.52	3.287
2014 - 02	12.00	7.84	1.63	0.006	0.017	1.14	0.46	4.42	0.107	2.98	2.971
2014 - 03	11.19	7.89	1.43	0.006	0.018	1.28	0.39	3.59	0.063	2.87	2.548
2014 - 04	9.93	8.31	0.73	0.001	0.009	0.64	0.24	3.61	0.076	2.59	3.004
2014 - 05	9.69	8.27	1.37	0.006	0.039	1.44	0.48	4.50	0.090	3.97	3.084
2014 - 06	8.36	8.34	2.03	0.007	0.031	0.74	0.27	5.65	0.106	3.13	3.568
2014 - 07	8.40	8.99	1.57	0.008	0.008	0.45	0.27	7.18	0.102	2.84	4.105
2014 - 08	7.83	8.20	2.25	0.003	0.005	0.16	0.30	3.04	0.048	1.24	3.086
2014 - 09	7.68	8.27	2.15	0.013	0.004	0.08	0.22	4.48	0.082	0.97	4.398
2014 - 10	8.13	8.75	2.42	0.018	0.004	0.14	0.18	6.47	0.206	2.30	5.913
2014 - 11	9.87	8.89	2.97	0.005	0.004	0.11	0.29	5.92	0.198	2.29	5.082
2014 - 12	11.01	8.35	3.49	0.042	0.042	0.94	0.33	4.38	0.144	3.68	3.763
2015 - 01	12.15	8.47	2.19	0.008	0.005	0.29	0.32	4.06	0.091	1.85	4.103
2015 - 02	12.46	8.28	1.12	0.006	0.036	1.11	0.15	4.52	0.106	3.72	4.338
2015 - 03	11.59	8.38	1.96	0.026	0.036	1.68	1.24	5.53	0.108	4.19	4.827
2015 - 04	10.07	8.39	2.31	0.032	0.099	1.91	0.63	5.65	0.199	5.50	5.093
2015 - 05	8.58	8.46	2.33	0.008	0.009	0.96	0.16	3.42	0.080	2.46	3.271
2015 - 06	6.66	7.87	2.50	0.003	0.009	0.28	0.13	4.47	0.042	1.40	5.336
2015 - 07	10.83	8.07	3.10	0.006	0.006	0.08	0.04	14.70	0.540	8.46	4.517
2015 - 08	4.98	8.76	3.16	0.014	0.001	3.07	0.19	4.13	0.104	1.06	3.849
2015 - 09	5.18	8.99	3.46	0.082	0.005	0.15	0.16	5.59	0.176	1.39	5.700
2015 - 10	4.80	8.26	3.56	0.061	0.053	0.13	0.22	4.87	0.133	1.38	5.138
2015 - 11	6.74	8.45	2.93	0.034	0.004	0.23	0.13	4.31	0.107	1.68	4.634
2015 - 12	11.36	8.22	3.23	0.034	0.047	0.96	0.50	4.06	0.132	3.66	3.561

THL08 观测站水体化学要素相关数据见表 3-55。

表 3-55　THL08 观测站水体化学要素相关数据

时间 （年-月）	溶解氧/ (mg/L)	pH	硅酸盐/ (mg/L)	磷酸盐/ (mg/L)	亚硝酸盐氮/ (mg/L)	硝酸盐氮/ (mg/L)	氨态氮/ (mg/L)	化学需氧量/ (mg/L)	总磷/ (mg/L)	总氮/ (mg/L)	溶解性总有 机碳/ (mg/L)
2007 - 01	11.14	8.23	1.13	0.002	0.040	2.84	0.74	6.58	0.098	6.94	10.294
2007 - 02	11.08	8.17	1.74	0.001	0.027	1.68	0.68	4.79	0.076	4.18	9.179
2007 - 03	10.57	8.16	1.51	0.005	0.024	2.69	0.19	5.20	0.109	4.55	7.895
2007 - 04	8.65	8.14	0.91	0.001	0.011	1.82	0.11	4.27	0.069	3.84	6.546
2007 - 05	8.14	8.13	2.70	0.002	0.008	1.22	0.26	4.45	0.107	3.15	7.977
2007 - 06	8.43	8.22	1.85	0.006	0.028	0.95	0.29	7.37	0.115	3.98	7.854

（续）

时间 （年-月）	溶解氧/ (mg/L)	pH	硅酸盐/ (mg/L)	磷酸盐/ (mg/L)	亚硝酸盐氮/ (mg/L)	硝酸盐氮/ (mg/L)	氨态氮/ (mg/L)	化学需氧量/ (mg/L)	总磷/ (mg/L)	总氮/ (mg/L)	溶解性总有 机碳/ (mg/L)
2007 – 07	6.97	8.20	2.58	0.007	0.006	0.60	0.19	3.82	0.061	1.66	5.635
2007 – 08	5.43	8.16	2.80	0.008	0.002	0.30	0.50	3.75	0.074	1.36	5.263
2007 – 09	7.80	8.62	3.36	0.005	0.004	0.15	0.03	4.73	0.075	1.20	8.532
2007 – 10	8.07	8.19	2.89	0.026	0.030	0.52	0.48	4.66	0.102	1.94	5.495
2007 – 11	10.37	8.65	3.43	0.009	0.006	0.19	0.26	8.49	0.194	4.22	6.843
2007 – 12	10.73	8.15	2.15	0.004	0.005	0.62	0.60	4.65	0.099	2.29	8.492
2008 – 01	12.09	8.11	1.62	0.009	0.011	0.87	0.32	5.73	0.120	3.03	4.259
2008 – 02	12.48	8.23	1.89	0.011	0.019	0.70	1.34	4.76	0.083	3.75	6.240
2008 – 03	10.08	8.10	1.10	0.009	0.035	1.34	0.30	4.08	0.082	2.92	5.431
2008 – 04	9.26	8.03	1.13	0.006	0.007	2.22	0.49	4.47	0.070	3.13	4.643
2008 – 05	8.74	8.26	2.28	0.011	0.007	1.45	0.28	3.91	0.086	3.38	3.222
2008 – 06	7.55	8.29	1.37	0.010	0.008	2.14	0.28	3.27	0.062	2.99	9.879
2008 – 07	7.02	8.35	2.69	0.009	0.016	0.82	0.40	2.68	0.038	2.18	3.064
2008 – 08	6.46	8.10	1.15	0.008	0.009	0.48	0.38	2.81	0.065	1.61	3.559
2008 – 09	7.30	8.07	1.29	0.007	0.004	0.15	0.13	3.27	0.067	1.17	4.887
2008 – 10	8.12	7.97	2.26	0.009	0.043	0.38	0.51	4.67	0.068	1.65	6.360
2008 – 11	9.51	8.16	2.79	0.012	0.010	0.41	0.38	3.88	0.072	1.72	4.102
2008 – 12	11.05	8.06	3.25	0.020	0.005	0.33	0.28	4.16	0.097	1.51	3.066
2009 – 01	13.01	8.15	2.56	0.019	0.011	0.47	0.57	4.95	0.119	1.90	3.345
2009 – 02	10.26	8.00	1.47	0.008	0.027	1.01	0.87	4.33	0.155	3.84	6.863
2009 – 03	10.65	8.11	2.47	0.015	0.044	0.77	1.05	4.02	0.155	2.64	3.966
2009 – 04	8.45	8.15	1.91	0.009	0.022	2.08	0.50	3.51	0.043	3.14	4.928
2009 – 05	7.72	8.06	0.97	0.008	0.010	1.52	0.34	3.41	0.062	2.99	4.021
2009 – 06	7.36	8.30	1.58	0.005	0.015	1.48	0.23	3.07	0.053	3.09	3.366
2009 – 07	6.49	8.35	1.69	0.007	0.007	0.63	0.07	2.72	0.038	2.41	2.434
2009 – 08	7.12	8.60	2.40	0.006	0.008	0.45	0.33	3.74	0.054	1.70	1.915
2009 – 09	7.24	8.07	1.72	0.010	0.006	0.22	0.27	3.44	0.057	1.15	2.046
2009 – 10	8.69	8.48	3.29	0.010	0.009	0.20	0.27	6.27	0.068	1.47	4.022
2009 – 11	11.36	7.89	2.16	0.027	0.015	0.54	0.46	4.28	0.103	2.22	3.772
2009 – 12	10.70	7.80	3.04	0.021	0.019	0.53	0.52	4.26	0.098	2.01	4.237
2010 – 01	12.41	7.80	2.75	0.027	0.018	1.77	1.25	4.84	0.130	4.72	4.677
2010 – 02	11.82	7.74	2.01	0.005	0.016	1.32	1.21	3.83	0.101	3.48	2.751
2010 – 03	10.41	7.82	2.42	0.083	0.044	2.54	2.32	4.68	0.149	7.03	4.587
2010 – 04	9.29	8.12	2.37	0.028	0.004	0.93	1.29	3.54	0.108	4.98	2.841
2010 – 05	8.23	7.89	1.71	0.004	0.005	1.90	0.70	3.58	0.071	3.99	4.775
2010 – 06	8.58	8.25	1.43	0.005	0.019	1.68	0.31	2.93	0.034	3.58	3.898
2010 – 07	7.24	8.00	1.83	0.005	0.007	1.29	0.31	2.52	0.032	2.73	3.302
2010 – 08	7.76	7.87	2.52	0.006	0.006	0.97	0.21	2.81	0.021	2.10	3.404

（续）

时间 （年-月）	溶解氧/ （mg/L）	pH	硅酸盐/ （mg/L）	磷酸盐/ （mg/L）	亚硝酸盐氮/ （mg/L）	硝酸盐氮/ （mg/L）	氨态氮/ （mg/L）	化学需氧量/ （mg/L）	总磷/ （mg/L）	总氮/ （mg/L）	溶解性总有 机碳/（mg/L）
2010 - 09	7.97	8.49	0.94	0.004	0.003	0.09	0.06	4.60	0.066	1.34	4.666
2010 - 10	7.50	8.20	1.27	0.007	0.004	0.10	0.39	4.15	0.051	0.96	5.124
2010 - 11	9.64	8.20	2.74	0.006	0.004	0.13	0.32	5.20	0.068	1.16	5.893
2010 - 12	11.63	8.10	2.30	0.022	0.006	0.20	0.46	4.65	0.134	1.61	4.791
2011 - 01	13.21	8.06	2.15	0.014	0.008	0.65	0.56	5.02	0.122	2.69	5.765
2011 - 02	11.97	8.07	2.40	0.006	0.015	0.86	0.33	5.43	0.111	2.88	4.008
2011 - 03	10.53	8.37	1.15	0.003	0.004	1.05	0.25	5.09	0.105	2.97	4.972
2011 - 04	9.68	8.37	0.54	0.004	0.020	1.72	0.50	4.49	0.049	3.51	5.607
2011 - 05	8.18	8.16	1.16	0.010	0.011	1.34	0.26	3.64	0.064	3.15	3.868
2011 - 06	7.47	8.27	1.68	0.004	0.009	0.82	0.43	3.04	0.042	2.44	3.327
2011 - 07	6.86	8.20	1.99	0.003	0.021	1.06	0.16	3.25	0.060	2.87	2.763
2011 - 08	7.22	8.57	2.57	0.005	0.005	0.54	0.20	4.24	0.058	2.36	2.808
2011 - 09	7.43	8.14	1.98	0.005	0.004	0.17	0.33	4.03	0.057	1.20	3.362
2011 - 10	8.18	8.16	2.14	0.020	0.008	0.18	0.36	4.62	0.103	1.37	4.957
2011 - 11	9.01	8.27	3.59	0.007	0.005	0.15	0.27	3.78	0.058	0.98	4.199
2011 - 12	10.82	8.12	3.13	0.015	0.005	0.20	0.27	4.33	0.082	1.39	3.532
2012 - 01	10.72	8.36	2.69	0.072	0.011	1.85	1.70	3.40	0.189	5.40	4.638
2012 - 02	11.72	7.97	1.44	0.004	0.020	1.17	0.20	4.81	0.089	3.11	4.990
2012 - 03	10.72	8.36	1.70	0.072	0.039	1.85	1.70	5.06	0.189	5.40	3.252
2012 - 04	8.41	8.05	0.41	0.003	0.008	2.38	0.21	3.52	0.035	2.80	3.473
2012 - 05	8.40	8.04	1.85	0.005	0.009	0.84	0.39	3.31	0.050	2.92	3.052
2012 - 06	9.23	8.34	2.47	0.009	0.021	0.84	0.24	3.17	0.060	2.47	2.836
2012 - 07	7.82	8.90	2.37	0.007	0.004	0.13	0.22	6.73	0.167	1.98	4.827
2012 - 08	9.17	8.42	2.27	0.006	0.009	0.19	0.18	6.01	0.098	1.90	4.013
2012 - 09	10.33	8.80	2.70	0.021	0.005	0.35	0.13	5.57	0.140	1.98	4.784
2012 - 10	8.04	8.26	2.87	0.006	0.002	0.10	0.24	4.12	0.064	0.93	4.294
2012 - 11	9.90	8.17	1.92	0.031	0.007	0.35	0.29	4.15	0.132	1.58	5.204
2012 - 12	11.42	8.49	1.86	0.029	0.067	0.96	0.40	5.46	0.138	3.42	5.236
2013 - 01	12.24	7.97	0.84	0.021	0.008	0.84	0.24	3.49	0.072	1.93	3.355
2013 - 02	10.45	8.19	1.69	0.016	0.009	0.86	0.50	3.87	0.084	2.26	3.237
2013 - 03	9.26	8.16	1.22	0.045	0.102	2.89	0.68	4.69	0.158	6.36	4.655
2013 - 04	8.92	8.14	2.24	0.030	0.008	1.78	0.27	4.49	0.110	3.75	3.924
2013 - 05	8.55	7.97	1.97	0.008	0.015	1.26	0.24	3.28	0.068	3.02	4.463
2013 - 06	7.46	8.26	2.84	0.017	0.007	0.85	0.64	3.08	0.071	2.74	4.690
2013 - 07	7.15	8.54	3.61	0.010	0.009	0.64	0.49	3.04	0.071	1.89	4.602
2013 - 08	9.09	8.12	3.27	0.007	0.002	0.14	0.16	3.50	0.058	1.00	4.406

（续）

时间 （年-月）	溶解氧/ （mg/L）	pH	硅酸盐/ （mg/L）	磷酸盐/ （mg/L）	亚硝酸盐氮/ （mg/L）	硝酸盐氮/ （mg/L）	氨态氮/ （mg/L）	化学需氧量/ （mg/L）	总磷/ （mg/L）	总氮/ （mg/L）	溶解性总有 机碳/（mg/L）
2013 - 09	7.23	8.66	4.89	0.058	0.005	0.14	0.30	4.59	0.128	1.34	5.782
2013 - 10	7.89	8.59	1.68	0.022	0.004	0.10	0.31	4.10	0.103	1.16	4.682
2013 - 11	8.98	7.98	2.67	0.013	0.006	0.11	0.50	3.93	0.073	1.05	5.041
2013 - 12	10.34	8.10	3.11	0.019	0.004	0.24	0.37	4.60	0.137	1.79	4.801
2014 - 01	11.29	7.89	2.22	0.005	0.008	0.38	0.47	4.22	0.124	2.24	2.929
2014 - 02	11.53	7.86	1.82	0.009	0.020	0.99	0.58	4.36	0.089	2.81	2.668
2014 - 03	10.85	7.89	1.90	0.006	0.024	0.84	0.38	3.62	0.058	2.68	3.238
2014 - 04	9.49	8.33	1.09	0.001	0.006	0.59	0.09	3.63	0.066	2.43	2.852
2014 - 05	8.37	8.28	1.25	0.008	0.006	1.07	0.60	3.41	0.064	2.72	3.345
2014 - 06	7.70	8.37	1.60	0.006	0.007	0.65	0.22	3.46	0.057	2.17	2.892
2014 - 07	7.85	8.88	1.55	0.007	0.010	0.92	0.30	4.76	0.048	2.14	3.437
2014 - 08	7.23	8.22	2.71	0.003	0.006	0.25	0.24	2.67	0.038	1.19	2.926
2014 - 09	7.56	8.18	2.50	0.006	0.005	0.11	0.31	3.81	0.046	0.77	4.039
2014 - 10	8.30	8.45	2.64	0.025	0.004	0.28	0.24	5.24	0.136	1.80	5.025
2014 - 11	9.17	8.40	3.09	0.022	0.003	0.09	0.47	4.91	0.095	1.20	4.949
2014 - 12	11.28	8.36	2.81	0.025	0.007	0.24	0.09	5.02	0.197	2.33	3.769
2015 - 01	11.19	8.26	2.99	0.014	0.003	0.13	0.38	3.61	0.109	1.41	3.998
2015 - 02	11.70	8.37	1.21	0.005	0.007	0.42	0.13	3.96	0.100	2.39	3.458
2015 - 03	9.68	8.41	1.56	0.010	0.009	1.18	0.47	4.61	0.121	2.96	4.274
2015 - 04	9.58	8.30	2.38	0.034	0.070	1.64	0.60	4.00	0.132	4.97	3.917
2015 - 05	7.90	8.29	2.24	0.005	0.008	1.11	0.09	3.11	0.060	3.21	3.164
2015 - 06	6.06	8.22	2.25	0.014	0.008	0.84	0.54	2.78	0.062	2.20	2.884
2015 - 07	6.48	8.26	2.55	0.006	0.011	0.30	0.02	4.08	0.067	1.94	3.188
2015 - 08	7.08	7.83	2.98	0.014	0.016	0.17	0.18	4.10	0.065	1.64	3.094
2015 - 09	6.40	8.77	3.34	0.027	0.003	0.11	0.11	5.11	0.120	1.27	4.666
2015 - 10	5.25	8.33	2.82	0.030	0.018	0.08	0.11	4.70	0.118	1.27	3.457
2015 - 11	8.30	8.28	2.70	0.030	0.005	0.21	0.18	3.81	0.101	1.49	4.390
2015 - 12	7.58	8.23	3.02	0.024	0.019	0.64	0.18	4.25	0.153	3.00	3.524

3.3.2　水体物理要素数据集

3.3.2.1　概述

太湖水体物理要素数据集为太湖站 8 个长期常规监测站点 2007—2015 年的月尺度数据，包括透明度（m）、水深（m）、水温（℃）、水色（号）、电导率（μS/cm）和悬浮质（mg/L）。

3.3.2.2　数据采集和处理方法

（1）数据采集

本数据集中 8 个常规监测站点分别为 THL00、THL01、THL03、THL04、THL05、THL06、THL07 和 THL08，采样频率为 1 次/月。

（2）数据测定

太湖水体物理要素中透明度使用塞氏盘法进行测定；水深使用测深仪法进行测定；水温使用水温计法进行测定；水色使用比色法进行测定；电导率使用电导率仪法进行测定；悬浮物使用烘干法进行测定。太湖站水体物理要素监测使用仪器及质量控制见表 3-56。

表 3-56　太湖站水体物理要素监测使用仪器及质量控制

项目	分析方法	使用仪器	质量控制
透明度	塞氏盘法	塞氏圆盘	每个点测定 3 次，取均值
水深	测深仪法	测深仪	测深仪每年校准
水温	水温计法	表层水温计	水温计每年校核
水色	比色法	水色计	定期更换水色计
电导率	电导率仪法	DDS-11C 电导率仪	定期标定
悬浮物	烘干法	烘箱，十万分之一电子天平	烘 3 h 后在干燥器中冷却称重，再烘半小时后在干燥器中冷却称重；误差小于万分之一

3.3.2.3　数据质量控制和评估

（1）数据获取过程的质量控制

太湖站仪器分析数据中使用的仪器设备由专人负责使用，并要求厂商定期上门维护。为了减少人为误差，透明度要求每个点测量 3 次，取均值；测量水深、水温、水色和电导率的仪器需要定期校准或更换；悬浮物的测量使用烘箱以及电子天平，分析时误差需小于万分之一。由专人长期按照 CERN 统一制定的《陆地水环境观测规范》（中国生态系统研究网络科学委员会，2007）、《湖泊生态调查观测与分析》（黄祥飞等，2000）以及《陆地生态系统水环境质量保证与质量》（袁国富等，2012）来开展相关工作，要求做到数据真实，记录规范，书写清晰，数据及辅助信息完整等。

（2）数据质量评估

同浮游植物数据集。

3.3.2.4　数据

THL00 观测站湖泊水文及物理要素相关数据见表 3-57。

表 3-57　THL00 观测站湖泊水文及物理要素相关数据

时间（年-月）	透明度/m	水深/m	水温/℃	水色/号	电导率/（μS/cm）	悬浮质/（mg/L）
2007-01	0.40	3.1	5.6	20	630	19.12
2007-02	0.30	2.5	10.5	18	720	34.24
2007-03	0.35	3.5	10.4	17	700	45.84
2007-04	0.30	2.7	19.5	19	770	50.68
2007-05	0.05	1.9	23.8	18	1 100	121.50
2007-06	0.62	1.4	24.4	19	800	20.56
2007-07	0.15	1.6	29.1	18	570	78.40
2007-08	0.15	2.2	30.2	17	593	63.60
2007-09	0.30	2.0	27.0	19	650	25.76
2007-10	0.20	4.8	19.7	18	545	40.08
2007-11	0.60	1.8	12.6	18	450	24.88
2007-12	0.70	2.3	7.8	18	700	14.72

（续）

时间（年-月）	透明度/m	水深/m	水温/℃	水色/号	电导率/（μS/cm）	悬浮质/（mg/L）
2008 - 01	0.40	2.2	3.9	18	540	16.04
2008 - 02	0.30	1.8	5.8	19	590	43.52
2008 - 03	0.80	2.5	14.3	17	720	13.24
2008 - 04	0.40	1.6	15.7	17	715	29.36
2008 - 05	0.00	3.5	21.4	18	730	873.00
2008 - 06	0.40	2.3	23.2	18	645	29.96
2008 - 07	0.30	3.7	31.6	18	620	34.50
2008 - 08	0.22	4.0	30.9	18	575	57.90
2008 - 09	0.20	2.2	26.5	18	560	53.80
2008 - 10	0.05	4.0	22.8	18	485	172.20
2008 - 11	0.20	5.0	15.4	18	540	23.12
2008 - 12	0.68	3.8	8.9	17	555	17.12
2009 - 01	0.70	2.3	3.4	17	475	17.12
2009 - 02	0.75	3.9	11.3	16	605	18.28
2009 - 03	0.32	3.8	10.0	20	540	26.05
2009 - 04	0.52	3.6	18.8	17	600	28.64
2009 - 05	0.30	3.5	24.8	18	680	29.04
2009 - 06	0.40	3.3	26.4	17	615	26.08
2009 - 07	0.00	2.1	30.3	18	560	74.73
2009 - 08	0.40	3.5	30.2	18	490	22.20
2009 - 09	0.20	2.8	25.7	18	475	49.40
2009 - 10	0.40	3.5	21.4	19	525	41.76
2009 - 11	0.23	3.5	5.8	18	387	49.47
2009 - 12	0.45	2.4	8.7	18	395	27.16
2010 - 01	0.85	2.4	2.5	18	450	10.72
2010 - 02	0.35	3.2	8.2	20	460	165.47
2010 - 03	0.55	4.3	9.5	18	425	21.84
2010 - 04	0.40	2.6	11.6	18	360	28.16
2010 - 05	0.35	3.1	19.8	17	470	39.56
2010 - 06	0.45	2.6	24.6	18	520	15.24
2010 - 07	0.45	3.0	28.3	18	510	19.12
2010 - 08	0.35	3.9	32.4	18	565	25.04
2010 - 09	0.25	3.5	27.5	18	475	31.60
2010 - 10	0.40	3.0	20.7	18	445	20.32
2010 - 11	0.35	2.8	14.1	19	410	31.16
2010 - 12	0.40	3.5	5.5	18	360	23.52
2011 - 01	0.70	3.2	2.2	16	400	13.36
2011 - 02	0.70	2.5	4.9	17	430	11.20
2011 - 03	0.50	2.5	10.7	18	495	21.04

（续）

时间（年-月）	透明度/m	水深/m	水温/℃	水色/号	电导率/（μS/cm）	悬浮质/（mg/L）
2011 - 04	0.50	2.8	18.1	19	595	13.52
2011 - 05	0.65	3.2	23.5	17	670	13.00
2011 - 06	0.70	3.8	25.4	18	580	14.84
2011 - 07	0.40	3.3	27.4	16	570	26.92
2011 - 08	0.05	3.7	30.9	18	505	111.20
2011 - 09	0.25	3.6	28.9	18	440	97.00
2011 - 10	0.30	2.8	20.0	18	415	29.56
2011 - 11	0.30	2.4	16.5	18	405	42.90
2011 - 12	0.40	3.7	6.8	17	360	14.72
2012 - 01	0.80	2.3	9.0	17	465	8.85
2012 - 02	0.80	3.3	4.7	16	405	7.20
2012 - 03	0.50	2.7	9.0	17	465	8.85
2012 - 04	1.00	3.0	19.4	17	600	3.88
2012 - 05	1.00	4.0	24.0	17	610	6.48
2012 - 06	0.60	3.3	26.1	19	630	31.15
2012 - 07	0.10	2.0	31.9	18	475	68.60
2012 - 08	0.25	4.0	32.6	19	415	102.20
2012 - 09	0.40	3.6	23.5	17	450	34.55
2012 - 10	0.35	2.8	21.6	17	450	37.73
2012 - 11	0.35	3.7	12.7	17	395	31.85
2012 - 12	0.65	3.0	6.8	18	380	16.25
2013 - 01	1.20	2.7	3.6	18	340	6.32
2013 - 02	0.70	3.0	9.2	17	400	13.45
2013 - 03	0.60	3.0	12.1	17	455	15.80
2013 - 04	0.90	2.5	14.5	18	575	10.67
2013 - 05	0.50	2.6	24.9	17	595	18.35
2013 - 06	0.65	3.0	23.6	17	520	11.96
2013 - 07	0.20	2.0	30.9	18	535	54.53
2013 - 08	0.30	3.2	30.6	17	615	65.87
2013 - 09	0.25	3.5	26.3	17	570	38.20
2013 - 10	0.14	3.4	23.6	17	460	54.00
2013 - 11	0.40	2.7	15.4	17	485	27.95
2013 - 12	0.40	2.2	7.8	18	390	22.75
2014 - 01	0.60	2.0	5.1	18	385	14.88
2014 - 02	0.50	3.1	4.6	18	435	35.25
2014 - 03	0.80	—	16.4	—	555	15.84
2014 - 04	0.50	3.6	20.5	18	525	12.20
2014 - 05	0.35	3.0	22.4	17	600	28.50
2014 - 06	0.40	2.8	27.1	—	745	32.15

（续）

时间（年-月）	透明度/m	水深/m	水温/℃	水色/号	电导率/（μS/cm）	悬浮质/（mg/L）
2014 - 07	0.50	3.0	28.8	18	635	18.20
2014 - 08	0.35	3.3	25.1	17	565	41.85
2014 - 09	0.30	2.8	24.9	17	490	20.36
2014 - 10	0.25	3.3	20.0	17	400	31.53
2014 - 11	0.50	3.8	12.6	—	370	48.80
2014 - 12	0.45	3.5	5.4	17	325	17.30
2015 - 01	0.50	3.1	6.4	17	340	27.13
2015 - 02	0.80	2.2	5.2	15	350	13.55
2015 - 03	0.70	3.7	7.5	17	365	13.40
2015 - 04	0.60	2.8	13.9	18	450	15.53
2015 - 05	0.30	3.3	23.2	18	560	29.95
2015 - 06	0.50	3.4	22.2	17	385	28.25
2015 - 07	0.50	4.5	27.6	17	350	27.45
2015 - 08	0.30	3.4	30.0	18	340	33.30
2015 - 09	0.60	3.4	21.5	17	420	43.15
2015 - 10	0.20	3.0	17.5	18	415	61.60
2015 - 11	0.25	3.1	15.3	17	380	47.45
2015 - 12	0.35	3.9	7.4	18	300	29.44

注："—"为缺测值。

THL01 观测站湖泊水文及物理要素相关数据见表 3-58。

表 3-58　THL01 观测站湖泊水文及物理要素相关数据

时间（年-月）	透明度/m	水深/m	水温/℃	水色/号	电导率/（μS/cm）	悬浮质/（mg/L）
2007 - 01	0.45	1.6	5.4	19	660	19.28
2007 - 02	0.45	1.7	10.0	18	760	28.96
2007 - 03	0.62	1.9	10.5	17	680	17.92
2007 - 04	0.28	1.8	19.1	18	770	70.48
2007 - 05	0.15	1.9	23.1	19	840	153.16
2007 - 06	0.65	1.8	24.4	18	760	25.04
2007 - 07	0.15	2.2	29.1	18	580	147.75
2007 - 08	0.12	1.8	30.0	18	590	66.88
2007 - 09	0.50	2.1	26.8	18	595	22.12
2007 - 10	0.20	2.8	19.6	18	540	35.36
2007 - 11	0.75	2.1	12.8	18	565	17.76
2007 - 12	0.40	1.8	7.9	18	710	28.44
2008 - 01	0.50	1.7	3.9	17	580	12.68
2008 - 02	0.50	1.9	6.4	19	590	19.92
2008 - 03	0.45	1.8	13.6	18	715	25.04
2008 - 04	0.60	1.8	15.4	17	735	27.56

（续）

时间（年-月）	透明度/m	水深/m	水温/℃	水色/号	电导率/（μS/cm）	悬浮质/（mg/L）
2008-05	0.15	1.8	21.8	18	660	77.65
2008-06	0.30	2.0	23.1	18	635	32.20
2008-07	0.30	2.2	31.3	18	620	39.28
2008-08	0.35	2.3	31.8	18	575	46.44
2008-09	0.21	2.1	26.4	18	555	58.40
2008-10	0.23	2.2	22.1	18	520	47.80
2008-11	0.52	2.4	15.1	18	570	21.48
2008-12	0.50	2.2	8.8	18	500	20.68
2009-01	0.60	1.6	2.7	19	520	19.84
2009-02	0.50	1.7	11.3	17	615	28.84
2009-03	0.40	2.5	9.8	20	580	29.05
2009-04	0.55	2.3	19.0	18	640	21.40
2009-05	0.30	2.0	23.7	19	695	47.04
2009-06	0.30	2.1	26.3	18	630	38.08
2009-07	0.00	2.2	30.3	18	540	134.73
2009-08	0.40	3.5	29.5	18	490	25.87
2009-09	0.30	2.4	25.2	18	482	42.10
2009-10	0.55	2.0	20.9	18	480	28.04
2009-11	0.30	2.4	5.6	18	405	29.93
2009-12	0.55	2.2	8.3	18	390	27.92
2010-01	0.55	2.2	2.0	18	430	29.40
2010-02	1.15	2.2	8.3	17	415	16.32
2010-03	0.50	2.9	9.6	18	440	14.68
2010-04	0.50	2.3	10.5	17	340	16.52
2010-05	0.30	2.4	19.8	18	450	90.56
2010-06	0.60	2.1	25.1	18	500	16.24
2010-07	0.45	2.5	27.3	18	505	27.72
2010-08	0.45	2.2	33.2	18	520	22.28
2010-09	0.20	2.4	26.7	18	465	38.30
2010-10	0.45	2.6	20.2	18	435	22.48
2010-11	0.30	2.2	13.3	19	395	28.48
2010-12	0.30	2.2	3.9	18	360	31.52
2011-01	0.40	1.9	1.9	17	380	22.40
2011-02	0.80	1.7	4.1	17	430	10.20
2011-03	0.55	2.1	9.4	18	505	20.16
2011-04	0.40	2.0	18.0	18	525	26.00
2011-05	0.42	1.7	22.8	18	650	28.44
2011-06	0.65	1.7	25.1	18	585	19.32
2011-07	0.40	2.8	26.8	17	550	28.16

（续）

时间（年-月）	透明度/m	水深/m	水温/℃	水色/号	电导率/（μS/cm）	悬浮质/（mg/L）
2011 - 08	0.12	2.7	30.3	18	500	76.10
2011 - 09	0.05	2.2	28.7	18	430	116.80
2011 - 10	0.28	2.5	19.7	18	415	32.04
2011 - 11	0.40	2.2	15.9	18	400	30.55
2011 - 12	0.90	1.9	6.9	17	360	7.40
2012 - 01	0.80	2.2	8.8	16	480	6.80
2012 - 02	1.10	2.1	4.4	16	405	3.28
2012 - 03	0.80	2.6	8.8	16	480	6.80
2012 - 04	1.60	2.5	19.0	16	565	2.68
2012 - 05	0.80	2.4	23.8	17	585	8.76
2012 - 06	1.30	1.9	26.1	18	570	18.05
2012 - 07	0.15	2.3	31.1	17	460	81.30
2012 - 08	0.41	2.5	31.3	17	460	37.87
2012 - 09	0.50	2.5	23.5	16	440	27.05
2012 - 10	0.45	2.8	20.9	17	450	22.55
2012 - 11	0.30	2.3	12.2	17	385	33.55
2012 - 12	0.85	2.1	6.6	17	350	17.95
2013 - 01	1.15	2.5	3.4	18	335	6.04
2013 - 02	1.40	2.4	9.0	17	385	6.40
2013 - 03	0.80	2.0	11.3	17	440	7.75
2013 - 04	1.00	2.1	13.8	18	535	8.30
2013 - 05	0.80	2.0	23.8	17	550	10.85
2013 - 06	0.55	2.0	23.2	17	520	35.60
2013 - 07	0.25	2.0	30.3	18	555	47.40
2013 - 08	0.30	1.9	30.5	17	610	76.27
2013 - 09	0.20	2.6	25.7	18	555	37.27
2013 - 10	0.16	2.4	23.1	17	475	47.67
2013 - 11	0.50	2.2	15.2	17	450	20.00
2013 - 12	0.60	2.1	7.4	18	390	17.48
2014 - 01	0.60	1.9	5.1	18	370	16.08
2014 - 02	0.85	2.0	4.2	18	415	13.40
2014 - 03	1.00	—	19.2	—	565	11.48
2014 - 04	0.35	2.0	20.7	18	485	44.90
2014 - 05	0.68	2.0	22.0	17	650	16.80
2014 - 06	0.55	2.0	27.5	—	760	18.40
2014 - 07	0.30	2.5	28.5	18	625	50.40
2014 - 08	0.25	2.7	24.8	17	540	40.65
2014 - 09	0.40	2.5	24.6	17	440	21.16
2014 - 10	0.25	2.0	19.3	17	400	44.27

（续）

时间（年-月）	透明度/m	水深/m	水温/℃	水色/号	电导率/（μS/cm）	悬浮质/（mg/L）
2014 - 11	0.35	1.8	11.9	—	360	44.85
2014 - 12	0.40	2.4	4.7	17	330	22.55
2015 - 01	0.80	2.0	6.1	17	320	32.20
2015 - 02	0.50	1.8	5.1	16	350	10.93
2015 - 03	0.50	1.4	7.4	17	370	40.52
2015 - 04	0.30	2.4	13.2	17	470	39.55
2015 - 05	0.20	2.2	23.5	18	520	113.13
2015 - 06	0.50	2.6	23.1	18	420	18.05
2015 - 07	0.50	3.0	27.0	17	360	36.65
2015 - 08	0.40	2.5	29.4	18	335	48.30
2015 - 09	0.40	2.3	21.2	18	400	49.55
2015 - 10	0.10	2.3	17.6	17	380	58.15
2015 - 11	0.25	2.1	15.3	17	375	29.90
2015 - 12	0.45	2.7	7.1	18	295	18.24

注："—"为缺测值。

THL03 观测站湖泊水文及物理要素相关数据见表 3-59。

表 3-59　THL03 观测站湖泊水文及物理要素相关数据

时间（年-月）	透明度/m	水深/m	水温/℃	水色/号	电导率/（μS/cm）	悬浮质/（mg/L）
2007 - 01	0.40	2.2	5.2	18	620	19.92
2007 - 02	0.45	2.0	9.9	18	720	20.96
2007 - 03	0.40	2.2	10.3	17	670	33.60
2007 - 04	0.30	2.2	19.1	18	700	68.16
2007 - 05	0.20	2.3	23.6	17	805	86.76
2007 - 06	0.50	2.1	24.6	18	705	28.25
2007 - 07	0.10	2.4	29.2	18	610	157.80
2007 - 08	0.15	2.4	30.2	17	455	65.56
2007 - 09	0.25	2.3	27.0	18	575	28.00
2007 - 10	0.15	3.2	19.4	18	520	45.92
2007 - 11	0.50	2.4	12.9	18	425	20.80
2007 - 12	0.35	2.5	7.8	18	610	19.44
2008 - 01	0.20	2.0	4.0	18	510	56.24
2008 - 02	0.40	2.3	6.0	17	600	19.68
2008 - 03	0.50	2.2	13.6	17	680	14.08
2008 - 04	0.50	2.2	15.2	17	700	21.40
2008 - 05	0.15	2.2	21.8	18	650	57.00
2008 - 06	0.40	2.4	23.2	18	630	35.64
2008 - 07	0.25	2.6	31.5	18	635	42.20

（续）

时间（年-月）	透明度/m	水深/m	水温/℃	水色/号	电导率/（μS/cm）	悬浮质/（mg/L）
2008 - 08	0.20	2.5	31.5	18	540	83.20
2008 - 09	0.19	2.3	26.3	18	550	58.56
2008 - 10	0.26	2.4	22.0	18	525	33.40
2008 - 11	0.55	2.7	15.0	18	510	21.88
2008 - 12	0.48	2.5	8.8	17	520	27.04
2009 - 01	0.35	1.8	2.6	18	515	33.44
2009 - 02	0.70	2.1	11.1	17	620	16.72
2009 - 03	0.30	2.6	9.9	19	510	35.80
2009 - 04	0.65	2.7	19.0	17	580	14.84
2009 - 05	0.25	2.3	23.9	19	650	62.36
2009 - 06	0.40	2.4	27.0	17	620	28.28
2009 - 07	0.00	2.4	30.3	18	555	92.80
2009 - 08	0.38	3.3	29.1	18	480	27.07
2009 - 09	0.40	2.6	25.1	18	475	31.55
2009 - 10	0.25	2.5	20.9	18	475	34.00
2009 - 11	0.25	2.5	5.6	18	326	55.93
2009 - 12	0.25	2.3	8.4	19	380	71.55
2010 - 01	0.75	2.8	2.1	18	425	19.12
2010 - 02	0.75	2.5	8.5	18	410	13.20
2010 - 03	0.80	3.0	9.3	18	410	11.36
2010 - 04	0.60	2.7	10.7	17	365	14.96
2010 - 05	0.25	2.5	19.6	18	450	132.40
2010 - 06	0.60	2.4	24.9	18	500	17.56
2010 - 07	0.50	2.8	27.4	18	510	17.76
2010 - 08	0.45	2.6	33.3	18	515	25.96
2010 - 09	0.30	2.6	26.6	18	465	23.40
2010 - 10	0.50	2.6	20.3	18	430	41.73
2010 - 11	0.55	2.5	13.5	18	385	25.20
2010 - 12	0.30	2.3	4.2	19	350	58.56
2011 - 01	0.30	2.0	1.7	18	380	35.04
2011 - 02	1.00	2.1	4.1	16	425	10.48
2011 - 03	0.45	2.2	9.5	18	500	27.36
2011 - 04	0.45	2.1	17.7	18	505	18.16
2011 - 05	0.42	2.1	22.6	18	610	28.48
2011 - 06	0.60	2.2	25.0	18	610	18.60
2011 - 07	0.35	2.6	27.0	18	550	38.32
2011 - 08	0.12	2.7	30.2	18	500	86.40
2011 - 09	0.30	2.6	27.8	18	460	24.80
2011 - 10	0.25	2.3	19.7	18	405	43.65

（续）

时间（年-月）	透明度/m	水深/m	水温/℃	水色/号	电导率/（μS/cm）	悬浮质/（mg/L）
2011 - 11	0.60	2.2	15.8	18	400	17.05
2011 - 12	0.45	2.2	7.0	18	385	38.10
2012 - 01	0.75	2.1	8.8	17	520	9.64
2012 - 02	1.20	2.2	4.5	16	400	4.20
2012 - 03	0.60	2.5	8.8	17	520	9.64
2012 - 04	1.30	2.5	19.0	16	565	7.80
2012 - 05	0.50	2.4	23.7	17	560	16.12
2012 - 06	1.10	2.3	26.1	18	570	33.35
2012 - 07	0.15	2.5	30.9	17	475	62.60
2012 - 08	0.42	2.7	31.8	17	475	37.47
2012 - 09	0.25	2.8	23.6	16	425	61.73
2012 - 10	0.45	2.7	20.9	17	445	20.20
2012 - 11	0.50	2.3	12.1	17	380	33.27
2012 - 12	1.20	2.4	6.7	18	340	9.25
2013 - 01	0.70	2.5	3.2	18	340	10.56
2013 - 02	0.70	2.4	8.9	17	420	13.65
2013 - 03	0.45	2.3	11.4	17	440	20.30
2013 - 04	0.20	2.2	13.8	18	575	93.93
2013 - 05	0.40	2.0	23.6	17	550	22.75
2013 - 06	0.70	2.4	23.1	17	520	19.67
2013 - 07	0.25	2.2	30.9	18	540	51.90
2013 - 08	0.15	2.1	30.0	17	615	82.47
2013 - 09	0.20	2.4	25.8	17	545	26.13
2013 - 10	0.35	2.9	22.9	17	480	50.07
2013 - 11	0.35	2.7	15.0	17	445	29.45
2013 - 12	0.40	2.2	7.5	18	385	37.05
2014 - 01	1.10	2.5	5.1	18	365	7.10
2014 - 02	0.85	2.2	4.3	18	465	10.20
2014 - 03	0.60	2.4	14.7	—	530	17.28
2014 - 04	0.35	2.4	20.2	17	470	29.55
2014 - 05	0.10	2.2	21.8	17	720	43.20
2014 - 06	0.60	—	27.2	—	740	15.12
2014 - 07	0.45	2.7	28.5	18	620	105.27
2014 - 08	0.30	2.9	24.5	17	550	47.15
2014 - 09	0.25	3.0	24.4	17	405	30.44
2014 - 10	0.20	2.0	19.1	17	400	78.47
2014 - 11	0.60	2.4	12.0	—	345	26.45
2014 - 12	0.35	2.2	4.9	17	320	23.70
2015 - 01	0.90	2.1	6.1	18	340	14.75

（续）

时间（年-月）	透明度/m	水深/m	水温/℃	水色/号	电导率/（μS/cm）	悬浮质/（mg/L）
2015-02	0.70	2.0	4.5	16	360	7.48
2015-03	0.50	1.9	7.3	17	385	24.80
2015-04	0.20	2.4	13.1	17	470	72.20
2015-05	0.30	2.6	23.1	18	590	31.40
2015-06	0.40	2.8	23.8	17	470	31.60
2015-07	0.45	3.3	26.6	17	315	31.50
2015-08	0.40	2.9	29.0	18	325	38.70
2015-09	0.40	2.1	21.1	18	400	56.30
2015-10	0.10	2.3	17.4	18	385	58.90
2015-11	0.30	2.5	15.3	17	385	54.10
2015-12	0.45	2.8	7.0	18	305	21.64

注："—"为缺测值。

THL04 观测站湖泊水文及物理要素相关数据见表 3-60。

表 3-60　THL04 观测站湖泊水文及物理要素相关数据

时间（年-月）	透明度/m	水深/m	水温/℃	水色/号	电导率/（μS/cm）	悬浮质/（mg/L）
2007-01	0.40	2.2	5.0	17	590	41.48
2007-02	0.35	2.2	9.6	18	700	40.40
2007-03	0.30	2.6	10.3	17	640	47.72
2007-04	0.30	2.2	19.2	18	735	60.84
2007-05	0.28	2.5	23.6	17	840	63.48
2007-06	0.38	2.3	24.8	18	735	208.30
2007-07	0.10	2.6	28.8	18	580	144.35
2007-08	0.13	2.5	30.2	17	460	69.40
2007-09	0.30	2.8	26.1	18	570	29.60
2007-10	0.20	3.2	19.4	18	505	49.76
2007-11	0.30	2.5	12.7	18	445	44.84
2007-12	0.30	2.3	7.8	18	575	32.36
2008-01	0.15	2.5	4.1	18	440	162.75
2008-02	0.30	2.4	5.8	17	595	27.56
2008-03	0.55	2.6	13.2	17	695	17.00
2008-04	0.40	2.4	15.0	17	600	20.76
2008-05	0.15	2.8	19.4	18	680	105.00
2008-06	0.30	2.5	23.4	18	625	45.28
2008-07	0.40	2.8	30.3	18	640	38.08
2008-08	0.27	2.7	32.2	18	560	49.08
2008-09	0.21	3.0	26.1	18	560	47.68
2008-10	0.25	2.6	22.3	17	520	39.72

（续）

时间（年‐月）	透明度/m	水深/m	水温/℃	水色/号	电导率/（μS/cm）	悬浮质/（mg/L）
2008‐11	0.43	2.8	14.7	17	490	40.12
2008‐12	0.38	2.7	9.0	18	540	42.60
2009‐01	0.25	2.1	2.5	18	475	64.16
2009‐02	0.30	2.5	11.0	17	650	41.45
2009‐03	0.30	2.8	9.9	19	440	48.55
2009‐04	0.62	2.7	18.8	17	575	16.20
2009‐05	0.20	2.3	24.0	19	655	67.28
2009‐06	0.30	2.5	27.5	17	600	38.72
2009‐07	0.35	2.6	30.7	18	565	37.00
2009‐08	0.30	3.5	29.1	18	480	29.00
2009‐09	0.35	2.9	25.1	18	440	38.20
2009‐10	0.00	2.8	20.9	18	460	76.00
2009‐11	0.12	2.7	5.6	18	337	115.93
2009‐12	0.50	2.6	8.9	18	375	24.56
2010‐01	0.40	2.8	2.1	17	440	44.48
2010‐02	0.55	3.0	7.8	18	410	17.00
2010‐03	0.50	3.2	9.4	18	410	17.56
2010‐04	0.30	2.6	10.3	18	365	35.28
2010‐05	0.30	2.6	20.0	18	480	101.95
2010‐06	0.50	2.6	25.1	18	510	20.64
2010‐07	0.45	2.9	27.5	18	500	28.00
2010‐08	0.60	3.0	33.5	18	530	13.48
2010‐09	0.25	3.1	26.5	18	465	35.25
2010‐10	0.25	2.9	20.3	18	415	38.16
2010‐11	0.40	2.4	13.6	18	395	22.76
2010‐12	0.15	2.7	4.5	19	320	85.24
2011‐01	0.30	2.2	1.7	18	370	46.24
2011‐02	0.90	2.2	4.3	16	420	11.16
2011‐03	0.40	2.2	9.6	18	475	51.60
2011‐04	0.60	2.5	18.2	16	550	13.36
2011‐05	0.40	2.2	22.7	18	485	32.40
2011‐06	0.60	2.4	25.1	18	590	14.72
2011‐07	0.40	2.9	27.1	17	570	49.52
2011‐08	0.28	3.1	30.4	18	500	58.70
2011‐09	0.25	2.8	28.1	18	450	53.00
2011‐10	0.25	2.4	19.8	18	395	48.65
2011‐11	0.40	2.3	15.7	18	415	30.35
2011‐12	0.30	2.4	6.6	19	370	58.93
2012‐01	0.50	2.5	9.0	17	510	13.32

（续）

时间（年-月）	透明度/m	水深/m	水温/℃	水色/号	电导率/（μS/cm）	悬浮质/（mg/L）
2012 - 02	0.60	2.4	4.4	16	440	10.15
2012 - 03	0.50	2.8	9.0	17	510	13.32
2012 - 04	1.50	2.8	19.1	17	555	3.20
2012 - 05	0.80	2.4	24.0	17	580	9.40
2012 - 06	1.10	2.9	26.2	18	575	11.60
2012 - 07	0.15	2.7	30.8	17	485	68.90
2012 - 08	0.44	3.6	32.6	17	485	26.60
2012 - 09	0.25	2.9	23.4	17	450	38.25
2012 - 10	0.45	2.8	20.9	17	445	22.00
2012 - 11	0.45	2.5	12.1	17	380	33.47
2012 - 12	0.55	2.4	6.6	18	335	21.65
2013 - 01	0.80	2.5	3.3	18	335	8.48
2013 - 02	0.55	2.3	9.1	17	400	16.35
2013 - 03	0.60	2.5	11.5	17	435	16.00
2013 - 04	0.30	2.2	13.7	18	565	76.45
2013 - 05	0.40	2.2	23.9	17	550	37.95
2013 - 06	0.40	2.5	23.1	17	525	41.73
2013 - 07	0.25	2.3	31.7	17	520	59.20
2013 - 08	0.15	2.4	30.1	17	600	88.13
2013 - 09	0.25	2.3	25.8	18	550	41.87
2013 - 10	0.20	2.8	22.8	17	475	64.93
2013 - 11	0.35	2.8	15.0	17	450	18.90
2013 - 12	0.20	2.3	7.3	18	385	57.40
2014 - 01	1.00	2.6	5.1	18	375	9.52
2014 - 02	0.40	2.3	4.2	18	445	32.55
2014 - 03	0.60	2.6	15.2	—	485	12.48
2014 - 04	0.50	2.5	20.2	17	475	16.55
2014 - 05	0.15	2.1	21.6	17	685	33.80
2014 - 06	0.50	2.3	27.0	—	720	22.24
2014 - 07	0.35	2.5	29.2	18	625	30.60
2014 - 08	0.26	1.9	24.4	17	555	39.15
2014 - 09	0.25	3.0	24.5	17	415	31.80
2014 - 10	0.20	2.5	19.0	17	400	91.93
2014 - 11	0.50	2.6	12.0	—	350	35.05
2014 - 12	0.30	2.5	4.8	17	315	25.95
2015 - 01	0.75	2.4	6.3	18	335	17.90
2015 - 02	0.60	2.0	4.5	16	365	12.45
2015 - 03	0.45	2.2	7.5	18	420	25.10
2015 - 04	0.30	2.6	13.2	17	460	56.65

（续）

时间（年-月）	透明度/m	水深/m	水温/℃	水色/号	电导率/（μS/cm）	悬浮质/（mg/L）
2015 – 05	0.35	2.6	23.1	18	595	28.90
2015 – 06	0.50	2.8	23.6	17	480	21.75
2015 – 07	0.35	3.2	26.9	17	320	23.40
2015 – 08	0.50	3.1	29.0	18	320	56.15
2015 – 09	0.30	2.8	21.1	17	405	68.15
2015 – 10	0.10	2.3	18.1	17	405	69.15
2015 – 11	0.35	2.1	15.3	17	385	29.95
2015 – 12	0.50	3.0	7.0	18	300	19.36

注："—"为缺测值。

THL05 观测站湖泊水文及物理要素相关数据见表 3 – 61。

表 3 – 61   THL05 观测站湖泊水文及物理要素相关数据

时间（年-月）	透明度/m	水深/m	水温/℃	水色/号	电导率/（μS/cm）	悬浮质/（mg/L）
2007 – 01	0.30	2.4	4.9	18	570	39.64
2007 – 02	0.50	2.2	9.7	16	725	21.44
2007 – 03	0.20	2.4	10.3	19	630	61.04
2007 – 04	0.20	2.5	18.7	18	705	100.60
2007 – 05	0.23	2.2	23.3	17	795	77.72
2007 – 06	0.55	2.4	24.3	18	705	37.76
2007 – 07	0.20	2.7	29.0	18	575	85.48
2007 – 08	0.15	2.4	29.8	18	520	77.65
2007 – 09	0.20	2.7	26.4	18	565	48.00
2007 – 10	0.15	3.4	19.5	18	500	51.64
2007 – 11	0.35	2.5	13.3	18	710	39.00
2007 – 12	0.30	2.4	7.9	18	450	67.96
2008 – 01	0.05	2.5	4.2	18	460	199.25
2008 – 02	0.30	2.4	5.8	17	605	35.36
2008 – 03	0.30	2.3	13.3	17	705	29.16
2008 – 04	0.30	2.2	14.9	17	580	45.72
2008 – 05	0.25	2.3	22.4	18	660	50.53
2008 – 06	0.30	2.5	23.6	18	630	43.52
2008 – 07	0.40	2.9	31.2	18	620	20.32
2008 – 08	0.00	2.7	31.5	18	565	72.13
2008 – 09	0.32	2.8	26.0	18	565	47.60
2008 – 10	0.30	2.6	21.9	18	500	30.96
2008 – 11	0.45	2.9	15.9	18	490	24.24
2008 – 12	0.23	2.7	8.8	20	520	72.96
2009 – 01	0.20	2.2	2.2	19	435	134.65
2009 – 02	0.35	2.3	10.8	17	585	34.44

（续）

时间（年-月）	透明度/m	水深/m	水温/℃	水色/号	电导率/（μS/cm）	悬浮质/（mg/L）
2009 - 03	0.30	2.7	11.1	18	460	38.85
2009 - 04	0.65	2.8	18.9	17	575	15.20
2009 - 05	0.30	2.4	23.8	18	650	47.32
2009 - 06	0.35	2.6	27.8	19	555	29.24
2009 - 07	0.47	2.8	30.9	18	560	20.24
2009 - 08	0.30	3.4	28.9	18	485	30.73
2009 - 09	0.35	2.8	25.1	18	450	41.24
2009 - 10	0.00	2.8	20.9	18	475	81.60
2009 - 11	0.15	2.8	6.5	18	348	62.20
2009 - 12	0.22	2.5	8.3	19	335	103.55
2010 - 01	0.30	2.6	2.7	18	410	56.15
2010 - 02	0.50	2.6	7.3	19	415	21.00
2010 - 03	0.50	3.2	8.8	17	405	20.92
2010 - 04	0.25	2.8	10.2	18	330	51.84
2010 - 05	0.30	2.7	20.0	18	510	79.80
2010 - 06	0.50	2.4	24.4	18	505	19.20
2010 - 07	0.30	3.0	27.2	18	520	26.72
2010 - 08	0.50	2.8	32.5	18	555	10.84
2010 - 09	0.20	2.7	26.6	18	465	36.25
2010 - 10	0.30	2.8	20.3	18	410	26.20
2010 - 11	0.45	2.7	13.6	18	395	26.16
2010 - 12	0.15	2.5	4.5	19	400	96.24
2011 - 01	0.10	2.3	1.5	18	365	68.24
2011 - 02	0.50	2.0	4.3	15	440	18.00
2011 - 03	0.30	2.2	9.6	18	490	39.56
2011 - 04	0.50	2.3	18.1	18	560	18.36
2011 - 05	0.40	2.2	22.8	17	465	23.88
2011 - 06	0.50	2.3	25.2	17	535	25.40
2011 - 07	0.40	2.9	27.1	17	575	32.76
2011 - 08	0.15	2.7	30.1	18	505	58.55
2011 - 09	0.25	2.4	28.5	18	440	48.40
2011 - 10	0.20	2.3	19.9	18	400	69.25
2011 - 11	0.32	2.4	15.8	18	420	43.10
2011 - 12	0.30	2.3	6.7	18	340	24.45
2012 - 01	0.50	2.3	9.1	17	450	11.64
2012 - 02	0.65	2.5	4.6	16	435	7.70
2012 - 03	0.50	2.7	9.1	17	450	11.64
2012 - 04	1.30	3.0	19.1	16	550	4.20
2012 - 05	0.55	2.2	23.7	18	575	19.68

（续）

时间（年-月）	透明度/m	水深/m	水温/℃	水色/号	电导率/（μS/cm）	悬浮质/（mg/L）
2012 – 06	0.70	2.5	26.6	17	580	13.85
2012 – 07	0.15	2.8	30.8	18	480	78.90
2012 – 08	0.36	2.7	32.5	17	495	48.20
2012 – 09	0.00	2.8	23.4	16	460	52.93
2012 – 10	0.40	2.5	21.1	17	445	25.80
2012 – 11	0.35	2.5	12.1	16	385	37.85
2012 – 12	0.50	2.4	6.7	17	420	24.55
2013 – 01	0.55	2.6	3.3	18	340	14.52
2013 – 02	0.45	2.5	8.8	17	420	17.60
2013 – 03	0.35	2.5	11.9	17	430	31.10
2013 – 04	0.20	2.3	13.5	18	555	74.85
2013 – 05	0.30	2.1	23.8	17	555	35.30
2013 – 06	0.45	2.5	23.2	17	540	34.15
2013 – 07	0.25	—	32.0	17	540	56.55
2013 – 08	0.15	2.2	30.4	18	605	99.00
2013 – 09	0.20	—	15.5	17	530	27.13
2013 – 10	0.20	2.8	23.2	17	485	51.67
2013 – 11	0.40	2.7	14.4	17	450	24.80
2013 – 12	0.30	2.3	7.3	17	380	63.80
2014 – 01	0.80	—	5.2	17	420	9.28
2014 – 02	0.35	2.2	4.2	18	420	41.95
2014 – 03	0.50	2.2	13.9	—	460	12.16
2014 – 04	0.60	2.7	20.2	17	470	80.30
2014 – 05	0.25	2.1	21.4	17	685	32.40
2014 – 06	—	—	27.0	—	725	19.40
2014 – 07	0.40	2.2	28.4	18	630	22.00
2014 – 08	0.22	2.9	24.4	17	555	41.70
2014 – 09	0.22	3.2	24.6	17	405	38.48
2014 – 10	0.20	2.3	19.2	17	400	69.13
2014 – 11	0.50	2.5	12.3	18	395	19.60
2014 – 12	0.20	2.7	4.8	17	315	50.95
2015 – 01	0.20	2.5	6.2	18	320	27.85
2015 – 02	—	—	4.6	16	445	15.20
2015 – 03	0.30	2.4	7.2	18	415	52.95
2015 – 04	0.20	2.2	12.8	17	470	101.60
2015 – 05	0.20	2.6	22.1	18	580	67.73
2015 – 06	0.30	2.8	24.3	18	465	26.90
2015 – 07	0.20	3.3	26.4	17	305	52.70
2015 – 08	0.30	3.0	29.0	18	330	51.60

（续）

时间（年-月）	透明度/m	水深/m	水温/℃	水色/号	电导率/（μS/cm）	悬浮质/（mg/L）
2015 - 09	0.40	2.7	21.1	18	440	74.05
2015 - 10	0.20	2.9	17.0	18	405	67.80
2015 - 11	0.35	2.6	15.3	17	400	28.10
2015 - 12	0.40	3.0	7.0	18	375	25.40

注："—"为缺测值。

THL06 观测站湖泊水文及物理要素相关数据见表 3-62。

表 3-62　THL06 观测站湖泊水文及物理要素相关数据

时间（年-月）	透明度/m	水深/m	水温/℃	水色/号	电导率/（μS/cm）	悬浮质/（mg/L）
2007 - 01	0.40	2.2	6.3	20	875	23.36
2007 - 02	0.38	1.3	11.1	18	890	37.80
2007 - 03	0.30	1.7	11.9	20	720	55.08
2007 - 04	0.35	1.6	19.8	19	915	43.36
2007 - 05	0.20	1.5	24.4	20	885	77.96
2007 - 06	0.50	1.7	23.6	19	775	24.88
2007 - 07	0.20	1.7	29.2	19	550	57.40
2007 - 08	0.20	1.7	30.2	17	570	51.84
2007 - 09	0.00	2.0	27.8	18	595	45.96
2007 - 10	0.25	2.4	20.1	19	510	40.16
2007 - 11	0.35	1.6	1.6	20	485	35.08
2007 - 12	0.10	1.8	8.7	20	890	171.87
2008 - 01	0.60	1.3	4.2	18	600	14.46
2008 - 02	0.30	1.7	7.2	19	705	25.00
2008 - 03	0.35	1.5	13.9	18	655	126.12
2008 - 04	0.10	1.2	15.6	20	695	151.35
2008 - 05	0.20	1.5	21.4	18	640	59.47
2008 - 06	0.15	1.5	23.6	18	825	53.72
2008 - 07	0.20	1.7	31.4	18	670	57.70
2008 - 08	0.40	2.7	31.0	20	560	46.52
2008 - 09	0.20	1.9	27.0	20	540	71.52
2008 - 10	0.22	2.2	22.9	20	590	36.48
2008 - 11	0.25	3.1	16.9	20	730	62.88
2008 - 12	0.20	2.0	10.5	19	705	62.48
2009 - 01	0.45	1.2	3.1	19	435	34.64
2009 - 02	0.25	2.6	11.7	19	650	120.12
2009 - 03	0.65	2.2	9.8	18	600	18.88
2009 - 04	0.70	2.1	18.9	19	750	11.56
2009 - 05	0.45	2.0	22.9	18	650	25.80
2009 - 06	0.30	1.8	26.6	19	675	39.16

（续）

时间（年-月）	透明度/m	水深/m	水温/℃	水色/号	电导率/（μS/cm）	悬浮质/（mg/L）
2009 - 07	0.32	1.5	30.3	20	565	32.20
2009 - 08	0.40	2.5	29.8	18	480	42.47
2009 - 09	0.18	1.9	25.4	18	523	93.20
2009 - 10	0.00	1.7	21.0	18	590	64.00
2009 - 11	0.25	1.8	8.2	20	517	64.27
2009 - 12	0.15	1.4	10.1	19	695	146.40
2010 - 01	0.15	1.5	2.0	19	385	172.07
2010 - 02	0.70	1.8	8.6	18	410	15.45
2010 - 03	0.50	2.2	9.4	18	460	25.48
2010 - 04	0.40	2.1	10.6	18	350	35.16
2010 - 05	0.25	1.9	19.8	19	465	146.33
2010 - 06	0.50	1.7	25.0	18	535	25.28
2010 - 07	0.50	2.0	27.3	19	440	37.36
2010 - 08	0.20	1.9	32.8	19	500	74.93
2010 - 09	0.15	2.4	26.9	18	460	36.45
2010 - 10	0.00	2.1	20.1	18	410	30.20
2010 - 11	0.40	1.6	13.4	19	420	43.60
2010 - 12	0.35	1.5	4.4	18	375	27.96
2011 - 01	0.25	1.2	2.0	18	425	53.50
2011 - 02	0.35	1.3	4.3	19	495	26.80
2011 - 03	0.40	1.5	9.8	18	495	26.28
2011 - 04	0.45	1.0	18.0	17	555	35.16
2011 - 05	0.30	1.2	22.3	18	695	23.04
2011 - 06	0.35	1.4	25.1	19	630	30.80
2011 - 07	0.30	2.0	26.7	18	600	41.44
2011 - 08	0.05	1.7	30.6	18	500	148.40
2011 - 09	0.05	1.8	28.3	18	370	83.10
2011 - 10	0.25	1.7	19.7	18	420	55.10
2011 - 11	0.18	1.3	16.3	18	430	104.53
2011 - 12	0.80	1.6	7.0	17	375	9.45
2012 - 01	0.75	1.4	9.0	17	480	19.76
2012 - 02	0.45	1.3	4.9	17	480	11.10
2012 - 03	0.40	1.8	9.0	17	480	19.76
2012 - 04	0.80	1.5	18.9	16	580	7.48
2012 - 05	0.40	1.4	24.1	17	600	22.24
2012 - 06	0.80	1.4	26.4	18	580	23.55
2012 - 07	0.05	2.4	31.1	18	450	127.00
2012 - 08	0.33	1.7	31.8	17	460	50.20
2012 - 09	0.50	1.7	23.4	17	480	25.70

（续）

时间（年-月）	透明度/m	水深/m	水温/℃	水色/号	电导率/（μS/cm）	悬浮质/（mg/L）
2012 - 10	0.25	2.3	21.0	17	445	73.95
2012 - 11	0.30	1.4	12.2	17	405	52.47
2012 - 12	0.35	1.5	6.6	18	460	34.60
2013 - 01	0.65	1.6	3.6	18	350	14.76
2013 - 02	0.35	2.9	9.8	17	450	27.10
2013 - 03	0.30	1.4	11.0	17	480	40.75
2013 - 04	0.30	1.4	13.9	18	580	49.70
2013 - 05	0.30	2.8	23.7	17	545	51.05
2013 - 06	0.30	1.3	23.3	17	525	50.15
2013 - 07	0.25	1.6	30.3	18	550	51.90
2013 - 08	0.15	2.8	30.6	18	595	236.00
2013 - 09	0.20	2.0	25.4	17	515	46.60
2013 - 10	0.30	2.9	23.5	17	510	44.07
2013 - 11	0.40	1.7	15.1	17	450	20.85
2013 - 12	0.40	1.5	7.8	18	405	37.25
2014 - 01	0.40	2.0	4.8	18	425	16.48
2014 - 02	0.40	1.8	4.7	18	485	44.55
2014 - 03	0.80	2.4	17.2	—	540	21.92
2014 - 04	0.30	1.6	20.4	17	560	42.45
2014 - 05	0.13	1.6	22.2	17	720	40.00
2014 - 06	0.35	—	27.8	—	740	49.15
2014 - 07	0.33	1.9	28.0	18	615	59.00
2014 - 08	0.18	2.1	24.6	17	530	66.60
2014 - 09	0.30	2.2	24.5	18	435	44.40
2014 - 10	0.30	2.0	19.5	17	400	40.67
2014 - 11	0.20	—	13.1	17	400	65.90
2014 - 12	0.40	1.6	5.0	17	320	17.70
2015 - 01	0.30	1.6	6.1	18	360	58.95
2015 - 02	1.00	—	5.2	15	390	16.00
2015 - 03	0.40	1.4	7.4	17	410	55.60
2015 - 04	0.30	1.8	14.0	18	460	75.93
2015 - 05	0.35	2.0	22.3	18	585	30.95
2015 - 06	0.25	2.0	22.5	18	375	40.55
2015 - 07	0.20	2.7	27.1	17	340	48.45
2015 - 08	0.50	2.3	29.0	17	340	65.20
2015 - 09	0.60	2.3	21.5	17	410	167.40
2015 - 10	0.30	2.3	17.2	17	425	37.60
2015 - 11	0.40	2.0	15.3	17	400	36.70
2015 - 12	0.60	2.3	7.3	18	375	12.16

注："—"为缺测值。

THL07 观测站湖泊水文及物理要素相关数据见表 3 - 63。

表 3 - 63 THL07 观测站湖泊水文及物理要素相关数据

时间（年-月）	透明度/m	水深/m	水温/℃	水色/号	电导率/（μS/cm）	悬浮质/（mg/L）
2007 - 01	0.40	2.6	4.9	18	560	32.72
2007 - 02	0.58	2.4	9.2	17	695	19.64
2007 - 03	0.18	2.6	9.9	19	555	122.36
2007 - 04	0.20	2.6	18.4	18	630	81.32
2007 - 05	0.20	2.7	23.2	17	760	87.08
2007 - 06	0.40	2.6	24.4	18	745	50.60
2007 - 07	0.25	2.9	28.8	18	475	51.52
2007 - 08	0.13	2.8	29.8	17	560	83.16
2007 - 09	0.35	2.7	26.2	18	745	25.92
2007 - 10	0.20	3.6	19.2	17	500	55.40
2007 - 11	0.40	3.0	13.7	18	405	31.96
2007 - 12	0.30	2.7	8.0	18	435	40.40
2008 - 01	0.20	2.5	4.3	18	530	114.80
2008 - 02	0.30	2.7	5.0	17	500	32.72
2008 - 03	0.35	2.4	12.6	17	580	53.72
2008 - 04	0.25	2.6	14.8	17	575	74.40
2008 - 05	0.20	2.8	19.9	17	600	74.70
2008 - 06	0.30	2.8	23.7	17	575	52.28
2008 - 07	0.55	3.0	30.6	17	585	18.28
2008 - 08	0.42	3.0	30.7	18	560	37.96
2008 - 09	0.24	3.0	26.4	18	560	59.84
2008 - 10	0.39	2.8	21.4	19	505	27.36
2008 - 11	0.40	3.0	15.7	18	505	28.60
2008 - 12	0.15	2.7	8.4	19	500	99.84
2009 - 01	0.15	2.8	2.0	19	465	173.40
2009 - 02	0.20	2.3	10.8	18	560	62.45
2009 - 03	0.15	2.8	8.9	20	530	92.15
2009 - 04	0.50	3.0	17.6	17	540	19.40
2009 - 05	0.20	2.8	23.6	20	635	89.68
2009 - 06	0.30	2.7	25.6	19	580	37.08
2009 - 07	0.30	3.1	30.1	18	565	39.28
2009 - 08	0.40	3.7	28.2	17	555	28.67
2009 - 09	0.25	2.9	25.1	17	462	56.48
2009 - 10	0.45	2.9	21.1	18	465	45.56
2009 - 11	0.15	3.0	5.8	18	353	93.47
2009 - 12	0.45	2.9	8.8	19	400	29.80
2010 - 01	0.20	2.9	2.8	17	442	115.07

（续）

时间（年-月）	透明度/m	水深/m	水温/℃	水色/号	电导率/（μS/cm）	悬浮质/（mg/L）
2010 - 02	0.40	2.9	7.8	17	375	28.75
2010 - 03	0.20	3.2	8.0	19	440	47.64
2010 - 04	0.30	3.1	10.1	17	370	48.68
2010 - 05	0.20	3.0	18.2	19	505	99.80
2010 - 06	0.50	3.0	23.3	17	480	20.28
2010 - 07	0.50	3.3	26.6	18	490	27.32
2010 - 08	0.60	2.9	30.6	17	560	14.72
2010 - 09	0.30	3.0	26.9	18	465	41.55
2010 - 10	0.45	2.9	20.2	18	420	19.56
2010 - 11	0.30	3.0	13.6	18	380	36.52
2010 - 12	0.12	2.7	5.0	19	320	126.60
2011 - 01	0.10	2.5	1.2	19	355	104.40
2011 - 02	0.30	2.6	4.3	18	415	36.30
2011 - 03	0.20	2.4	9.8	18	395	84.73
2011 - 04	0.45	2.3	15.8	18	465	21.44
2011 - 05	0.35	2.5	21.6	17	540	31.68
2011 - 06	0.48	3.1	25.0	17	540	29.36
2011 - 07	0.35	3.1	27.2	17	510	39.84
2011 - 08	0.30	3.4	29.4	18	520	41.80
2011 - 09	0.25	2.7	26.4	17	475	53.80
2011 - 10	0.25	2.3	19.9	18	440	70.35
2011 - 11	0.30	2.6	15.9	18	420	55.75
2011 - 12	0.20	2.7	6.2	17	360	47.80
2012 - 01	0.50	2.7	7.7	17	505	20.92
2012 - 02	0.30	2.8	4.3	17	350	21.30
2012 - 03	0.40	3.0	7.7	17	505	20.92
2012 - 04	0.50	3.5	18.6	16	500	9.80
2012 - 05	0.30	2.5	22.9	18	530	65.60
2012 - 06	1.00	2.8	26.9	17	570	10.00
2012 - 07	0.10	2.9	29.7	17	490	84.50
2012 - 08	0.40	3.2	31.0	17	500	49.27
2012 - 09	0.00	2.0	22.7	16	460	65.55
2012 - 10	0.55	2.8	20.8	16	460	21.20
2012 - 11	0.20	2.5	12.8	16	385	93.33
2012 - 12	0.35	2.6	6.2	18	415	36.85
2013 - 01	0.50	2.4	3.0	18	380	22.48
2013 - 02	0.25	2.9	8.6	17	370	42.25
2013 - 03	0.25	2.4	10.9	17	455	71.25
2013 - 04	0.25	2.7	13.6	18	505	85.20

（续）

时间（年-月）	透明度/m	水深/m	水温/℃	水色/号	电导率/（μS/cm）	悬浮质/（mg/L）
2013 - 05	0.15	2.4	23.5	17	540	136.20
2013 - 06	0.25	1.7	22.3	17	550	77.00
2013 - 07	0.25	2.1	29.5	18	570	46.50
2013 - 08	0.30	2.5	30.2	16	620	43.67
2013 - 09	0.30	2.6	24.9	18	535	21.20
2013 - 10	0.15	3.0	22.3	17	505	28.13
2013 - 11	0.40	2.8	14.6	17	420	29.65
2013 - 12	0.15	2.2	7.3	18	390	115.33
2014 - 01	0.40	2.3	4.6	18	325	33.80
2014 - 02	0.30	2.4	4.0	17	380	109.87
2014 - 03	0.40	2.8	14.3	—	460	19.52
2014 - 04	0.35	2.6	18.3	17	455	66.00
2014 - 05	0.30	2.9	19.9	18	700	25.50
2014 - 06	0.50	2.4	26.2	—	715	30.60
2014 - 07	0.35	2.9	27.2	18	615	49.33
2014 - 08	0.38	3.2	24.3	17	600	12.10
2014 - 09	0.45	3.0	24.0	18	420	14.44
2014 - 10	0.20	2.7	18.8	17	375	106.60
2014 - 11	0.45	2.8	12.1	18	370	34.55
2014 - 12	0.20	3.0	4.4	18	410	42.40
2015 - 01	0.30	2.2	6.1	18	325	63.00
2015 - 02	0.40	1.5	4.4	17	420	55.65
2015 - 03	0.20	2.7	6.5	17	420	97.05
2015 - 04	0.20	2.7	13.9	17	480	54.80
2015 - 05	0.25	2.6	21.7	18	575	39.05
2015 - 06	0.60	3.3	22.7	17	405	16.50
2015 - 07	0.20	3.3	27.1	17	310	96.60
2015 - 08	0.40	3.0	27.8	17	345	41.70
2015 - 09	0.40	3.1	20.6	17	410	59.85
2015 - 10	0.20	3.0	16.6	18	380	43.35
2015 - 11	0.30	3.1	15.3	17	420	27.80
2015 - 12	0.20	3.0	6.6	17	350	86.80

注："—"为缺测值。

THL08 观测站湖泊水文及物理要素相关数据见表 3-64。

表 3-64　THL08 观测站湖泊水文及物理要素相关数据

时间（年-月）	透明度/m	水深/m	水温/℃	水色/号	电导率/（μS/cm）	悬浮质/（mg/L）
2007 - 01	0.40	2.4	5.0	18	525	32.60
2007 - 02	0.35	2.2	8.9	17	650	23.16

（续）

时间（年-月）	透明度/m	水深/m	水温/℃	水色/号	电导率/（μS/cm）	悬浮质/（mg/L）
2007 - 03	0.18	2.2	9.8	19	580	152.33
2007 - 04	0.20	2.4	18.0	18	605	71.28
2007 - 05	0.16	2.3	22.9	17	690	101.96
2007 - 06	0.30	2.5	23.8	18	720	45.80
2007 - 07	0.40	2.7	29.0	17	575	30.08
2007 - 08	0.15	2.6	30.0	17	600	91.50
2007 - 09	0.50	2.8	26.2	18	550	18.92
2007 - 10	0.15	3.3	19.2	18	485	88.32
2007 - 11	0.00	2.6	13.3	18	420	63.84
2007 - 12	0.20	2.8	7.9	18	460	50.16
2008 - 01	0.10	2.5	4.2	18	440	177.52
2008 - 02	0.20	2.6	5.1	17	470	47.56
2008 - 03	0.30	2.4	12.3	17	515	35.52
2008 - 04	0.25	2.4	14.9	17	555	82.92
2008 - 05	0.20	2.4	19.6	17	555	98.65
2008 - 06	0.20	2.6	23.6	17	605	63.00
2008 - 07	0.55	3.0	30.6	17	410	17.88
2008 - 08	0.30	2.7	29.7	18	525	46.00
2008 - 09	0.30	2.7	26.4	17	555	72.32
2008 - 10	0.41	2.7	21.1	18	520	27.92
2008 - 11	0.46	2.9	14.2	18	480	23.28
2008 - 12	0.15	2.8	8.2	19	500	118.72
2009 - 01	0.10	2.5	1.8	19	420	246.93
2009 - 02	0.20	2.2	11.0	20	560	123.50
2009 - 03	0.15	2.8	8.8	20	440	182.33
2009 - 04	0.50	2.9	17.6	18	540	19.56
2009 - 05	0.20	2.9	23.5	20	620	96.96
2009 - 06	0.20	2.6	25.5	18	540	69.12
2009 - 07	0.47	2.6	30.1	17	575	20.56
2009 - 08	0.40	3.6	28.2	18	520	28.20
2009 - 09	0.20	2.9	25.1	17	495	85.68
2009 - 10	0.50	2.6	21.3	18	440	32.08
2009 - 11	0.13	2.7	5.8	18	306	89.87
2009 - 12	0.23	2.8	9.1	19	315	70.20
2010 - 01	0.10	2.5	2.8	17	390	146.67
2010 - 02	0.25	2.7	7.3	17	350	53.95
2010 - 03	0.20	3.3	8.1	17	475	42.52

（续）

时间（年-月）	透明度/m	水深/m	水温/℃	水色/号	电导率/（μS/cm）	悬浮质/（mg/L）
2010 - 04	0.15	2.9	10.2	17	360	107.00
2010 - 05	0.30	2.9	18.3	17	445	85.50
2010 - 06	0.70	2.5	23.6	17	470	12.88
2010 - 07	0.50	3.0	26.7	18	460	26.20
2010 - 08	0.80	2.9	32.7	17	550	5.68
2010 - 09	0.30	2.8	27.0	18	455	38.15
2010 - 10	0.40	2.9	20.1	18	410	20.40
2010 - 11	0.50	2.7	13.2	18	380	51.88
2010 - 12	0.10	2.7	4.8	19	315	194.53
2011 - 01	0.10	2.2	1.2	19	345	155.40
2011 - 02	0.20	2.5	4.2	17	380	93.87
2011 - 03	0.15	2.2	9.6	18	420	118.10
2011 - 04	0.42	2.2	15.8	17	560	26.16
2011 - 05	0.30	2.2	22.5	17	625	40.44
2011 - 06	0.62	2.6	25.0	17	560	22.24
2011 - 07	0.25	2.9	27.3	17	490	61.92
2011 - 08	0.25	2.7	28.6	18	525	48.30
2011 - 09	0.30	2.7	26.4	18	480	38.85
2011 - 10	0.20	2.7	19.8	18	400	104.50
2011 - 11	0.18	2.7	15.9	18	405	48.45
2011 - 12	0.20	2.3	6.3	18	340	66.70
2012 - 01	0.30	2.4	7.7	18	500	49.64
2012 - 02	0.20	2.5	4.3	17	440	43.70
2012 - 03	0.20	2.8	7.7	18	500	49.64
2012 - 04	0.55	2.6	17.6	17	495	12.04
2012 - 05	0.35	2.6	23.0	18	540	32.24
2012 - 06	0.65	2.6	28.1	17	485	14.48
2012 - 07	0.10	2.3	30.0	17	465	112.50
2012 - 08	0.21	3.0	33.3	19	520	60.87
2012 - 09	0.20	3.2	23.5	16	460	43.25
2012 - 10	0.45	2.5	20.8	16	475	34.50
2012 - 11	0.15	2.5	11.8	17	380	167.47
2012 - 12	0.35	2.6	6.4	18	425	46.45
2013 - 01	0.40	2.5	3.0	18	320	33.72
2013 - 02	0.15	2.7	8.5	18	360	81.75
2013 - 03	0.25	2.6	11.0	17	470	62.93
2013 - 04	0.20	2.5	13.4	18	520	84.13

（续）

时间（年-月）	透明度/m	水深/m	水温/℃	水色/号	电导率/（μS/cm）	悬浮质/（mg/L）
2013 - 05	0.15	2.3	23.8	17	540	40.65
2013 - 06	0.20	2.6	22.2	17	540	69.60
2013 - 07	0.20	2.2	29.6	17	570	50.35
2013 - 08	0.30	2.3	30.2	16	625	32.40
2013 - 09	0.20	2.5	24.6	17	545	31.70
2013 - 10	0.13	3.1	22.3	17	445	46.07
2013 - 11	0.30	3.0	15.0	17	410	35.60
2013 - 12	0.15	1.8	7.3	18	385	141.90
2014 - 01	0.20	2.6	4.1	17	380	98.25
2014 - 02	0.35	2.5	4.6	17	380	81.60
2014 - 03	0.50	2.2	13.1	—	500	23.72
2014 - 04	0.35	2.8	18.0	17	450	56.05
2014 - 05	0.26	2.8	20.1	17	600	22.00
2014 - 06	0.60	2.4	25.9	—	675	23.80
2014 - 07	0.60	2.7	27.4	17	635	18.55
2014 - 08	0.35	3.1	24.2	17	595	19.32
2014 - 09	0.40	2.5	24.3	17	420	20.88
2014 - 10	0.15	2.6	18.0	17	370	111.00
2014 - 11	—	2.8	12.2	18	350	26.55
2014 - 12	0.20	2.6	4.3	17	325	102.60
2015 - 01	0.20	2.3	6.1	18	300	93.27
2015 - 02	0.30	2.0	4.4	17	330	95.10
2015 - 03	0.20	2.4	6.9	17	325	114.20
2015 - 04	0.20	2.5	13.4	17	400	85.87
2015 - 05	0.30	2.6	21.5	18	565	37.35
2015 - 06	0.40	3.0	22.7	17	470	46.35
2015 - 07	0.40	3.5	28.3	17	380	22.85
2015 - 08	0.40	2.9	27.7	18	360	51.40
2015 - 09	0.40	2.8	20.9	18	395	56.95
2015 - 10	0.20	2.9	16.5	18	365	47.25
2015 - 11	0.30	3.0	15.1	18	395	48.15
2015 - 12	0.20	3.0	6.6	18	340	129.10

注："—"为缺测值。

3.4 气象观测数据集

随着湖泊水体污染日益严重，水体富营养化日益突出，经常性的蓝藻水华暴发已经是个全球性问题。营养盐是蓝藻水华暴发的重要影响因子，但不是唯一的决定性条件，气候因子同样会起到关键作用。因此，长时间尺度的气候因子数据可以为研究气候变化对湖泊生态环境的影响、提出湖泊应对气候变化的对策与管理措施等发挥重要的作用。

3.4.1　自动站气压数据集

3.4.1.1　概述

自动站气压数据集为太湖站气象自动监测站 2007—2015 年的月尺度气压（hPa）数据。

3.4.1.2　数据采集和处理方法

数据获取方法：DPA501 数字气压表观测。每 10 s 采测 1 个气压值，每分钟采测 6 个气压值，去除一个最大值和一个最小值后取平均值，作为每分钟的气压值，正点时采测 00 min 的气压值作为正点数据存储。

原始数据观测频率：日。

数据产品频率：月。

数据产品处理方法：用质控后的日均值的合计值除以日数获得月平均值。日均值缺测 6 次或者 6 次以上时，不做月统计。

3.4.1.3　数据质量控制和评估

原始数据质量控制方法如下：

①超出气候学界限值域 300～1 100 hPa 的数据为错误数据。

②所观测的气压不小于日最低气压且不大于日最高气压，海拔高度大于 0 m 时，台站气压小于海平面气压；海拔高度等于 0 m 时，台站气压等于海平面气压；海拔高度小于 0 m 时，台站气压大于海平面气压。

③24 h 变压的绝对值小于 50 hPa。

④1 min 内允许的最大变化值为 1.0 hPa，1 h 内变化幅度的最小值为 0.1 hPa。

⑤某一定时气压缺测时，用前、后两定时数据内插求得，按正常数据统计；若连续两个或以上定时数据缺测时，不能内插，仍按缺测处理。

⑥一日中若 24 次定时观测记录有缺测时，该日按照 2 时、8 时、14 时、20 时 4 次定时记录做日平均。若 4 次定时记录缺测 1 次或 1 次以上，但该日各定时记录缺测 5 次或以下时，按实有记录做日统计，缺测 6 次或以上时，不做日平均。

3.4.1.4　数据

自动站月平均气压见表 3-65。

表 3-65　自动站月平均气压

时间（年-月）	大气压/hPa	有效数据/条	时间（年-月）	大气压/hPa	有效数据/条
2007 - 01	1 027.0	31	2007 - 10	1 017.7	31
2007 - 02	1 019.1	28	2007 - 11	1 022.9	30
2007 - 03	1 016.6	31	2007 - 12	1 022.2	31
2007 - 04	1 014.9	30	2008 - 01	1 026.2	31
2007 - 05	1 006.8	31	2008 - 02	1 026.4	29
2007 - 06	1 004.6	30	2008 - 03	1 017.2	31
2007 - 07	1 001.5	31	2008 - 04	1 012.9	30
2007 - 08	1 003.3	31	2008 - 05	1 006.9	31
2007 - 09	1 009.3	30	2008 - 06	1 004.1	30

（续）

时间（年-月）	大气压/hPa	有效数据/条	时间（年-月）	大气压/hPa	有效数据/条
2008 - 07	1 002.0	31	2011 - 07	1 001.6	31
2008 - 08	1 004.4	31	2011 - 08	1 004.3	31
2008 - 09	1 010.0	30	2011 - 09	1 010.9	30
2008 - 10	1 016.9	31	2011 - 10	1 018.7	31
2008 - 11	1 022.0	30	2011 - 11	1 019.9	30
2008 - 12	1 023.8	31	2011 - 12	1 027.8	31
2009 - 01	1 026.5	31	2012 - 01	1 025.5	31
2009 - 02	1 018.0	28	2012 - 02	1 023.0	29
2009 - 03	1 017.9	31	2012 - 03	1 018.9	31
2009 - 04	1 014.0	30	2012 - 04	1 010.5	30
2009 - 05	1 010.6	31	2012 - 05	1 008.5	31
2009 - 06	1 001.8	30	2012 - 06	1 002.6	30
2009 - 07	1 002.3	31	2012 - 07	1 002.1	31
2009 - 08	1 004.4	31	2012 - 08	1 003.0	31
2009 - 09	1 010.8	30	2012 - 09	1 012.1	30
2009 - 10	1 015.5	31	2012 - 10	1 016.8	31
2009 - 11	1 020.6	30	2012 - 11	1 018.9	30
2009 - 12	1 023.4	31	2012 - 12	1 024.0	31
2010 - 01	1 024.4	31	2013 - 01	1 025.2	31
2010 - 02	1 019.2	28	2013 - 02	1 023.0	28
2010 - 03	1 019.0	31	2013 - 03	1 017.0	31
2010 - 04	1 016.4	30	2013 - 04	1 012.5	30
2010 - 05	1 008.2	31	2013 - 05	1 007.8	31
2010 - 06	1 006.2	30	2013 - 06	1 004.3	30
2010 - 07	1 003.7	31	2013 - 07	—	20
2010 - 08	1 006.0	31	2013 - 08	1 003.2	31
2010 - 09	1 010.2	30	2013 - 09	1 011.9	30
2010 - 10	1 017.7	31	2013 - 10	1 018.0	31
2010 - 11	1 020.3	30	2013 - 11	1 020.9	30
2010 - 12	1 019.0	31	2013 - 12	1 024.0	31
2011 - 01	1 029.1	31	2014 - 01	1 024.0	31
2011 - 02	1 020.6	28	2014 - 02	1 022.5	28
2011 - 03	1 022.1	31	2014 - 03	1 018.7	31
2011 - 04	1 013.5	30	2014 - 04	1 014.4	30
2011 - 05	1 008.7	31	2014 - 05	1 008.8	31
2011 - 06	1 003.1	30	2014 - 06	1 003.6	30

（续）

时间（年-月）	大气压/hPa	有效数据/条	时间（年-月）	大气压/hPa	有效数据/条
2014 - 07	1 003.6	31	2015 - 04	1 013.8	30
2014 - 08	1 005.4	31	2015 - 05	1 007.5	31
2014 - 09	1 009.9	30	2015 - 06	1 003.8	30
2014 - 10	1 017.3	31	2015 - 07	1 003.3	31
2014 - 11	1 020.5	30	2015 - 08	1 005.2	31
2014 - 12	1 026.5	31	2015 - 09	1 011.4	30
2015 - 01	1 025.1	31	2015 - 10	1 017.4	31
2015 - 02	1 022.2	28	2015 - 11	1 021.5	30
2015 - 03	1 020.1	31	2015 - 12	1 025.7	31

注："—"表示该月气象要素值缺测 6 d 以上。

3.4.2　自动站气温数据集

3.4.2.1　概述

自动站气温数据集为太湖站气象自动监测站 2007—2015 年的月尺度气温（℃）数据。

3.4.2.2　数据采集和处理方法

数据获取方法：用 HMP45D 温度传感器观测。每 10 s 采测 1 个温度值，每分钟采测 6 个温度值，去除一个最大值和一个最小值后取平均值，作为每分钟的温度值存储。正点时采测 00 min 的温度值作为正点数据存储。

原始数据观测频率：日。

数据产品频率：月。

数据产品处理方法：用质控后的日均值的合计值除以日数获得月平均值。日均值缺测 6 次或者 6 次以上时，不做月统计。

3.4.2.3　数据质量控制和评估

原始数据质量控制方法如下：

①超出气候学界限值域−80～60℃的数据为错误数据。

②1 min 内允许的最大变化值为 3℃，1 h 内变化幅度的最小值为 0.1℃。

③定时气温大于等于日最低气温且小于等于日最高气温。

④气温大于等于露点温度。

⑤24 h 气温变化范围小于 50℃。

⑥利用与台站下垫面及周围环境相似的一个或多个邻近站观测数据计算本站气温值，比较台站观测值和计算值，如果超出阈值即认为观测数据可疑。

⑦某一定时气温缺测时，用前、后两定时数据内插求得，按正常数据统计，若连续两个或两个以上定时数据缺测时，不能内插，仍按缺测处理。

⑧一日中若 24 次定时观测记录有缺测时，该日按照 2 时、8 时、14 时、20 时 4 次定时记录做日平均，若 4 次定时记录缺测 1 次或 1 次以上，但该日各定时记录缺测 5 次或 5 次以下时，按实有记录做日统计，缺测 6 次或 6 次以上时，不做日平均。

3.4.2.4　数据

自动站月平均气温见表 3 - 66。

表 3 - 66　自动站月平均气温

时间（年-月）	气温/℃	有效数据/条	时间（年-月）	气温/℃	有效数据/条
2007 - 01	4.72	31	2010 - 02	6.71	28
2007 - 02	9.42	28	2010 - 03	8.78	31
2007 - 03	11.73	31	2010 - 04	12.90	30
2007 - 04	16.06	30	2010 - 05	20.80	31
2007 - 05	23.07	31	2010 - 06	24.24	30
2007 - 06	25.05	30	2010 - 07	28.46	31
2007 - 07	29.48	31	2010 - 08	30.85	31
2007 - 08	29.65	31	2010 - 09	25.67	30
2007 - 09	24.25	30	2010 - 10	18.36	31
2007 - 10	19.19	31	2010 - 11	13.41	30
2007 - 11	12.68	30	2010 - 12	7.44	31
2007 - 12	7.91	31	2011 - 01	0.78	31
2008 - 01	2.80	31	2011 - 02	5.51	28
2008 - 02	3.47	29	2011 - 03	9.59	31
2008 - 03	11.69	31	2011 - 04	16.18	30
2008 - 04	15.92	30	2011 - 05	21.95	31
2008 - 05	22.09	31	2011 - 06	24.28	30
2008 - 06	23.64	30	2011 - 07	29.02	31
2008 - 07	29.9	31	2011 - 08	27.60	31
2008 - 08	27.98	31	2011 - 09	23.90	30
2008 - 09	25.03	30	2011 - 10	18.46	31
2008 - 10	20.0	31	2011 - 11	15.86	30
2008 - 11	12.63	30	2011 - 12	5.61	31
2008 - 12	7.03	31	2012 - 01	3.90	31
2009 - 01	3.20	31	2012 - 02	3.79	29
2009 - 02	8.07	28	2012 - 03	9.29	31
2009 - 03	10.30	31	2012 - 04	18.07	30
2009 - 04	16.62	30	2012 - 05	21.76	31
2009 - 05	21.98	31	2012 - 06	25.11	30
2009 - 06	26.31	30	2012 - 07	29.67	31
2009 - 07	28.4	31	2012 - 08	28.84	31
2009 - 08	27.87	31	2012 - 09	23.24	30
2009 - 09	24.42	30	2012 - 10	19.18	31
2009 - 10	20.79	31	2012 - 11	11.54	30
2009 - 11	10.65	30	2012 - 12	5.04	31
2009 - 12	5.59	31	2013 - 01	3.83	31
2010 - 01	4.30	31	2013 - 02	6.20	28

（续）

时间（年-月）	气温/℃	有效数据/条	时间（年-月）	气温/℃	有效数据/条
2013 - 03	11.08	31	2014 - 08	25.96	31
2013 - 04	15.88	30	2014 - 09	23.96	30
2013 - 05	21.73	31	2014 - 10	19.76	31
2013 - 06	24.16	30	2014 - 11	13.99	30
2013 - 07	—	20	2014 - 12	5.88	31
2013 - 08	31.22	31	2015 - 01	5.94	31
2013 - 09	24.83	30	2015 - 02	6.80	28
2013 - 10	19.40	31	2015 - 03	10.65	31
2013 - 11	13.60	30	2015 - 04	16.27	30
2013 - 12	6.04	31	2015 - 05	21.29	31
2014 - 01	6.37	31	2015 - 06	24.04	30
2014 - 02	5.74	28	2015 - 07	26.43	31
2014 - 03	12.07	31	2015 - 08	27.61	31
2014 - 04	16.29	30	2015 - 09	24.04	30
2014 - 05	21.98	31	2015 - 10	19.47	31
2014 - 06	24.21	30	2015 - 11	13.12	30
2014 - 07	27.53	31	2015 - 12	7.47	31

注："—"表示该月气象要素值缺测 6 d 以上。

3.4.3　自动站降水数据集

3.4.3.1　概述

自动站降水数据集为太湖站气象自动监测站 2007—2015 年的月尺度降水（mm）数据。

3.4.3.2　数据采集和处理方法

数据获取方法：用 RG13H 型雨量计观测。每分钟计算出 1 min 降水量，正点时计算、存储 1 h 的累积降水量，每日 20 时存储每日累积降水。

原始数据观测频率：日。

数据产品频率：月。

数据产品处理方法：该月每日累计降水的合计值。一个月中降水缺测 7 d 或 7 d 以上时，该月不做月合计。

3.4.3.3　数据质量控制和评估

原始数据质量控制方法如下：

①降水强度超出气候学界限值域 0～400 mm/min 的数据为错误数据。

②降水量大于 0.0 mm 或者微量时，应有降水或者降雪天气现象。

③一日中各时降水量缺测数小时但不是全天缺测时，按实有记录做日合计。全天缺测时，不做日合计，按缺测处理。

3.4.3.4　数据

自动站月降水量见表 3 - 67。

表 3 - 67　自动站月降水量

时间（年-月）	降水量/mm	有效数据/条	时间（年-月）	降水量/mm	有效数据/条
2007 - 01	55.8	31	2010 - 02	82.8	28
2007 - 02	58.6	28	2010 - 03	146.0	31
2007 - 03	82.4	31	2010 - 04	98.0	30
2007 - 04	77.2	30	2010 - 05	65.2	31
2007 - 05	67.2	31	2010 - 06	42.8	30
2007 - 06	96.8	30	2010 - 07	148.0	31
2007 - 07	203.0	31	2010 - 08	7.2	31
2007 - 08	87.2	31	2010 - 09	77.8	30
2007 - 09	109.2	30	2010 - 10	35.4	31
2007 - 10	99.0	31	2010 - 11	0.4	30
2007 - 11	19.0	30	2010 - 12	39.8	31
2007 - 12	45.6	31	2011 - 01	18.4	31
2008 - 01	76.6	31	2011 - 02	20.0	28
2008 - 02	36.8	29	2011 - 03	43.6	31
2008 - 03	22.8	31	2011 - 04	33.4	30
2008 - 04	75.4	30	2011 - 05	32.8	31
2008 - 05	138.0	31	2011 - 06	295.4	30
2008 - 06	269.2	30	2011 - 07	148.6	31
2008 - 07	133.0	31	2011 - 08	298.0	31
2008 - 08	79.0	31	2011 - 09	14.4	30
2008 - 09	86.4	30	2011 - 10	26.0	31
2008 - 10	72.6	31	2011 - 11	15.8	30
2008 - 11	55.0	30	2011 - 12	20.6	31
2008 - 12	14.4	31	2012 - 01	53.2	31
2009 - 01	42.0	31	2012 - 02	72.0	29
2009 - 02	127.4	28	2012 - 03	137.2	31
2009 - 03	60.6	31	2012 - 04	63.6	30
2009 - 04	69.0	30	2012 - 05	120.8	31
2009 - 05	51.4	31	2012 - 06	36.2	30
2009 - 06	189.6	30	2012 - 07	72.8	31
2009 - 07	295.8	31	2012 - 08	167.0	31
2009 - 08	147.8	31	2012 - 09	96.6	30
2009 - 09	51.0	30	2012 - 10	24.4	31
2009 - 10	5.8	31	2012 - 11	97.8	30
2009 - 11	105.2	30	2012 - 12	79.0	31
2009 - 12	55.8	31	2013 - 01	12.6	31
2010 - 01	33.0	31	2013 - 02	112.8	28

（续）

时间（年-月）	降水量/mm	有效数据/条	时间（年-月）	降水量/mm	有效数据/条
2013 - 03	70.4	31	2014 - 08	187.6	31
2013 - 04	40.2	30	2014 - 09	60.8	30
2013 - 05	221.2	31	2014 - 10	26.2	31
2013 - 06	144.8	30	2014 - 11	50.0	30
2013 - 07	115.0	31	2014 - 12	6.4	31
2013 - 08	36.8	31	2015 - 01	44.0	31
2013 - 09	45.6	30	2015 - 02	72.4	28
2013 - 10	138.2	31	2015 - 03	86.0	31
2013 - 11	11.6	30	2015 - 04	130.6	30
2013 - 12	27.8	31	2015 - 05	103.0	31
2014 - 01	22.2	31	2015 - 06	315.6	30
2014 - 02	123.6	28	2015 - 07	145.4	31
2014 - 03	58.2	31	2015 - 08	114.6	31
2014 - 04	155.6	30	2015 - 09	87.2	30
2014 - 05	91.6	31	2015 - 10	56.6	31
2014 - 06	130.0	30	2015 - 11	90.8	30
2014 - 07	212.6	31	2015 - 12	49.0	31

3.4.4　自动站相对湿度数据集

3.4.4.1　概述

自动站相对湿度数据集为太湖站气象自动监测站 2007—2015 年的月尺度相对湿度（％）数据。

3.4.4.2　数据采集和处理方法

数据获取方法：用 HMP45D 湿度传感器观测。每 10 s 采测 1 个湿度值，每分钟采测 6 个湿度值，去除 1 个最大值和 1 个最小值后取平均值，作为每分钟的湿度值存储。正点时采测 00 min 的湿度值作为正点数据存储。

原始数据观测频率：日。

数据产品频率：月。

数据产品处理方法：用质控后的日均值的合计值除以日数获得月平均值。日均值缺测 6 次或者 6 次以上时，不做月统计。

3.4.4.3　数据质量控制和评估

原始数据质量控制方法如下：

①相对湿度为 0～100％。

②定时相对湿度大于等于日最小相对湿度。

③干球温度大于等于湿球温度（结冰期除外）。

④某一定时相对湿度缺测时，用前、后两定时数据内插求得，按正常数据统计，若连续两个或两个以上定时数据缺测时，不能内插，仍按缺测处理。

⑤一日中若 24 次定时观测记录有缺测时，该日按照 2 时、8 时、14 时、20 时 4 次定时记录做日

平均，若 4 次定时记录缺测 1 次或 1 次以上，但该日各定时记录缺测 5 次或 5 次以下时，按实有记录做日统计，缺测 6 次或 6 次以上时，不做日平均。

3.4.4.4 数据

自动站月平均相对湿度见表 3-68。

表 3-68 自动站月平均相对湿度

时间（年-月）	相对湿度/%	有效数据/条	时间（年-月）	相对湿度/%	有效数据/条
2007-01	73	31	2009-10	74	31
2007-02	71	28	2009-11	73	30
2007-03	71	31	2009-12	75	31
2007-04	64	30	2010-01	74	31
2007-05	65	31	2010-02	82	28
2007-06	76	30	2010-03	76	31
2007-07	74	31	2010-04	74	30
2007-08	69	31	2010-05	76	31
2007-09	75	30	2010-06	82	30
2007-10	70	31	2010-07	86	31
2007-11	65	30	2010-08	77	31
2007-12	73	31	2010-09	83	30
2008-01	71	31	2010-10	76	31
2008-02	62	29	2010-11	69	30
2008-03	59	31	2010-12	60	31
2008-04	65	30	2011-01	61	31
2008-05	62	31	2011-02	71	28
2008-06	79	30	2011-03	59	31
2008-07	70	31	2011-04	61	30
2008-08	75	31	2011-05	64	31
2008-09	76	30	2011-06	87	30
2008-10	74	31	2011-07	84	31
2008-11	69	30	2011-08	89	31
2008-12	60	31	2011-09	78	30
2009-01	72	31	2011-10	76	31
2009-02	87	28	2011-11	80	30
2009-03	77	31	2011-12	69	31
2009-04	71	30	2012-01	73	31
2009-05	67	31	2012-02	74	29
2009-06	81	30	2012-03	77	31
2009-07	85	31	2012-04	72	30
2009-08	88	31	2012-05	77	31
2009-09	86	30	2012-06	85	30

（续）

时间（年-月）	相对湿度/%	有效数据/条	时间（年-月）	相对湿度/%	有效数据/条
2012 - 07	81	31	2014 - 04	74	30
2012 - 08	83	31	2014 - 05	67	31
2012 - 09	80	30	2014 - 06	77	30
2012 - 10	72	31	2014 - 07	81	31
2012 - 11	74	30	2014 - 08	85	31
2012 - 12	75	31	2014 - 09	81	30
2013 - 01	79	31	2014 - 10	70	31
2013 - 02	84	28	2014 - 11	77	30
2013 - 03	72	31	2014 - 12	64	31
2013 - 04	63	30	2015 - 01	73	31
2013 - 05	78	31	2015 - 02	76	28
2013 - 06	84	30	2015 - 03	78	31
2013 - 07	—	20	2015 - 04	73	30
2013 - 08	68	31	2015 - 05	74	31
2013 - 09	72	30	2015 - 06	85	30
2013 - 10	71	31	2015 - 07	84	31
2013 - 11	65	30	2015 - 08	80	31
2013 - 12	67	31	2015 - 09	77	30
2014 - 01	68	31	2015 - 10	76	31
2014 - 02	79	28	2015 - 11	86	30
2014 - 03	68	31	2015 - 12	79	31

注："—"表示该月气象要素值缺测 6 d 以上。

3.4.5　自动站 10 min 平均风速数据集

3.4.5.1　概述

自动站 10 min 平均风速数据集为太湖站气象自动监测站 2007—2015 年的月尺度 10 min 平均风速（m/s）数据。

3.4.5.2　数据采集和处理方法

数据获取方法：用 WAA151 风速传感器观测。每秒采测 1 次风速数据，以 1 s 为步长求 3 s 滑动平均风速，以 3 s 为步长求 1 min 滑动平均风速，然后以 1 min 为步长求 10 min 滑动平均风速。正点时存储 00 min 的 10 min 平均风速值。

原始数据观测频率：日。

数据产品频率：月。

数据产品处理方法：用质控后的日均值的合计值除以日数获得月平均值。日平均值缺测 6 次或者 6 次以上时，不做月统计。

3.4.5.3　数据质量控制和评估

原始数据质量控制方法如下：

①超出气候学界限值域 0～75 m/s 的数据为错误数据。

②10 min 平均风速小于最大风速。

③一日中若 24 次定时观测记录有缺测时，该日按照 2 时、8 时、14 时、20 时 4 次定时记录做日平均，若 4 次定时记录缺测 1 次或 1 次以上，但该日各定时记录缺测 5 次或 5 次以下时，按实有记录做日统计，缺测 6 次或 6 次以上时，不做日平均。

3.4.5.4 数据

自动站月平均 10 min 平均风速见表 3-69。

表 3-69　自动站月平均 10 min 平均风速

时间（年-月）	10 min 平均风速/（m/s）	有效数据/条	时间（年-月）	10 min 平均风速/（m/s）	有效数据/条
2007 - 01	2.6	31	2009 - 07	2.2	31
2007 - 02	2.9	28	2009 - 08	2.7	31
2007 - 03	2.9	31	2009 - 09	2.3	30
2007 - 04	2.7	30	2009 - 10	2.0	31
2007 - 05	2.8	31	2009 - 11	2.9	30
2007 - 06	2.6	30	2009 - 12	2.4	31
2007 - 07	2.2	31	2010 - 01	2.3	31
2007 - 08	2.9	31	2010 - 02	2.8	28
2007 - 09	2.7	30	2010 - 03	3.1	31
2007 - 10	2.5	31	2010 - 04	2.8	30
2007 - 11	2.3	30	2010 - 05	2.5	31
2007 - 12	2.6	31	2010 - 06	2.2	30
2008 - 01	2.6	31	2010 - 07	2.4	31
2008 - 02	2.6	29	2010 - 08	2.3	31
2008 - 03	2.7	31	2010 - 09	2.2	30
2008 - 04	2.9	30	2010 - 10	2.4	31
2008 - 05	2.6	31	2010 - 11	2.0	30
2008 - 06	2.7	30	2010 - 12	2.9	31
2008 - 07	2.7	31	2011 - 01	2.2	31
2008 - 08	2.2	31	2011 - 02	2.5	28
2008 - 09	2.5	30	2011 - 03	2.4	31
2008 - 10	2.1	31	2011 - 04	2.7	30
2008 - 11	2.1	30	2011 - 05	2.5	31
2008 - 12	2.3	31	2011 - 06	2.5	30
2009 - 01	2.2	31	2011 - 07	2.2	31
2009 - 02	2.9	28	2011 - 08	2.5	31
2009 - 03	2.5	31	2011 - 09	2.5	30
2009 - 04	2.6	30	2011 - 10	2.2	31
2009 - 05	2.3	31	2011 - 11	2.4	30
2009 - 06	2.4	30	2011 - 12	2.4	31

（续）

时间（年-月）	10 min 平均风速/（m/s）	有效数据/条	时间（年-月）	10 min 平均风速/（m/s）	有效数据/条
2012 - 01	2.3	31	2014 - 01	1.9	31
2012 - 02	2.5	29	2014 - 02	3.1	28
2012 - 03	2.6	31	2014 - 03	2.3	31
2012 - 04	2.8	30	2014 - 04	2.4	30
2012 - 05	2.3	31	2014 - 05	2.3	31
2012 - 06	2.3	30	2014 - 06	2.2	30
2012 - 07	2.5	31	2014 - 07	2.0	31
2012 - 08	2.8	31	2014 - 08	1.8	31
2012 - 09	2.5	30	2014 - 09	2.4	30
2012 - 10	2.0	31	2014 - 10	2.1	31
2012 - 11	2.8	30	2014 - 11	2.0	30
2012 - 12	2.8	31	2014 - 12	2.2	31
2013 - 01	2.0	31	2015 - 01	2.0	31
2013 - 02	2.6	28	2015 - 02	2.3	28
2013 - 03	2.4	31	2015 - 03	2.1	31
2013 - 04	2.6	30	2015 - 04	2.5	30
2013 - 05	2.7	31	2015 - 05	2.3	31
2013 - 06	2.2	30	2015 - 06	2.1	30
2013 - 07	—	20	2015 - 07	1.8	31
2013 - 08	2.4	31	2015 - 08	2.1	31
2013 - 09	2.2	30	2015 - 09	2.0	30
2013 - 10	2.3	31	2015 - 10	1.8	31
2013 - 11	2.3	30	2015 - 11	2.0	30
2013 - 12	1.9	31	2015 - 12	1.4	31

注："—"表示该月气象要素值缺测 6 d 以上。

3.4.6 自动站地表温度数据集

3.4.6.1 概述

自动站地表温度数据集为太湖站气象自动监测站 2007—2015 年的月尺度地表温度（℃）数据。

3.4.6.2 数据采集和处理方法

数据获取方法：用 QMT110 地温传感器观测。每 10 s 采测 1 次地表温度值，每分钟采测 6 次，去除 1 个最大值和 1 个最小值后取平均值，作为每分钟的地表温度值存储。正点时采测 00 min 的地表温度值作为正点数据存储。

原始数据观测频率：日。

数据产品频率：月。

数据产品处理方法：用质控后的日均值的合计值除以日数获得月平均值。日平均值缺测 6 次或者 6 次以上时，不做月统计。

3.4.6.3 数据质量控制和评估

原始数据质量控制方法如下：

①超出气候学界限值域 $-90 \sim 90℃$ 的数据为错误数据。

②1 min 内允许的最大变化值为 5℃，1 h 内变化幅度的最小值为 0.1℃。

③定时观测地表温度大于等于日地表最低温度且小于等于日地表最高温度。

④地表温度 24 h 变化范围小于 60℃。

⑤某一定时地表温度缺测时，用前、后两定时数据内插求得，按正常数据统计，若连续两个或以上定时数据缺测时，不能内插，仍按缺测处理。

⑥一日中若 24 次定时观测记录有缺测时，该日按照 2 时、8 时、14 时、20 时 4 次定时记录做日平均，若 4 次定时记录缺测 1 次或 1 次以上，但该日各定时记录缺测 5 次或 5 次以下时，按实有记录做日统计，缺测 6 次或 6 次以上时，不做日平均。

3.4.6.4 数据

自动站月平均地表温度见表 3-70。

表 3-70　自动站月平均地表温度

时间（年-月）	地表温度/℃	有效数据/条	时间（年-月）	地表温度/℃	有效数据/条
2007 - 01	4.78	31	2009 - 01	3.95	31
2007 - 02	9.75	28	2009 - 02	8.49	28
2007 - 03	13.31	31	2009 - 03	11.33	31
2007 - 04	18.14	30	2009 - 04	18.43	30
2007 - 05	25.72	31	2009 - 05	25.50	31
2007 - 06	27.01	30	2009 - 06	28.50	30
2007 - 07	32.56	31	2009 - 07	30.27	31
2007 - 08	34.71	31	2009 - 08	29.65	31
2007 - 09	26.09	30	2009 - 09	26.95	30
2007 - 10	20.60	31	2009 - 10	22.63	31
2007 - 11	12.85	30	2009 - 11	11.63	30
2007 - 12	8.11	31	2009 - 12	6.16	31
2008 - 01	3.34	31	2010 - 01	5.16	31
2008 - 02	4.49	29	2010 - 02	7.67	28
2008 - 03	13.00	31	2010 - 03	10.00	31
2008 - 04	17.89	30	2010 - 04	14.53	30
2008 - 05	25.24	31	2010 - 05	23.03	31
2008 - 06	25.09	30	2010 - 06	26.99	30
2008 - 07	32.72	31	2010 - 07	31.37	31
2008 - 08	30.10	31	2010 - 08	37.54	31
2008 - 09	26.34	30	2010 - 09	28.24	30
2008 - 10	21.33	31	2010 - 10	19.82	31
2008 - 11	12.60	30	2010 - 11	13.90	30
2008 - 12	7.19	31	2010 - 12	7.36	31

(续)

时间（年-月）	地表温度/℃	有效数据/条	时间（年-月）	地表温度/℃	有效数据/条
2011 - 01	1.85	31	2013 - 07	—	20
2011 - 02	6.74	28	2013 - 08	35.30	31
2011 - 03	12.05	31	2013 - 09	27.09	30
2011 - 04	20.14	30	2013 - 10	19.98	31
2011 - 05	26.55	31	2013 - 11	13.58	30
2011 - 06	26.19	30	2013 - 12	5.73	31
2011 - 07	31.64	31	2014 - 01	5.85	31
2011 - 08	29.23	31	2014 - 02	6.94	28
2011 - 09	27.16	30	2014 - 03	12.61	31
2011 - 10	19.94	31	2014 - 04	17.67	30
2011 - 11	16.38	30	2014 - 05	24.56	31
2011 - 12	5.82	31	2014 - 06	26.26	30
2012 - 01	4.99	31	2014 - 07	29.85	31
2012 - 02	5.17	29	2014 - 08	27.39	31
2012 - 03	10.90	31	2014 - 09	24.77	30
2012 - 04	19.90	30	2014 - 10	20.24	31
2012 - 05	23.75	31	2014 - 11	14.36	30
2012 - 06	27.79	30	2014 - 12	4.89	31
2012 - 07	33.60	31	2015 - 01	5.62	31
2012 - 08	31.72	31	2015 - 02	7.60	28
2012 - 09	—	18	2015 - 03	11.99	31
2012 - 10	20.70	31	2015 - 04	18.35	30
2012 - 11	11.35	30	2015 - 05	22.74	31
2012 - 12	5.23	31	2015 - 06	25.77	30
2013 - 01	4.24	31	2015 - 07	28.45	31
2013 - 02	7.44	28	2015 - 08	29.87	31
2013 - 03	11.98	31	2015 - 09	25.96	30
2013 - 04	18.50	30	2015 - 10	19.94	31
2013 - 05	23.30	31	2015 - 11	13.94	30
2013 - 06	25.58	30	2015 - 12	7.39	31

注："—"表示该月气象要素值缺测 6 d 以上。

3.4.7　自动站 5 cm 地表温度数据集

3.4.7.1　概述

自动站 5 cm 地表温度数据集为太湖站气象自动监测站 2007—2015 年的月尺度 5 cm 地表温度（℃）数据。

3.4.7.2 数据采集和处理方法

数据获取方法：用 QMT110 地温传感器观测。每 10 s 采测 1 次 5 cm 地温值，每分钟采测 6 次，去除 1 个最大值和 1 个最小值后取平均值，作为每分钟的 5 cm 地温值存储。正点时采测 00 min 的 5 cm 地温值作为正点数据存储。

原始数据观测频率：日。

数据产品频率：月。

数据产品处理方法：用质控后的日均值的合计值除以日数获得月平均值。日平均值缺测 6 次或者 6 次以上时，不做月统计。

3.4.7.3 数据质量控制和评估

原始数据质量控制方法如下：

①超出气候学界限值域−80～80℃的数据为错误数据。

②1 min 内允许的最大变化值为 1℃，2 h 内变化幅度的最小值为 0.1℃。

③5 cm 地温 24 h 变化范围小于 40℃。

④某一定时土壤温度（5 cm）缺测时，用前、后两定时数据内插求得，按正常数据统计，若连续两个或以上定时数据缺测时，不能内插，仍按缺测处理。

⑤一日中若 24 次定时观测记录有缺测时，该日按照 2 时、8 时、14 时、20 时 4 次定时记录做日平均，若 4 次定时记录缺测 1 次或 1 次以上，但该日各定时记录缺测 5 次或 5 次以下时，按实有记录做日统计，缺测 6 次或 6 次以上时，不做日平均。

3.4.7.4 数据

自动站月平均 5 cm 地表温度见表 3−71。

表 3−71　自动站月平均 5 cm 地表温度

时间（年-月）	5 cm 地表温度/℃	有效数据/条	时间（年-月）	5 cm 地表温度/℃	有效数据/条
2007 – 01	5.54	31	2008 – 07	30.17	31
2007 – 02	9.66	28	2008 – 08	29.06	31
2007 – 03	12.73	31	2008 – 09	25.80	30
2007 – 04	17.29	30	2008 – 10	20.99	31
2007 – 05	23.49	31	2008 – 11	13.41	30
2007 – 06	25.55	30	2008 – 12	7.96	31
2007 – 07	30.00	31	2009 – 01	4.64	31
2007 – 08	30.99	31	2009 – 02	8.72	28
2007 – 09	25.38	30	2009 – 03	11.10	31
2007 – 10	20.55	31	2009 – 04	17.32	30
2007 – 11	13.47	30	2009 – 05	22.49	31
2007 – 12	9.04	31	2009 – 06	26.59	30
2008 – 01	4.30	31	2009 – 07	28.49	31
2008 – 02	4.84	29	2009 – 08	28.57	31
2008 – 03	12.16	31	2009 – 09	25.46	30
2008 – 04	16.43	30	2009 – 10	21.36	31
2008 – 05	22.76	31	2009 – 11	12.09	30
2008 – 06	24.26	30	2009 – 12	6.90	31

（续）

时间（年-月）	5 cm 地表温度/℃	有效数据/条	时间（年-月）	5 cm 地表温度/℃	有效数据/条
2010 - 01	5.56	31	2013 - 01	4.98	31
2010 - 02	7.60	28	2013 - 02	7.71	28
2010 - 03	9.64	31	2013 - 03	12.12	31
2010 - 04	14.01	30	2013 - 04	17.08	30
2010 - 05	21.13	31	2013 - 05	22.20	31
2010 - 06	24.96	30	2013 - 06	24.64	30
2010 - 07	29.07	31	2013 - 07	—	20
2010 - 08	32.54	31	2013 - 08	31.73	31
2010 - 09	26.94	30	2013 - 09	26.09	30
2010 - 10	19.63	31	2013 - 10	20.29	31
2010 - 11	14.08	30	2013 - 11	14.44	30
2010 - 12	8.59	31	2013 - 12	7.21	31
2011 - 01	3.18	31	2014 - 01	6.55	31
2011 - 02	6.83	28	2014 - 02	7.48	28
2011 - 03	11.12	31	2014 - 03	12.36	31
2011 - 04	17.82	30	2014 - 04	16.99	30
2011 - 05	23.59	31	2014 - 05	22.29	31
2011 - 06	25.00	30	2014 - 06	24.98	30
2011 - 07	29.48	31	2014 - 07	28.09	31
2011 - 08	28.39	31	2014 - 08	26.99	31
2011 - 09	25.67	30	2014 - 09	24.66	30
2011 - 10	19.76	31	2014 - 10	20.47	31
2011 - 11	16.61	30	2014 - 11	14.92	30
2011 - 12	7.18	31	2014 - 12	6.38	31
2012 - 01	5.80	31	2015 - 01	6.34	31
2012 - 02	5.82	29	2015 - 02	7.93	28
2012 - 03	10.55	31	2015 - 03	11.63	31
2012 - 04	18.61	30	2015 - 04	17.43	30
2012 - 05	22.77	31	2015 - 05	22.11	31
2012 - 06	25.84	30	2015 - 06	25.10	30
2012 - 07	30.36	31	2015 - 07	27.41	31
2012 - 08	29.88	31	2015 - 08	28.86	31
2012 - 09	—	18	2015 - 09	25.53	30
2012 - 10	20.25	31	2015 - 10	20.14	31
2012 - 11	12.27	30	2015 - 11	14.79	30
2012 - 12	6.48	31	2015 - 12	8.51	31

注："—"表示该月气象要素值缺测 6 d 以上。

3.4.8 自动站 10 cm 地表温度数据集

3.4.8.1 概述

自动站 10 cm 地表温度数据集为太湖站气象自动监测站 2007—2015 年的月尺度 10 cm 地表温度 (℃) 数据。

3.4.8.2 数据采集和处理方法

数据获取方法：用 QMT110 地温传感器观测。每 10 s 采测 1 次 10 cm 地温值，每分钟采测 6 次，去除 1 个最大值和 1 个最小值后取平均值，作为每分钟的 10 cm 地温值存储。正点时采测 00 min 的 10 cm 地温值作为正点数据存储。

原始数据观测频率：日。

数据产品频率：月。

数据产品处理方法：用质控后的日均值的合计值除以日数获得月平均值。日均值缺测 6 次或者 6 次以上时，不做月统计。

3.4.8.3 数据质量控制和评估

原始数据质量控制方法如下：

(1) 超出气候学界限值域 −70~70℃ 的数据为错误数据。

(2) 1 min 内允许的最大变化值为 1℃，2 h 内变化幅度的最小值为 0.1℃。

(3) 10 cm 地温 24 小时变化范围小于 40℃。

(4) 某一定时土壤温度 (10 cm) 缺测时，用前、后两定时数据内插求得，按正常数据统计，若连续两个或以上定时数据缺测时，不能内插，仍按缺测处理。

(5) 一日中若 24 次定时观测记录有缺测时，该日按照 2 时、8 时、14 时、20 时 4 次定时记录做日平均，若 4 次定时记录缺测 1 次或 1 次以上，但该日各定时记录缺测 5 次或 5 次以下时，按实有记录做日统计，缺测 6 次或 6 次以上时，不做日平均。

3.4.8.4 数据

自动站月平均 10 cm 地表温度见 3-72。

表 3-72 自动站月平均 10 cm 地表温度

时间 (年-月)	10 cm 地表温度/℃	有效数据/条	时间 (年-月)	10 cm 地表温度/℃	有效数据/条
2007 - 01	5.76	31	2008 - 02	4.91	29
2007 - 02	9.72	28	2008 - 03	12.14	31
2007 - 03	12.73	31	2008 - 04	16.35	30
2007 - 04	17.27	30	2008 - 05	22.63	31
2007 - 05	23.35	31	2008 - 06	24.18	30
2007 - 06	25.42	30	2008 - 07	30.01	31
2007 - 07	29.83	31	2008 - 08	28.96	31
2007 - 08	30.84	31	2008 - 09	25.77	30
2007 - 09	25.37	30	2008 - 10	21.06	31
2007 - 10	20.66	31	2008 - 11	13.61	30
2007 - 11	13.67	30	2008 - 12	8.20	31
2007 - 12	9.25	31	2009 - 01	4.82	31
2008 - 01	4.55	31	2009 - 02	8.81	28

（续）

时间（年-月）	10 cm 地表温度/℃	有效数据/条	时间（年-月）	10 cm 地表温度/℃	有效数据/条
2009 - 03	11.09	31	2012 - 03	10.52	31
2009 - 04	17.23	30	2012 - 04	18.49	30
2009 - 05	22.38	31	2012 - 05	22.65	31
2009 - 06	26.47	30	2012 - 06	25.69	30
2009 - 07	28.38	31	2012 - 07	30.20	31
2009 - 08	28.50	31	2012 - 08	29.79	31
2009 - 09	25.47	30	2012 - 09	—	18
2009 - 10	21.41	31	2012 - 10	20.31	31
2009 - 11	12.29	30	2012 - 11	12.45	30
2009 - 12	7.14	31	2012 - 12	6.73	31
2010 - 01	5.72	31	2013 - 01	5.13	31
2010 - 02	7.68	28	2013 - 02	7.78	28
2010 - 03	9.69	31	2013 - 03	12.12	31
2010 - 04	13.97	30	2013 - 04	17.00	30
2010 - 05	20.98	31	2013 - 05	22.08	31
2010 - 06	24.78	30	2013 - 06	24.53	30
2010 - 07	28.88	31	2013 - 07	—	20
2010 - 08	32.33	31	2013 - 08	31.62	31
2010 - 09	26.93	30	2013 - 09	26.12	30
2010 - 10	19.72	31	2013 - 10	20.37	31
2010 - 11	14.21	30	2013 - 11	14.58	30
2010 - 12	8.81	31	2013 - 12	7.41	31
2011 - 01	3.42	31	2014 - 01	6.66	31
2011 - 02	6.91	28	2014 - 02	7.59	28
2011 - 03	11.11	31	2014 - 03	12.36	31
2011 - 04	17.71	30	2014 - 04	16.95	30
2011 - 05	23.43	31	2014 - 05	22.17	31
2011 - 06	24.88	30	2014 - 06	24.92	30
2011 - 07	29.3	31	2014 - 07	27.98	31
2011 - 08	28.33	31	2014 - 08	26.97	31
2011 - 09	25.66	30	2014 - 09	24.67	30
2011 - 10	19.85	31	2014 - 10	20.57	31
2011 - 11	16.71	30	2014 - 11	15.05	30
2011 - 12	7.43	31	2014 - 12	6.65	31
2012 - 01	5.97	31	2015 - 01	6.51	31
2012 - 02	5.95	29	2015 - 02	8.02	28

（续）

时间（年-月）	10 cm 地表温度/℃	有效数据/条	时间（年-月）	10 cm 地表温度/℃	有效数据/条
2015 - 03	11.61	31	2015 - 08	28.80	31
2015 - 04	17.36	30	2015 - 09	25.51	30
2015 - 05	22.02	31	2015 - 10	20.23	31
2015 - 06	25.01	30	2015 - 11	14.94	30
2015 - 07	27.26	31	2015 - 12	8.71	31

注："—"表示该月气象要素值缺测 6 d 以上。

3.4.9 自动站 15 cm 地表温度数据集

3.4.9.1 概述

自动站 15 cm 地表温度数据集为太湖站气象自动监测站 2007—2015 年的月尺度 15 cm 地表温度（℃）数据。

3.4.9.2 数据采集和处理方法

数据获取方法：用 QMT110 地温传感器观测。每 10 s 采测 1 次 15 cm 地温值，每分钟采测 6 次，去除 1 个最大值和 1 个最小值后取平均值，作为每分钟的 15 cm 地温值存储。正点时采测 00 min 的 15 cm 地温值作为正点数据存储。

原始数据观测频率：日。

数据产品频率：月。

数据产品处理方法：用质控后的日均值的合计值除以日数获得月平均值。日均值缺测 6 次或者 6 次以上时，不做月统计。

3.4.9.3 数据质量控制和评估

原始数据质量控制方法如下：

①超出气候学界限值域 -60～60℃ 的数据为错误数据。

②1 min 内允许的最大变化值为 1℃，2 h 内变化幅度的最小值为 0.1℃。

③15 cm 地温 24 h 变化范围小于 40℃。

④某一定时土壤温度（15 cm）缺测时，用前、后两定时数据内插求得，按正常数据统计，若连续两个或以上定时数据缺测时，不能内插，仍按缺测处理。

⑤一日中若 24 次定时观测记录有缺测时，该日按照 2 时、8 时、14 时、20 时 4 次定时记录做日平均，若 4 次定时记录缺测 1 次或 1 次以上，但该日各定时记录缺测 5 次或 5 次以下时，按实有记录做日统计，缺测 6 次或 6 次以上时，不做日平均。

3.4.9.4 数据

自动站月平均 15 cm 地表温度见表 3 - 73。

表 3 - 73 自动站月平均 15 cm 地表温度

时间（年-月）	15 cm 地表温度/℃	有效数据/条	时间（年-月）	15 cm 地表温度/℃	有效数据/条
2007 - 01	6.04	31	2007 - 05	23.34	31
2007 - 02	9.89	28	2007 - 06	25.44	30
2007 - 03	12.86	31	2007 - 07	29.81	31
2007 - 04	17.37	30	2007 - 08	30.82	31

（续）

时间（年-月）	15 cm 地表温度/℃	有效数据/条	时间（年-月）	15 cm 地表温度/℃	有效数据/条
2007 - 09	25.51	30	2010 - 09	27.05	30
2007 - 10	20.88	31	2010 - 10	19.92	31
2007 - 11	13.96	30	2010 - 11	14.43	30
2007 - 12	9.54	31	2010 - 12	9.10	31
2008 - 01	4.88	31	2011 - 01	3.71	31
2008 - 02	5.12	29	2011 - 02	7.09	28
2008 - 03	12.24	31	2011 - 03	11.24	31
2008 - 04	16.38	30	2011 - 04	17.75	30
2008 - 05	22.64	31	2011 - 05	23.46	31
2008 - 06	24.24	30	2011 - 06	24.92	30
2008 - 07	29.98	31	2011 - 07	29.29	31
2008 - 08	29.03	31	2011 - 08	28.42	31
2008 - 09	25.91	30	2011 - 09	25.79	30
2008 - 10	21.27	31	2011 - 10	20.04	31
2008 - 11	13.94	30	2011 - 11	16.92	30
2008 - 12	8.51	31	2011 - 12	7.76	31
2009 - 01	5.09	31	2012 - 01	6.24	31
2009 - 02	8.99	28	2012 - 02	6.20	29
2009 - 03	11.23	31	2012 - 03	10.65	31
2009 - 04	17.29	30	2012 - 04	18.54	30
2009 - 05	22.37	31	2012 - 05	22.71	31
2009 - 06	26.48	30	2012 - 06	25.7	30
2009 - 07	28.42	31	2012 - 07	30.14	31
2009 - 08	28.58	31	2012 - 08	29.84	31
2009 - 09	25.58	30	2012 - 09	—	18
2009 - 10	21.56	31	2012 - 10	20.51	31
2009 - 11	12.56	30	2012 - 11	12.77	30
2009 - 12	7.44	31	2012 - 12	7.07	31
2010 - 01	5.96	31	2013 - 01	5.38	31
2010 - 02	7.87	28	2013 - 02	7.96	28
2010 - 03	9.86	31	2013 - 03	12.27	31
2010 - 04	14.08	30	2013 - 04	17.05	30
2010 - 05	21.00	31	2013 - 05	22.11	31
2010 - 06	24.75	30	2013 - 06	24.55	30
2010 - 07	28.87	31	2013 - 07	—	20
2010 - 08	32.25	31	2013 - 08	31.63	31

（续）

时间（年-月）	15 cm 地表温度/℃	有效数据/条	时间（年-月）	15 cm 地表温度/℃	有效数据/条
2013 - 09	26.24	30	2014 - 11	15.30	30
2013 - 10	20.60	31	2014 - 12	7.00	31
2013 - 11	14.84	30	2015 - 01	6.77	31
2013 - 12	7.70	31	2015 - 02	8.22	28
2014 - 01	6.87	31	2015 - 03	11.73	31
2014 - 02	7.78	28	2015 - 04	17.44	30
2014 - 03	12.47	31	2015 - 05	22.09	31
2014 - 04	17.02	30	2015 - 06	25.08	30
2014 - 05	22.18	31	2015 - 07	27.30	31
2014 - 06	24.97	30	2015 - 08	28.88	31
2014 - 07	27.99	31	2015 - 09	25.66	30
2014 - 08	27.10	31	2015 - 10	20.46	31
2014 - 09	24.82	30	2015 - 11	15.21	30
2014 - 10	20.77	31	2015 - 12	8.99	31

注："—"表示该月气象要素值缺测 6 d 以上。

3.4.10 自动站 20 cm 地表温度数据集

3.4.10.1 概述

自动站 20 cm 地表温度数据集为太湖站气象自动监测站 2007—2015 年的月尺度 20 cm 地表温度（℃）数据。

3.4.10.2 数据采集和处理方法

数据获取方法：用 QMT110 地温传感器观测。每 10 s 采测 1 次 20 cm 地温值，每分钟采测 6 次，去除 1 个最大值和 1 个最小值后取平均值，作为每分钟的 20 cm 地温值存储。正点时采测 00 min 的 20 cm 地温值作为正点数据存储。

原始数据观测频率：日。

数据产品频率：月。

数据产品处理方法：用质控后的日均值的合计值除以日数获得月平均值。日均值缺测 6 次或者 6 次以上时，不做月统计。

3.4.10.3 数据质量控制和评估

原始数据质量控制方法如下：

①超出气候学界限值域 -50～50℃ 的数据为错误数据。

②1 min 内允许的最大变化值为 1℃，2 h 内变化幅度的最小值为 0.1℃。

③20 cm 地温 24 h 变化范围小于 30℃。

④某一定时土壤温度（20 cm）缺测时，用前、后两定时数据内插求得，按正常数据统计，若连续两个或两个以上定时数据缺测时，不能内插，仍按缺测处理。

⑤一日中若 24 次定时观测记录有缺测时，该日按照 2 时、8 时、14 时、20 时 4 次定时记录做日平均，若 4 次定时记录缺测 1 次或 1 次以上，但该日各定时记录缺测 5 次或 5 次以下时，按实有记录做日统计，缺测 6 次或 6 次以上时，不做日平均。

3.4.10.4 数据

自动站月平均 20 cm 地表温度见表 3-74。

表 3-74 自动站月平均 20 cm 地表温度

时间（年-月）	20 cm 地表温度/℃	有效数据/条	时间（年-月）	20 cm 地表温度/℃	有效数据/条
2007-01	6.37	31	2009-11	12.81	30
2007-02	9.90	28	2009-12	7.78	31
2007-03	12.75	31	2010-01	6.17	31
2007-04	17.17	30	2010-02	7.95	28
2007-05	22.87	31	2010-03	9.85	31
2007-06	25.02	30	2010-04	13.92	30
2007-07	29.30	31	2010-05	20.58	31
2007-08	30.29	31	2010-06	24.24	30
2007-09	25.37	30	2010-07	28.36	31
2007-10	20.99	31	2010-08	31.62	31
2007-11	14.27	30	2010-09	26.88	30
2007-12	9.87	31	2010-10	19.98	31
2008-01	5.31	31	2010-11	14.58	30
2008-02	5.24	29	2010-12	9.42	31
2008-03	12.07	31	2011-01	4.07	31
2008-04	16.05	30	2011-02	7.15	28
2008-05	22.20	31	2011-03	11.14	31
2008-06	23.92	30	2011-04	17.40	30
2008-07	29.42	31	2011-05	23.04	31
2008-08	28.71	31	2011-06	24.55	30
2008-09	25.77	30	2011-07	28.81	31
2008-10	21.32	31	2011-08	28.15	31
2008-11	14.32	30	2011-09	25.62	30
2008-12	8.91	31	2011-10	20.02	31
2009-01	5.40	31	2011-11	16.88	30
2009-02	9.05	28	2011-12	8.02	31
2009-03	11.14	31	2012-01	6.30	31
2009-04	16.98	30	2012-02	6.11	29
2009-05	21.91	31	2012-03	10.18	31
2009-06	26.03	30	2012-04	17.76	30
2009-07	28.02	31	2012-05	21.87	31
2009-08	28.28	31	2012-06	24.70	30
2009-09	25.42	30	2012-07	28.95	31
2009-10	21.51	31	2012-08	28.81	31

（续）

时间（年-月）	20 cm 地表温度/℃	有效数据/条	时间（年-月）	20 cm 地表温度/℃	有效数据/条
2012 - 09	—	18	2014 - 05	20.69	31
2012 - 10	19.81	31	2014 - 06	23.56	30
2012 - 11	12.31	30	2014 - 07	26.47	31
2012 - 12	6.63	31	2014 - 08	25.82	31
2013 - 01	4.69	31	2014 - 09	23.61	30
2013 - 02	7.05	28	2014 - 10	19.72	31
2013 - 03	11.20	31	2014 - 11	14.39	30
2013 - 04	15.75	30	2014 - 12	6.39	31
2013 - 05	20.70	31	2015 - 01	5.94	31
2013 - 06	23.12	30	2015 - 02	7.25	28
2013 - 07	—	20	2015 - 03	10.53	31
2013 - 08	30.15	31	2015 - 04	16.09	30
2013 - 09	25.03	30	2015 - 05	20.68	31
2013 - 10	19.61	31	2015 - 06	23.65	30
2013 - 11	13.98	30	2015 - 07	25.77	31
2013 - 12	7.00	31	2015 - 08	27.46	31
2014 - 01	5.96	31	2015 - 09	24.42	30
2014 - 02	6.81	28	2015 - 10	19.46	31
2014 - 03	11.27	31	2015 - 11	14.32	30
2014 - 04	15.72	30	2015 - 12	8.21	31

注："—"表示该月气象要素值缺测 6 d 以上。

3.4.11　自动站 40 cm 地表温度数据集

3.4.11.1　概述

自动站 40 cm 地表温度数据集为太湖站气象自动监测站 2007—2015 年的月尺度 40 cm 地表温度（℃）数据。

3.4.11.2　数据采集和处理方法

数据获取方法：用 QMT110 地温传感器观测。每 10 s 采测 1 次 40 cm 地温值，每分钟采测 6 次，去除 1 个最大值和 1 个最小值后取平均值，作为每分钟的 40 cm 地温值存储。正点时采测 00 min 的 40 cm 地温值作为正点数据存储。

原始数据观测频率：日。

数据产品频率：月。

数据产品处理方法：用质控后的日均值的合计值除以日数获得月平均值。日均值缺测 6 次或者 6 次以上时，不做月统计。

3.4.11.3　数据质量控制和评估

原始数据质量控制方法如下：

①超出气候学界限值域 −45～45℃的数据为错误数据。

②1 min 内允许的最大变化值为 0.5℃，2 h 内变化幅度的最小值为 0.1℃。

③40 cm 地温 24 h 变化范围小于 30℃。

④某一定时土壤温度（40 cm）缺测时，用前、后两定时数据内插求得，按正常数据统计，若连续两个或以上定时数据缺测时，不能内插，仍按缺测处理。

⑤一日中若 24 次定时观测记录有缺测时，该日按照 2 时、8 时、14 时、20 时 4 次定时记录做日平均，若 4 次定时记录缺测 1 次或 1 次以上，但该日各定时记录缺测 5 次或 5 次以下时，按实有记录做日统计，缺测 6 次或 6 次以上时，不做日平均。

3.4.11.4　数据

自动站月平均 40 cm 地表温度见表 3-75。

表 3-75　自动站月平均 40 cm 地表温度

时间（年-月）	40 cm 地表温度/℃	有效数据/条	时间（年-月）	40 cm 地表温度/℃	有效数据/条
2007-01	8.01	31	2009-04	16.32	30
2007-02	10.39	28	2009-05	20.80	31
2007-03	12.80	31	2009-06	24.74	30
2007-04	16.86	30	2009-07	27.09	31
2007-05	21.65	31	2009-08	27.56	31
2007-06	23.98	30	2009-09	25.35	30
2007-07	27.98	31	2009-10	21.91	31
2007-08	29.11	31	2009-11	13.85	30
2007-09	25.36	30	2009-12	9.66	31
2007-10	21.83	31	2010-01	7.56	31
2007-11	15.80	30	2010-02	8.74	28
2007-12	11.52	31	2010-03	10.29	31
2008-01	7.34	31	2010-04	13.76	30
2008-02	6.21	29	2010-05	19.44	31
2008-03	11.95	31	2010-06	22.87	30
2008-04	15.47	30	2010-07	26.85	31
2008-05	21.06	31	2010-08	29.78	31
2008-06	23.23	30	2010-09	26.70	30
2008-07	27.90	31	2010-10	20.78	31
2008-08	27.94	31	2010-11	15.78	30
2008-09	25.63	30	2010-12	11.24	31
2008-10	21.92	31	2011-01	6.10	31
2008-11	16.02	30	2011-02	7.93	28
2008-12	10.82	31	2011-03	11.29	31
2009-01	7.02	31	2011-04	16.58	30
2009-02	9.74	28	2011-05	21.85	31
2009-03	11.26	31	2011-06	23.60	30

（续）

时间（年-月）	40 cm 地表温度/℃	有效数据/条	时间（年-月）	40 cm 地表温度/℃	有效数据/条
2011 - 07	27.47	31	2013 - 10	21.46	31
2011 - 08	27.66	31	2013 - 11	16.48	30
2011 - 09	25.59	30	2013 - 12	10.11	31
2011 - 10	20.85	31	2014 - 01	8.24	31
2011 - 11	17.88	30	2014 - 02	8.81	28
2011 - 12	10.4	31	2014 - 03	12.29	31
2012 - 01	8.10	31	2014 - 04	16.49	30
2012 - 02	7.63	29	2014 - 05	20.65	31
2012 - 03	10.61	31	2014 - 06	23.86	30
2012 - 04	17.27	30	2014 - 07	26.49	31
2012 - 05	21.53	31	2014 - 08	26.68	31
2012 - 06	24.15	30	2014 - 09	24.76	30
2012 - 07	28.00	31	2014 - 10	21.49	31
2012 - 08	28.62	31	2014 - 11	16.67	30
2012 - 09	—	18	2014 - 12	9.72	31
2012 - 10	21.18	31	2015 - 01	8.44	31
2012 - 11	14.83	30	2015 - 02	9.18	28
2012 - 12	9.56	31	2015 - 03	11.68	31
2013 - 01	7.01	31	2015 - 04	16.64	30
2013 - 02	8.75	28	2015 - 05	21.02	31
2013 - 03	12.32	31	2015 - 06	23.98	30
2013 - 04	16.16	30	2015 - 07	25.81	31
2013 - 05	20.79	31	2015 - 08	27.90	31
2013 - 06	23.28	30	2015 - 09	25.49	30
2013 - 07	—	20	2015 - 10	21.31	31
2013 - 08	30.07	31	2015 - 11	16.72	30
2013 - 09	26.10	30	2015 - 12	10.96	31

注："—"表示该月气象要素值缺测 6 d 以上。

3.4.12   自动站 60 cm 地表温度数据集

3.4.12.1   概述

自动站 60 cm 地表温度数据集为太湖站气象自动监测站 2007—2015 年的月尺度 60 cm 地表温度（℃）数据。

3.4.12.2   数据采集和处理方法

数据获取方法：用 QMT110 地温传感器观测。每 10 s 采测 1 次 60 cm 地温值，每分钟采测 6 次，去除 1 个最大值和 1 个最小值后取平均值，作为每分钟的 60 cm 地温值存储。正点时采测 00 min 的

60 cm 地温值作为正点数据存储。

原始数据观测频率：日。

数据产品频率：月。

数据产品处理方法：用质控后的日均值的合计值除以日数获得月平均值。日均值缺测 6 次或者 6 次以上时，不做月统计。

3.4.12.3　数据质量控制和评估

原始数据质量控制方法如下：

①超出气候学界限值域 $-45 \sim 45$℃ 的数据为错误数据。

②1 min 内允许的最大变化值为 0.5℃，2 h 内变化幅度的最小值为 0.1℃。

③60 cm 地温 24 h 变化范围小于 25℃。

④某一定时土壤温度（60 cm）缺测时，用前、后两定时数据内插求得，按正常数据统计，若连续两个或以上定时数据缺测时，不能内插，仍按缺测处理。

⑤一日中若 24 次定时观测记录有缺测时，该日按照 2 时、8 时、14 时、20 时 4 次定时记录做日平均，若 4 次定时记录缺测 1 次或 1 次以上，但该日各定时记录缺测 5 次或 5 次以下时，按实有记录做日统计，缺测 6 次或 6 次以上时，不做日平均。

3.4.12.4　数据

自动站月平均 60 cm 地表温度见表 3 - 76。

表 3 - 76　自动站月平均 60 cm 地表温度

时间（年-月）	60 cm 地表温度/℃	有效数据/条	时间（年-月）	60 cm 地表温度/℃	有效数据/条
2007 - 01	10.47	31	2008 - 09	24.71	30
2007 - 02	11.15	28	2008 - 10	22.26	31
2007 - 03	12.79	31	2008 - 11	17.99	30
2007 - 04	15.94	30	2008 - 12	13.41	31
2007 - 05	19.58	31	2009 - 01	9.48	31
2007 - 06	22.04	30	2009 - 02	10.65	28
2007 - 07	25.60	31	2009 - 03	11.42	31
2007 - 08	27.03	31	2009 - 04	15.04	30
2007 - 09	24.85	30	2009 - 05	18.78	31
2007 - 10	22.51	31	2009 - 06	22.21	30
2007 - 11	17.77	30	2009 - 07	25.10	31
2007 - 12	13.85	31	2009 - 08	25.78	31
2008 - 01	10.28	31	2009 - 09	24.67	30
2008 - 02	7.94	29	2009 - 10	22.12	31
2008 - 03	11.62	31	2009 - 11	14.81	30
2008 - 04	14.51	30	2009 - 12	12.29	31
2008 - 05	18.86	31	2010 - 01	9.68	31
2008 - 06	21.61	30	2010 - 02	9.86	28
2008 - 07	25.09	31	2010 - 03	10.77	31
2008 - 08	26.11	31	2010 - 04	13.19	30

（续）

时间（年-月）	60 cm 地表温度/℃	有效数据/条	时间（年-月）	60 cm 地表温度/℃	有效数据/条
2010 - 05	17.33	31	2013 - 03	12.14	31
2010 - 06	20.48	30	2013 - 04	14.89	30
2010 - 07	24.08	31	2013 - 05	18.78	31
2010 - 08	26.82	31	2013 - 06	21.43	30
2010 - 09	25.68	30	2013 - 07	—	20
2010 - 10	21.55	31	2013 - 08	27.51	31
2010 - 11	17.45	30	2013 - 09	25.33	30
2010 - 12	13.77	31	2013 - 10	22.04	31
2011 - 01	9.19	31	2013 - 11	18.13	30
2011 - 02	9.23	28	2013 - 12	12.99	31
2011 - 03	11.44	31	2014 - 01	10.21	31
2011 - 04	15.13	30	2014 - 02	10.14	28
2011 - 05	19.53	31	2014 - 03	12.01	31
2011 - 06	21.60	30	2014 - 04	15.61	30
2011 - 07	24.90	31	2014 - 05	18.63	31
2011 - 08	26.17	31	2014 - 06	21.97	30
2011 - 09	24.90	30	2014 - 07	24.26	31
2011 - 10	21.47	31	2014 - 08	25.46	31
2011 - 11	18.84	30	2014 - 09	24.09	30
2011 - 12	13.38	31	2014 - 10	21.77	31
2012 - 01	10.45	31	2014 - 11	18.03	30
2012 - 02	9.32	29	2014 - 12	12.72	31
2012 - 03	10.73	31	2015 - 01	10.44	31
2012 - 04	15.57	30	2015 - 02	10.30	28
2012 - 05	19.55	31	2015 - 03	11.67	31
2012 - 06	21.98	30	2015 - 04	15.40	30
2012 - 07	25.17	31	2015 - 05	19.16	31
2012 - 08	26.64	31	2015 - 06	22.17	30
2012 - 09	—	18	2015 - 07	23.74	31
2012 - 10	21.56	31	2015 - 08	26.05	31
2012 - 11	16.95	30	2015 - 09	24.57	30
2012 - 12	12.29	31	2015 - 10	21.65	31
2013 - 01	9.17	31	2015 - 11	18.18	30
2013 - 02	9.75	28	2015 - 12	13.27	31

注："—"表示该月气象要素值缺测 6 d 以上。

3.4.13 自动站 100 cm 地表温度数据集

3.4.13.1 概述

自动站 100 cm 地表温度数据集为太湖站气象自动监测站 2007—2015 年的月尺度 100 cm 地表温度（℃）数据。

3.4.13.2 数据采集和处理方法

数据获取方法：用 QMT110 地温传感器观测。每 10 s 采测 1 次 100 cm 地温值，每分钟采测 6 次，去除 1 个最大值和 1 个最小值后取平均值，作为每分钟的 100 cm 地温值存储。正点时采测 00 min 的 100 cm 地温值作为正点数据存储。

原始数据观测频率：日。

数据产品频率：月。

数据产品处理方法：用质控后的日均值的合计值除以日数获得月平均值。日均值缺测 6 次或者 6 次以上时，不做月统计。

3.4.13.3 数据质量控制和评估

原始数据质量控制方法如下：

①超出气候学界限值域 −40～40℃的数据为错误数据。

②1 min 内允许的最大变化值为 0.1℃，1 h 内变化幅度的最小值为 0.1℃。

③100 cm 地温 24 h 变化范围小于 20℃。

④某一定时土壤温度（100 cm）缺测时，用前、后两定时数据内插求得，按正常数据统计，若连续两个或两个以上定时数据缺测时，不能内插，仍按缺测处理。

⑤一日中若 24 次定时观测记录有缺测时，该日按照 2 时、8 时、14 时、20 时 4 次定时记录做日平均，若 4 次定时记录缺测 1 次或 1 次以上，但该日各定时记录缺测 5 次或 5 次以下时，按实有记录做日统计，缺测 6 次或 6 次以上时，不做日平均。

3.4.13.4 数据

自动站月平均 100 cm 地表温度见表 3 − 77。

表 3 − 77　自动站月平均 100 cm 地表温度

时间（年-月）	100 cm 地表温度/℃	有效数据/条	时间（年-月）	100 cm 地表温度/℃	有效数据/条
2007 − 01	11.18	31	2008 − 02	8.50	29
2007 − 02	11.40	28	2008 − 03	11.55	31
2007 − 03	12.81	31	2008 − 04	14.26	30
2007 − 04	15.64	30	2008 − 05	18.21	31
2007 − 05	18.97	31	2008 − 06	21.04	30
2007 − 06	21.43	30	2008 − 07	24.23	31
2007 − 07	24.82	31	2008 − 08	25.48	31
2007 − 08	26.34	31	2008 − 09	24.36	30
2007 − 09	24.59	30	2008 − 10	22.27	31
2007 − 10	22.58	31	2008 − 11	18.44	30
2007 − 11	18.23	30	2008 − 12	14.10	31
2007 − 12	14.46	31	2009 − 01	10.18	31
2008 − 01	11.07	31	2009 − 02	10.93	28

（续）

时间（年-月）	100 cm 地表温度/℃	有效数据/条	时间（年-月）	100 cm 地表温度/℃	有效数据/条
2009 - 03	11.50	31	2012 - 01	11.12	31
2009 - 04	14.71	30	2012 - 02	9.82	29
2009 - 05	18.21	31	2012 - 03	10.82	31
2009 - 06	21.44	30	2012 - 04	15.11	30
2009 - 07	24.43	31	2012 - 05	18.96	31
2009 - 08	25.22	31	2012 - 06	21.35	30
2009 - 09	24.41	30	2012 - 07	24.31	31
2009 - 10	22.11	31	2012 - 08	26.00	31
2009 - 11	15.06	30	2012 - 09	—	18
2009 - 12	12.99	31	2012 - 10	21.60	31
2010 - 01	10.30	31	2012 - 11	17.47	30
2010 - 02	10.21	28	2012 - 12	13.02	31
2010 - 03	10.94	31	2013 - 01	9.82	31
2010 - 04	13.06	30	2013 - 02	10.07	28
2010 - 05	16.78	31	2013 - 03	12.11	31
2010 - 06	19.83	30	2013 - 04	14.59	30
2010 - 07	23.25	31	2013 - 05	18.2	31
2010 - 08	25.93	31	2013 - 06	20.85	30
2010 - 09	25.27	30	2013 - 07	—	20
2010 - 10	21.68	31	2013 - 08	26.71	31
2010 - 11	17.86	30	2013 - 09	25.01	30
2010 - 12	14.45	31	2013 - 10	22.13	31
2011 - 01	10.08	31	2013 - 11	18.51	30
2011 - 02	9.66	28	2013 - 12	13.74	31
2011 - 03	11.50	31	2014 - 01	10.80	31
2011 - 04	14.75	30	2014 - 02	10.54	28
2011 - 05	18.86	31	2014 - 03	11.98	31
2011 - 06	20.97	30	2014 - 04	15.36	30
2011 - 07	24.11	31	2014 - 05	18.08	31
2011 - 08	25.61	31	2014 - 06	21.37	30
2011 - 09	24.61	30	2014 - 07	23.57	31
2011 - 10	21.56	31	2014 - 08	25.00	31
2011 - 11	19.06	30	2014 - 09	23.84	30
2011 - 12	14.15	31	2014 - 10	21.77	31

(续)

时间（年-月）	100 cm 地表温度/℃	有效数据/条	时间（年-月）	100 cm 地表温度/℃	有效数据/条
2014 - 11	18.36	30	2015 - 06	21.58	30
2014 - 12	13.51	31	2015 - 07	23.14	31
2015 - 01	11.01	31	2015 - 08	25.44	31
2015 - 02	10.66	28	2015 - 09	24.25	30
2015 - 03	11.73	31	2015 - 10	21.68	31
2015 - 04	15.08	30	2015 - 11	18.53	30
2015 - 05	18.62	31	2015 - 12	13.91	31

注："—"表示该月气象要素值缺测 6 d 以上。

3.4.14 自动站太阳辐射数据集

3.4.14.1 概述

自动站太阳辐射数据集为太湖站气象自动监测站 2007—2015 年的月尺度数据，包括总辐射量（MJ/m^2）、净辐射总量（MJ/m^2）、反射辐射总量（MJ/m^2）、光合有效辐射总量 $[mol/ (m^2/s)]$、紫外辐射总量（MJ/m^2）。

3.4.14.2 数据采集和处理方法

数据获取方法：用总辐射表观测，其中总辐射量使用 CM11 观测，净辐射使用 QMN101 观测，反射辐射使用 CM6B 观测，光合有效辐射使用 LI - 190SZ 观测，紫外辐射使用 CUV3 观测。每 10 s 采测 1 次，每分钟采测 6 次辐照度（瞬时值），去除 1 个最大值和 1 个最小值后取平均值。正点（地方平均太阳时）00 min 采集存储辐照度，同时计存储曝辐量（累积值）。

原始数据观测频率：日。

数据产品频率：月。

数据产品处理方法：一月中辐射曝辐量日总量缺测 9 d 或 9 d 以下时，月平均日合计等于实有记录之和除以实有记录天数，月总量等于月平均日合计值乘以当月总日数（如 1 月乘以 31,4 月乘以 30 等）。缺测 10d 或 10d 以上时，该月不做月统计，按缺测处理。

3.4.14.3 数据质量控制和评估

原始数据质量控制方法如下：

①总辐射最大值不能超过气候学界限值 2 000 W/m^2。

②当前瞬时值与前一次值的差异小于最大变幅 800 W/m^2。

③小时总辐射量大于等于小时净辐射、反射辐射和紫外辐射。除阴天、雨天和雪天外，总辐射一般在中午前后出现极大值。

④小时总辐射累积值应小于同一地理位置大气层顶的辐射总量，小时总辐射累积值可以稍微大于同一地理位置在大气具有很大透过率和非常晴朗天空状态下的小时总辐射累积值，所有夜间观测的小时总辐射累积值小于 0 时用 0 代替。

⑤辐射曝辐量缺测数小时但不是全天缺测时，按实有记录做日合计，全天缺测时，不做日合计。

3.4.14.4 数据

自动站月总辐射量见表 3 - 78。

表 3 - 78　自动站月总辐射量

时间（年-月）	月总辐射量（MJ/m²）	有效数据/条	时间（年-月）	月总辐射量（MJ/m²）	有效数据/条
2007 - 01	214.203	31	2010 - 04	414.589	30
2007 - 02	306.363	28	2010 - 05	500.381	31
2007 - 03	402.225	31	2010 - 06	482.531	30
2007 - 04	507.761	30	2010 - 07	522.357	31
2007 - 05	582.332	31	2010 - 08	633.534	31
2007 - 06	466.245	30	2010 - 09	397.538	30
2007 - 07	538.978	31	2010 - 10	345.697	31
2007 - 08	594.269	31	2010 - 11	306.005	30
2007 - 09	390.015	30	2010 - 12	282.835	31
2007 - 10	372.188	31	2011 - 01	272.421	31
2007 - 11	292.499	30	2011 - 02	273.142	28
2007 - 12	189.169	31	2011 - 03	446.706	31
2008 - 01	165.509	31	2011 - 04	530.354	30
2008 - 02	374.902	29	2011 - 05	538.768	31
2008 - 03	443.872	31	2011 - 06	379.995	30
2008 - 04	392.457	30	2011 - 07	505.880	31
2008 - 05	629.540	31	2011 - 08	432.951	31
2008 - 06	375.190	30	2011 - 09	443.456	30
2008 - 07	625.202	31	2011 - 10	344.143	30
2008 - 08	534.537	31	2011 - 11	255.504	30
2008 - 09	422.979	30	2011 - 12	256.693	31
2008 - 10	338.421	31	2012 - 01	222.147	31
2008 - 11	272.057	30	2012 - 02	215.032	29
2008 - 12	279.181	30	2012 - 03	353.202	31
2009 - 01	270.200	31	2012 - 04	500.158	30
2009 - 02	166.234	28	2012 - 05	552.632	31
2009 - 03	351.856	31	2012 - 06	459.047	30
2009 - 04	536.258	30	2012 - 07	617.228	31
2009 - 05	629.245	31	2012 - 08	523.705	31
2009 - 06	517.044	30	2012 - 09	424.254	30
2009 - 07	516.839	31	2012 - 10	392.977	31
2009 - 08	476.259	31	2012 - 11	271.638	30
2009 - 09	397.017	30	2012 - 12	212.166	31
2009 - 10	419.600	31	2013 - 01	243.049	31
2009 - 11	267.909	30	2013 - 02	234.398	28
2009 - 12	242.131	31	2013 - 03	407.618	31
2010 - 01	254.572	31	2013 - 04	561.654	30
2010 - 02	237.281	28	2013 - 05	488.440	31
2010 - 03	347.499	31	2013 - 06	408.944	30

（续）

时间（年-月）	月总辐射量（MJ/m²）	有效数据/条	时间（年-月）	月总辐射量（MJ/m²）	有效数据/条
2013 - 07	679.121	22	2014 - 10	430.812	31
2013 - 08	604.634	31	2014 - 11	266.554	30
2013 - 09	440.324	30	2014 - 12	299.382	31
2013 - 10	382.077	31	2015 - 01	235.561	31
2013 - 11	296.247	30	2015 - 02	257.280	28
2013 - 12	267.640	31	2015 - 03	369.611	31
2014 - 01	287.938	31	2015 - 04	507.155	30
2014 - 02	214.448	28	2015 - 05	523.248	31
2014 - 03	437.916	31	2015 - 06	374.145	30
2014 - 04	438.405	30	2015 - 07	464.516	31
2014 - 05	550.047	31	2015 - 08	506.875	31
2014 - 06	424.803	30	2015 - 09	454.304	30
2014 - 07	519.868	31	2015 - 10	365.608	30
2014 - 08	356.396	31	2015 - 11	187.214	30
2014 - 09	342.175	30	2015 - 12	218.568	31

自动站月净辐射总量见表 3-79。

表 3-79　自动站月净辐射总量

时间（年-月）	月净辐射总量（MJ/m²）	有效数据/条	时间（年-月）	月净辐射总量（MJ/m²）	有效数据/条
2007 - 01	35.267	31	2008 - 08	298.913	31
2007 - 02	106.397	28	2008 - 09	221.566	30
2007 - 03	169.930	31	2008 - 10	140.830	31
2007 - 04	230.874	30	2008 - 11	68.589	30
2007 - 05	300.112	31	2008 - 12	58.766	30
2007 - 06	254.912	30	2009 - 01	62.471	31
2007 - 07	303.014	31	2009 - 02	52.648	28
2007 - 08	338.968	31	2009 - 03	150.332	31
2007 - 09	193.882	30	2009 - 04	271.420	30
2007 - 10	157.582	31	2009 - 05	336.900	31
2007 - 11	78.637	30	2009 - 06	294.483	30
2007 - 12	23.701	31	2009 - 07	298.760	31
2008 - 01	14.621	31	2009 - 08	279.936	31
2008 - 02	118.360	29	2009 - 09	221.684	30
2008 - 03	184.725	31	2009 - 10	185.423	31
2008 - 04	183.035	30	2009 - 11	83.957	30
2008 - 05	320.577	31	2009 - 12	44.802	31
2008 - 06	186.557	30	2010 - 01	63.216	31
2008 - 07	361.317	31	2010 - 02	86.514	28

（续）

时间（年-月）	月净辐射总量（MJ/m²）	有效数据/条	时间（年-月）	月净辐射总量（MJ/m²）	有效数据/条
2010 - 03	153.899	31	2013 - 02	72.926	28
2010 - 04	204.912	30	2013 - 03	152.924	31
2010 - 05	267.403	31	2013 - 04	237.667	30
2010 - 06	272.214	30	2013 - 05	213.862	31
2010 - 07	318.977	31	2013 - 06	207.994	30
2010 - 08	401.026	31	2013 - 07	366.636	22
2010 - 09	207.435	30	2013 - 08	317.399	31
2010 - 10	136.418	31	2013 - 09	195.015	30
2010 - 11	91.129	30	2013 - 10	129.764	31
2010 - 12	48.656	31	2013 - 11	62.170	30
2011 - 01	48.391	31	2013 - 12	31.971	31
2011 - 02	86.247	28	2014 - 01	55.533	31
2011 - 03	176.483	31	2014 - 02	56.253	28
2011 - 04	252.192	30	2014 - 03	161.224	31
2011 - 05	272.903	31	2014 - 04	191.959	30
2011 - 06	198.677	30	2014 - 05	254.599	31
2011 - 07	292.271	31	2014 - 06	196.130	30
2011 - 08	236.990	31	2014 - 07	261.545	31
2011 - 09	240.518	30	2014 - 08	166.635	31
2011 - 10	135.685	30	2014 - 09	158.532	30
2011 - 11	78.266	30	2014 - 10	158.820	31
2011 - 12	51.631	31	2014 - 11	67.275	30
2012 - 01	48.472	31	2014 - 12	49.677	31
2012 - 02	64.297	29	2015 - 01	49.504	31
2012 - 03	147.195	31	2015 - 02	75.829	28
2012 - 04	248.509	30	2015 - 03	154.629	31
2012 - 05	295.378	31	2015 - 04	244.040	30
2012 - 06	251.806	30	2015 - 05	273.936	31
2012 - 07	365.372	31	2015 - 06	193.271	30
2012 - 08	300.960	31	2015 - 07	259.876	31
2012 - 09	203.866	30	2015 - 08	274.976	31
2012 - 10	162.803	31	2015 - 09	237.260	30
2012 - 11	62.289	30	2015 - 10	144.507	30
2012 - 12	28.811	31	2015 - 11	50.931	30
2013 - 01	48.438	31	2015 - 12	40.341	31

自动站月反射辐射总量见表 3 - 80。

表 3 - 80　自动站月反射辐射总量

时间（年-月）	月反射辐射总量/（MJ/m²）	有效数据/条	时间（年-月）	月反射辐射总量/（MJ/m²）	有效数据/条
2007 - 01	36.696	31	2010 - 04	74.713	30
2007 - 02	49.614	28	2010 - 05	96.854	31
2007 - 03	67.521	31	2010 - 06	90.102	30
2007 - 04	95.639	30	2010 - 07	100.227	31
2007 - 05	110.468	31	2010 - 08	104.366	31
2007 - 06	85.492	30	2010 - 09	62.382	30
2007 - 07	103.321	31	2010 - 10	58.843	31
2007 - 08	112.207	31	2010 - 11	58.133	30
2007 - 09	71.282	30	2010 - 12	56.365	31
2007 - 10	75.124	31	2011 - 01	60.378	31
2007 - 11	59.085	30	2011 - 02	49.826	28
2007 - 12	37.187	31	2011 - 03	72.904	31
2008 - 01	47.953	31	2011 - 04	89.786	30
2008 - 02	90.226	29	2011 - 05	86.564	31
2008 - 03	74.918	31	2011 - 06	61.481	30
2008 - 04	68.790	30	2011 - 07	88.408	31
2008 - 05	119.853	31	2011 - 08	79.449	31
2008 - 06	75.325	30	2011 - 09	87.893	30
2008 - 07	121.325	31	2011 - 10	60.343	30
2008 - 08	101.372	31	2011 - 11	43.163	30
2008 - 09	79.291	30	2011 - 12	47.548	31
2008 - 10	63.974	31	2012 - 01	41.669	31
2008 - 11	54.099	30	2012 - 02	37.279	29
2008 - 12	55.496	30	2012 - 03	55.201	31
2009 - 01	50.466	31	2012 - 04	84.737	30
2009 - 02	28.110	28	2012 - 05	90.979	31
2009 - 03	55.202	31	2012 - 06	78.218	30
2009 - 04	100.925	30	2012 - 07	107.925	31
2009 - 05	127.357	31	2012 - 08	88.514	31
2009 - 06	96.671	30	2012 - 09	75.022	30
2009 - 07	105.234	31	2012 - 10	73.798	31
2009 - 08	90.094	31	2012 - 11	18.188	30
2009 - 09	75.952	30	2012 - 12	—	0
2009 - 10	80.537	31	2013 - 01	—	0
2009 - 11	48.062	30	2013 - 02	—	0
2009 - 12	48.817	31	2013 - 03	—	0
2010 - 01	49.024	31	2013 - 04	—	0
2010 - 02	41.708	28	2013 - 05	—	0
2010 - 03	56.234	31	2013 - 06	—	0

（续）

时间（年-月）	月反射辐射总量/（MJ/m²）	有效数据/条	时间（年-月）	月反射辐射总量/（MJ/m²）	有效数据/条
2013 - 07	38.354	22	2014 - 10	81.050	31
2013 - 08	102.028	31	2014 - 11	61.370	30
2013 - 09	78.454	30	2014 - 12	72.070	31
2013 - 10	73.519	31	2015 - 01	56.815	31
2013 - 11	62.485	30	2015 - 02	57.989	28
2013 - 12	60.310	31	2015 - 03	75.407	31
2014 - 01	62.113	31	2015 - 04	110.469	30
2014 - 02	43.406	28	2015 - 05	116.695	31
2014 - 03	81.274	31	2015 - 06	82.049	30
2014 - 04	83.876	30	2015 - 07	100.157	31
2014 - 05	101.423	31	2015 - 08	110.779	31
2014 - 06	81.838	30	2015 - 09	99.887	30
2014 - 07	93.635	31	2015 - 10	87.947	30
2014 - 08	61.221	31	2015 - 11	44.008	30
2014 - 09	63.000	30	2015 - 12	50.976	31

注："—"表示该月气象要素值缺测 10 d 以上。

自动站月光合有效辐射总量见表 3-81。

表 3-81　自动站月光合有效辐射总量

时间（年-月）	月光合有效辐射总量/[mol/（m²·s）]	有效数据/条	时间（年-月）	月光合有效辐射总量/[mol/（m²·s）]	有效数据/条
2007 - 01	387.142	31	2008 - 07	1 243.627	31
2007 - 02	552.958	28	2008 - 08	1 050.000	31
2007 - 03	746.261	31	2008 - 09	827.101	30
2007 - 04	946.692	30	2008 - 10	650.837	31
2007 - 05	1 116.499	31	2008 - 11	501.049	30
2007 - 06	939.287	30	2008 - 12	499.784	30
2007 - 07	1 093.249	31	2009 - 01	520.817	31
2007 - 08	1 191.559	31	2009 - 02	358.536	28
2007 - 09	767.474	30	2009 - 03	729.377	31
2007 - 10	715.837	31	2009 - 04	1 113.379	30
2007 - 11	543.876	30	2009 - 05	1 311.062	31
2007 - 12	346.747	31	2009 - 06	1 100.749	30
2008 - 01	304.724	31	2009 - 07	1 150.317	31
2008 - 02	660.777	29	2009 - 08	1 055.429	31
2008 - 03	811.963	31	2009 - 09	873.728	30
2008 - 04	744.207	30	2009 - 10	870.790	31
2008 - 05	1 186.106	31	2009 - 11	512.256	30
2008 - 06	747.442	30	2009 - 12	456.895	31

（续）

时间（年-月）	月光合有效辐射总量/ [mol/（m² · s）]	有效数据/条	时间（年-月）	月光合有效辐射总量/ [mol/（m² · s）]	有效数据/条
2010 - 01	479.428	31	2013 - 01	432.253	31
2010 - 02	474.187	28	2013 - 02	442.133	28
2010 - 03	675.260	31	2013 - 03	775.856	31
2010 - 04	861.772	30	2013 - 04	1 058.766	30
2010 - 05	1 057.772	31	2013 - 05	954.661	31
2010 - 06	1 034.893	30	2013 - 06	823.323	30
2010 - 07	1 148.998	31	2013 - 07	1 388.642	22
2010 - 08	1 365.550	31	2013 - 08	1 181.951	31
2010 - 09	867.468	30	2013 - 09	834.554	30
2010 - 10	724.783	31	2013 - 10	706.283	31
2010 - 11	597.717	30	2013 - 11	526.598	30
2010 - 12	522.730	31	2013 - 12	445.069	31
2011 - 01	485.029	31	2014 - 01	489.273	31
2011 - 02	506.264	28	2014 - 02	396.825	28
2011 - 03	839.645	31	2014 - 03	814.643	31
2011 - 04	1 015.666	30	2014 - 04	825.904	30
2011 - 05	1 103.796	31	2014 - 05	1 030.071	31
2011 - 06	785.580	30	2014 - 06	792.930	30
2011 - 07	1 095.367	31	2014 - 07	969.936	31
2011 - 08	965.010	31	2014 - 08	681.569	31
2011 - 09	956.492	30	2014 - 09	676.680	30
2011 - 10	734.041	30	2014 - 10	904.682	28
2011 - 11	541.783	30	2014 - 11	—	0
2011 - 12	503.045	31	2014 - 12	661.379	31
2012 - 01	436.570	31	2015 - 01	—	0
2012 - 02	431.516	29	2015 - 02	—	0
2012 - 03	713.614	31	2015 - 03	—	0
2012 - 04	1 030.229	30	2015 - 04	—	20
2012 - 05	1 140.328	31	2015 - 05	958.820	31
2012 - 06	966.187	30	2015 - 06	693.041	30
2012 - 07	1 367.519	31	2015 - 07	863.561	31
2012 - 08	1 151.329	31	2015 - 08	942.442	31
2012 - 09	905.335	30	2015 - 09	850.067	30
2012 - 10	807.116	31	2015 - 10	663.853	30
2012 - 11	505.096	30	2015 - 11	336.465	30
2012 - 12	376.287	31	2015 - 12	370.539	31

注："—"表示该月气象要素值缺测 10 d 以上。

自动站月紫外辐射总量月合计值见表3-82。

表 3-82　自动站月紫外辐射总量月合计值

时间（年-月）	月紫外辐射总量/（MJ/m²）	有效数据/条	时间（年-月）	月紫外辐射总量/（MJ/m²）	有效数据/条
2007-01	7.361	31	2010-04	16.846	30
2007-02	11.471	28	2010-05	20.955	31
2007-03	15.596	31	2010-06	20.917	30
2007-04	19.901	30	2010-07	23.892	31
2007-05	23.350	31	2010-08	27.314	31
2007-06	21.641	30	2010-09	17.780	30
2007-07	25.125	31	2010-10	13.770	31
2007-08	27.036	31	2010-11	10.303	30
2007-09	17.218	30	2010-12	8.394	31
2007-10	15.299	31	2011-01	7.748	31
2007-11	11.016	30	2011-02	8.903	28
2007-12	7.155	31	2011-03	14.633	31
2008-01	6.252	31	2011-04	18.527	30
2008-02	13.342	29	2011-05	20.399	31
2008-03	16.982	31	2011-06	15.946	30
2008-04	16.357	30	2011-07	21.590	31
2008-05	25.561	31	2011-08	19.034	31
2008-06	17.466	30	2011-09	17.581	30
2008-07	28.997	31	2011-10	13.193	30
2008-08	24.349	31	2011-11	9.541	30
2008-09	19.125	30	2011-12	8.115	31
2008-10	14.556	31	2012-01	7.643	31
2008-11	10.506	30	2012-02	7.546	29
2008-12	9.917	30	2012-03	12.508	31
2009-01	9.287	31	2012-04	18.732	30
2009-02	6.653	28	2012-05	21.685	31
2009-03	13.257	31	2012-06	18.445	30
2009-04	20.571	30	2012-07	26.109	31
2009-05	24.822	31	2012-08	22.115	31
2009-06	20.741	30	2012-09	16.857	30
2009-07	23.094	31	2012-10	14.196	31
2009-08	21.412	31	2012-11	9.593	30
2009-09	17.457	30	2012-12	7.558	31
2009-10	15.972	31	2013-01	8.681	31
2009-11	10.284	30	2013-02	9.602	28
2009-12	8.227	31	2013-03	15.390	31
2010-01	8.598	31	2013-04	21.752	30
2010-02	9.230	28	2013-05	20.600	31
2010-03	13.078	31	2013-06	19.049	30

（续）

时间（年-月）	月紫外辐射总量/（MJ/m²）	有效数据/条	时间（年-月）	月紫外辐射总量/（MJ/m²）	有效数据/条
2013 - 07	30.194	22	2014 - 10	16.602	31
2013 - 08	26.241	31	2014 - 11	9.169	30
2013 - 09	18.936	30	2014 - 12	9.150	31
2013 - 10	15.042	31	2015 - 01	7.726	31
2013 - 11	10.707	30	2015 - 02	8.805	28
2013 - 12	8.488	31	2015 - 03	13.793	31
2014 - 01	9.620	31	2015 - 04	18.273	30
2014 - 02	8.428	28	2015 - 05	20.136	31
2014 - 03	16.538	31	2015 - 06	15.700	30
2014 - 04	18.049	30	2015 - 07	19.577	31
2014 - 05	21.949	31	2015 - 08	19.945	31
2014 - 06	18.220	30	2015 - 09	17.566	30
2014 - 07	23.308	31	2015 - 10	12.974	30
2014 - 08	16.965	31	2015 - 11	7.324	30
2014 - 09	15.840	30	2015 - 12	7.289	31

参 考 文 献

陈伟民，黄祥飞，2005. 湖泊生态系统观测方法［M］. 北京：中国环境科学出版社.

大连水产学院，1982. 淡水生物学［M］. 北京：农业出版社.

胡鸿钧，魏印心，2006. 中国淡水藻类［M］. 北京：科学出版社.

黄祥飞，2000. 湖泊生态调查观测与分析［M］. 北京：中国标准出版社.

蒋燮治，堵南山，1979. 中国动物志，节肢动物门，甲壳纲，淡水枝角类［M］. 北京：科学出版社.

刘月英，张文珍，王跃先，等，1979. 中国经济动物志［M］. 北京：科学出版社.

齐钟彦，1998. 中国经济软体动物［M］. 北京：中国农业出版社.

沈韫芬，1999. 原生动物学［M］. 北京：科学出版社.

王家楫，1961. 中国淡水轮虫志［M］. 北京：科学出版社.

王俊才，王新华，2011. 中国北方摇蚊幼虫［M］. 北京：中国言实出版社.

杨德渐，孙瑞平，1988. 中国近海多毛环节动物［M］. 北京：农业出版社.

袁国富，张心昱，唐新斋，等，2012. 陆地生态系统水环境观测质量保证与质量控制［M］. 北京：中国环境科学出版社.

中国科学院中国动物志委员会，1999. 中国动物志，节肢动物门，甲壳纲，淡水桡足类［M］. 北京：科学出版社.

中国生态系统研究网络科学委员会，2007. 陆地生态系统水环境观测规范［M］. 北京：中国环境科学出版社.